中华人民共和国

兽药典

2015年版

三部

中国兽药典委员会 编

中国农业出版社

图书在版编目（CIP）数据

中华人民共和国兽药典：2015年版. 三部 / 中国兽药典委员会编. —北京：中国农业出版社，2016.9

ISBN 978-7-109-21611-2

Ⅰ.①中… Ⅱ.①中… Ⅲ.①兽医学—药典—中国—2015 Ⅳ.①S859.2

中国版本图书馆CIP数据核字（2016）第086756号

中国农业出版社出版

（北京市朝阳区麦子店街18号楼）

（邮政编码100125）

责任编辑　黄向阳　蒋丽香

北京地大天成印务有限公司印刷　新华书店北京发行所发行

2016年9月第1版　2016年9月北京第1次印刷

开本：880mm × 1230mm 1/16　印张：17.5

字数：470千字

定价：320.00元

（凡本版图书出现印刷、装订错误，请向出版社发行部调换）

前　言

《中华人民共和国兽药典》（简称《中国兽药典》）2015年版，按照第五届中国兽药典委员会全体委员大会审议通过的编制方案所确定的指导思想、编制原则和要求，经过全体委员和常设机构工作人员的努力，业已编制完成，经第五届中国兽药典委员会全体委员大会审议通过，由农业部颁布实施，为中华人民共和国第五版兽药典。

《中国兽药典》2015年版分为一部、二部和三部，收载品种总计2030种，其中新增186种，修订1009种。一部收载化学药品、抗生素、生化药品和药用辅料共752种，其中新增166种，修订477种；二部收载药材和饮片、植物油脂和提取物、成方制剂和单味制剂共1148种（包括饮片397种），其中新增9种，修订415种；三部收载生物制品131种，其中新增13种，修订117种。

本版兽药典各部均由凡例、正文品种、附录和索引等部分构成。一部、二部、三部共同采用的附录分别在各部中予以收载，方便使用。一部收载附录116项，其中新增24项，修订52项；二部收载附录107项，其中新增15项，修订49项；三部收载附录37项，其中修订17项，收载生物制品通则8项，其中新增2项，修订4项。

本版兽药典收载品种有所增加。一部继续增加收载药用辅料，共计达276种；二部新增4个兽医专用药材及5个成方制剂标准；三部新增13个生物制品标准。

本版兽药典标准体例更加系统完善。在凡例中明确了对违反兽药GMP或有未经批准添加物质所生产兽药产品的判定原则，为打击不按处方、工艺生产的行为提供了依据。在正文品种中恢复了与临床使用相关的内容，以便于兽药使用环节的指导和监管。建立了附录方法的永久性编号，质量标准与附录方法的衔接更加紧密。

本版兽药典质量控制水平进一步提高。一部加强了对有关物质的控制；二部进一步完善了显微鉴别，加强了对注射剂等品种的专属性检查；三部提高了口蹄疫灭活疫苗效力标准。

本版兽药典进一步加强兽药安全性检查。在附录中完善了对安全性及安全性检查的总体要求。在正文品种中增加了对毒性成分或易混杂成分的检查与控制，如一部加强了对静脉输液、乳状注射液等高风险品种渗透压、乳粒的检查与控制；二部规定了部分药材二氧化硫、有害元素的残留量，增加对黄曲霉毒素及16种农药的检查，替换标准中含苯毒性溶剂；三部增加了口蹄疫灭活疫苗细菌内毒素的标准和检验方法。

本版兽药典加强对现代分析技术的应用。一部增加了离子色谱法、拉曼光谱法等新方法，二部增加了质谱法、二氧化硫残留量测定法等新方法；一部、二部、三部分别收载或修订了国家兽药标准物质制备指导原则、兽药引湿性试验指导原则、动物源性原材料的一般要求等18个指导原则。

本届兽药典委员会进一步创新改进组织管理和工作机制。本届委员会共设立6个专业委员会，分别负责本专业范畴的标准制修订和兽药典编制工作，为完成新版兽药典编制工作奠定了坚实的基础。探索创新兽药典编制和兽药标准制修订项目的管理，制定并实施《中国兽药典编制工作规范》，保障兽药典编制工作的顺利完成。

本版兽药典在编制过程中，以确保兽药标准的科学性、先进性、实用性和规范性为重点，充分借鉴国内外药品及兽药标准和检验的先进技术和经验，客观反映我国兽药行业生产、检验和兽医临床用药的实际水平，着力提高兽药标准质量控制水平。《中国兽药典》2015年版的颁布实施，必将为推动我国兽药行业的健康发展发挥重要作用。

中国兽药典委员会

二〇一五年十二月

第五届中国兽药典委员会委员名单

主 任 委 员 高鸿宾

副主任委员 于康震 张仲秋 冯忠武 徐肖君 夏咸柱

执 行 委 员 （按姓氏笔画排序）

才学鹏 万仁玲 王 蓓 王玉堂 方晓华 冯忠武 冯忠泽
巩忠福 刘同民 许剑琴 李向东 李慧姣 杨汉春 杨劲松
杨松沛 谷 红 汪 明 汪 霞 沈建忠 张存帅 张仲秋
张秀英 陈光华 林典生 周明霞 赵 耘 赵文杰 赵启祖
胡元亮 段文龙 班付国 袁宗辉 耿玉亭 夏业才 夏咸柱
顾进华 徐士新 徐肖君 高 光 高迎春 盛圆贤 康 凯
董义春 蒋玉文 童光志 曾振灵 阚鹿枫

委 员 （按姓氏笔画排序）

丁 铲 丁晓明 卜仕金 于康震 才学鹏 万仁玲 马双成
王 宁 王 栋 王 琴 王 蓓 王文成 王玉堂 王乐元
王亚芳 王在时 王志亮 王国忠 王建华 王建国 王贵平
王钦晖 王登临 支海兵 毛开荣 方晓华 孔宪刚 邓干臻
邓旭明 艾晓辉 卢 芳 卢亚艺 田玉柱 田克恭 田连信
田晓玲 史宁花 付本懂 冯 芳 冯忠武 冯忠泽 宁宜宝
巩忠福 毕丁仁 毕昊容 曲连东 朱 坚 朱明文 朱育红
任玉琴 刘同民 刘安南 刘秀梵 刘建晖 刘钟杰 刘家国
江善祥 许剑琴 孙 涛 孙进忠 孙志良 孙建宏 孙喜模
苏 亮 苏 梅 李 军 李 斌 李玉和 李向东 李秀波
李宝臣 李彦亮 李爱华 李慧义 李慧姣 李毅竦 杨汉春
杨永嘉 杨秀玉 杨劲松 杨松沛 杨国林 杨京岚 肖田安
肖后军 肖安东 肖希龙 肖新月 吴 兰 吴 杰 吴 萍
吴文学 吴国娟 吴福林 邱银生 何海蓉 谷 红 汪 明
汪 霞 汪开毓 沈建忠 宋慧敏 张 明 张 弦 张 莉
张永光 张存帅 张仲秋 张秀文 张秀英 张秀英 张浩吉

张培君　陆春波　陈　武　陈　锋　陈小秋　陈文云　陈玉库
陈光华　陈启友　陈昌福　陈焕春　陈慧华　武　华　范书才
范红结　林旭埜　林典生　林海丹　欧阳五庆　欧阳林山　罗　杨
罗玉峰　岳振锋　金录胜　周红霞　周明霞　周德刚　郑应华
郎洪武　赵　英　赵　耘　赵文杰　赵安良　赵启祖　赵晶晶
赵富华　郝素亭　胡大方　胡元亮　胡功政　胡松华　胡庭俊
胡福良　战　石　钟秀会　段文龙　侯丽丽　姜　力　姜　平
姜文娟　姜北宇　秦爱建　班付国　袁宗辉　耿玉亭　索　勋
夏业才　夏咸柱　顾　欣　顾进华　顾明芬　钱莘莘　徐士新
徐肖君　徐恩民　殷生章　高　光　高迎春　高鸿宾　郭文欣
郭锡杰　郭筱华　黄　珏　黄士新　黄显会　曹兴元　曹志高
盛圆贤　康　凯　章金刚　梁先明　梁梓森　彭　莉　董义春
董志远　蒋　原　蒋玉文　蒋桃珍　鲁兴萌　童光志　曾　文
曾　勇　曾建国　曾振灵　游忠明　谢梅冬　窦树龙　廖　明
阚鹿枫　谭　梅　潘伯安　潘春刚　潘洪波　操继跃　薛飞群
魏财文

目　录

本版兽药典（三部）新增品种名单

新增品种名单	标准来源
口蹄疫（A型）灭活疫苗（AF/72株）	农业部公告1049号，口蹄疫A型灭活疫苗（AF/72株）。
口蹄疫（O型、亚洲1型）二价灭活疫苗	农业部公告1042号，口蹄疫（O型、亚洲1型）二价灭活疫苗。
猪口蹄疫（O型）灭活疫苗（OZK/93株+OR/80株或OS/99株）	农业部公告1121号，猪口蹄疫O型灭活疫苗（OZK/93株+OR/80株或OS/99株）。
猪链球菌病灭活疫苗（马链球菌兽疫亚种+猪链球菌2型）	农业部公告717号。
猪细小病毒病灭活疫苗（CP-99株）	农业部公告623号，猪细小病毒病灭活疫苗。
鸡传染性支气管炎活疫苗（H120株）	2010年版《中国兽药典》标准 CVP3/2010/HYM/008。
鸡传染性支气管炎活疫苗（H52株）	2010年版《中国兽药典》标准 CVP3/2010/HYM/008。
鸡球虫病四价活疫苗（柔嫩艾美耳球虫PTMZ株+毒害艾美耳球虫PNHZ株+巨型艾美耳球虫PMHY株+堆型艾美耳球虫PAHY株）	农业部公告1780号。
鸡新城疫、传染性支气管炎二联活疫苗（La Sota或HB1株+H120株）	2010年版《中国兽药典》标准 CVP3/2010/HYM/016。
鸡新城疫、传染性支气管炎二联活疫苗（La Sota或HB1株+H52株）	2010年版《中国兽药典》标准 CVP3/2010/HYM/016。
口蹄疫病毒非结构蛋白3ABC ELISA抗体检测试剂盒	农业部公告752号。
口蹄疫病毒亚洲1型抗体液相阻断ELISA检测试剂盒	农业部公告741号，口蹄疫病毒亚洲Ⅰ型抗体液相阻断ELISA检测试剂盒。
口蹄疫O型抗体液相阻断ELISA检测试剂盒	农业部公告741号。

本版兽药典（三部）未收载二〇一〇年版兽药典（三部）中的品种名单

牛口蹄疫（O型）灭活疫苗

鸡传染性支气管炎活疫苗

鸡新城疫、传染性支气管炎二联活疫苗

抗猪瘟血清

布氏菌病平板凝集试验抗原

本版兽药典（三部）新增与修订的通则和附录名单

一、新增的通则与附录

兽用生物制品标准物质的制备与标定规定

动物源性原材料的一般要求

二、修订的通则与附录

兽用生物制品检验的一般规定

兽用生物制品的组批与分装规定

生产和检验用菌（毒、虫）种管理规定

兽用生物制品生物安全管理规定

黏度测定法

最低装量检查法

甲醛残留量测定法

布氏菌菌落结晶紫染色法

禽白血病病毒检验法

外源病毒检验法

无菌检验或纯粹检验法

杂菌计数和病原性鉴定法

支原体检验法

半数保护量（PD_{50}）测定法

病毒半数致死量、感染量（LD_{50}、ELD_{50}、ID_{50}、EID_{50}、$TCID_{50}$）测定法

中和试验法

生产、检验用动物标准

生物制品生产和检验用牛血清质量标准

丁基橡胶瓶塞质量标准

缓冲溶液配制法

检验用培养基配制法

本版兽药典（三部）通用名称变更对照

本版兽药典通用名称	原通用名称
口蹄疫（A型）灭活疫苗（AF/72株）	口蹄疫A型灭活疫苗（AF/72株）
口蹄疫（O型、亚洲1型）二价灭活疫苗	口蹄疫O型、亚洲1型二价灭活疫苗
猪口蹄疫（O型）灭活疫苗（OZK/93株＋OR/80株或OS/99株）	猪口蹄疫O型灭活疫苗（OZK/93株＋OR/80株或OS/99株）
猪细小病毒病灭活疫苗（CP-99株）	猪细小病毒病灭活疫苗
猪细小病毒病灭活疫苗（S-1株）	猪细小病毒病灭活疫苗
口蹄疫病毒亚洲1型抗体液相阻断ELISA检测试剂盒	口蹄疫病毒亚洲1型抗体液相阻断ELISA检测试剂盒

凡　　例

《中华人民共和国兽药典》（简称《中国兽药典》）三部是国家监督管理兽用生物制品质量的法定技术标准。

兽用生物制品系指以天然或人工改造的微生物、寄生虫、生物毒素或生物组织及代谢产物等为材料，采用生物学、分子生物学或生物化学、生物工程等相应技术制成的，用于预防、治疗、诊断动物疫病或改变动物生产性能的药品。

《中国兽药典》一经农业部颁布实施，同品种的上版标准或其原国家标准即同时停止使用。除特别声明版次外，《中国兽药典》均指现行版《中华人民共和国兽药典》。

“凡例”是解释和使用《中国兽药典》三部及正确进行兽用生物制品质量检验的基本原则，并把与通则、正文、附录及质量检验有关的共性问题加以规定，避免在全书中重复说明。“凡例”中的有关规定具有法定约束力。

凡例和附录中采用“除另有规定外”这一用语，表示存在与凡例或附录有关规定不一致的情况时，应在正文品种中另作规定执行。

1　本版兽药典收载品种的中文通用名均为产品的法定名称。

2　通则中记载兽用生物制品检验等一般规定。正文品种的中文名称按制品的性质分为灭活疫苗、活疫苗、抗体和诊断制品四类，每一类内按汉语拼音顺序排列。附录中记载相关检验方法、原材料标准、检验用的培养基、细胞单层的制备、细胞培养的营养液及溶液配制等。索引分列为：按汉语拼音排序的中文名索引，按字母表顺序排列的英文名和中文名对照索引。

3　每一品种项下，根据制品类别和剂型不同，按顺序分别列有下列项目中的部分项目：品名（包括中文通用名称、汉语拼音名和英文名），概述，性状，装量检查，重量差异限度，无菌检验，纯粹检验，支原体检验，外源病毒检验，鉴别检验，活性检验，变异检查，荚膜检查，运动性检查，芽孢计数，病毒含量测定，活菌计数，蚀斑计数，安全检验，效力检验，效价测定，内毒素含量测定，特异性检验，敏感性检验，缓冲能力测定，型特异性鉴定，克分子比值测定，剩余水分测定，真空度测定，甲醛、苯酚或汞类防腐剂残留量测定，作用与用途，用法与用量，用法与判定，注意事项，规格，贮藏与有效期，附注等。

4　各个检验项下规定的标准是制品在有效期内应达到的最低要求。

5　国家标准品、国家参考品系指用于鉴别、检查、效价或含量等测定的标准物质。国家标准品与国家参考品均由国务院兽医行政管理部门指定的单位制备、标定和供应。

6　本版药典采用的计量单位。

6.1　法定计量单位名称与单位符号如下：

长度	米（m）	厘米（cm）	毫米（mm）	微米（μm）	纳米（nm）
体积	升（L）	毫升（ml）	微升（μl）		

质(重)量	千克(kg)	克(g)	毫克(mg)	微克(μg)	纳克(ng)
压力	兆帕(MPa)	千帕(kPa)	帕(Pa)		
溶液浓度	摩尔/升(mol/L)	毫摩尔/升(mmol/L)			
黏度	厘泊(cP)				

6.2 温度以摄氏度(℃)表示:

冷冻温度　　除另有规定外，系指-15℃以下；

冷藏温度　　系指2～8℃；

室温　　系指15～25℃；

冷或凉　　系指8～15℃。

6.3 溶液的百分比用“%”符号表示，系指溶液100ml(g)中含有溶质若干克(毫升)。根据需要可采用下列符号:

%(g/g)　　表示溶液100g中含有溶质若干克；

%(ml/ml)　　表示溶液100ml中含有溶质若干毫升；

%(ml/g)　　表示溶液100g中含有溶质若干毫升；

%(g/ml)　　表示溶液100ml中含有溶质若干克。

6.4 液体的滴，除另有规定外，系指在20℃时，以1.0ml水为20滴进行换算。

6.5 稀释时使用的“1→10”或“1:10”或“10倍”等符号和文字，系指固体溶质1.0g或液体溶质1.0ml加溶剂使成10ml的溶液。

7 本版兽药典规定取样量的准确度和试验精密度。

7.1 检验中样品与试剂等“称重”或“量取”的量，均以阿拉伯数字表示，其精确度可根据数值的有效数位来修约。

7.2 检验时的温度，除另有规定外，系指在室温下进行。

8 凡是能用法定的体外试验方法取代动物试验进行兽用生物制品质量检验的，应尽量采用体外试验方法，以减少动物试验。

9 本版兽药典用的英文缩写名词解释如下:

LD_{50}(半数致死量) 经一定途径在一定时间内能使半数试验动物致死的微生物(或毒素)剂量。

ELD_{50}(半数胚致死量) 经一定途径在一定时间内能使半数试验胚致死的微生物(或毒素)剂量。

MLD(最小致死量) 经一定途径在一定时间内能使一组试验动物全部致死的最小微生物(或毒素)剂量。

MID(最小感染量) 经一定途径在一定时间内能使一组试验动物或组织培养物全部感染的最小微生物(或毒素)剂量。

ID_{50}(半数感染量) 经一定途径在一定时间内能使半数试验动物或组织培养物出现感染的

微生物（或毒素）剂量。

EID_{50}（半数胚感染量） 经一定途径在一定时间内能使半数试验胚出现感染的微生物（或毒素）剂量。

$TCID_{50}$（半数细胞培养物感染量） 在一定时间内能使接种的半数细胞培养物产生病变的病毒（或毒素）剂量。

PD_{50}（半数保护量） 经一定途径在一定时间内能使半数试验动物获得保护的接种物剂量。

CPE 致细胞病变效应。

PFU 蚀斑形成单位。

CFU 菌落形成单位。

CCU 颜色变化单位。

IU 国际单位。

SPF 无特定病原体。

目　　次

通　　则

3001 兽用生物制品检验的一般规定

1 **抽样和留样** 按照国家有关规定进行抽样和留样。同批疫苗分为若干个亚批时，必须按亚批进行抽样、留样和检验。

2 **性状检验** 各种生物制品必须符合其【性状】项下的要求。矿物油佐剂疫苗的黏度应不超过200cP。

3 **无菌检验** 除另有规定外，每批制品均应按规定进行无菌检验，且应无菌生长。

4 **真空度测定** 包装前测定真空度，无真空的制品，应予剔除报废。

5 **剩余水分测定** 每批干燥制品任抽4个样品，各样品剩余水分均应不超过4.0%。如果有超过时，可重检 1 次，重检后如果有1个样品超过规定，该批制品应判为不合格。

6 **支原体检验** 除另有规定外，每批病毒类活疫苗均应按规定进行支原体检验，且应无支原体生长。在对被细菌污染的制品进行支原体检验时，如因细菌覆盖而无法检出支原体，可不进行支原体检验，在检验报告中将该项检验结果报告为“未检（NT）”。对同时含有细菌组份和病毒组份的活疫苗进行成品检验时，可不进行支原体检验，检验单位在检验报告中将该项结果报告为“未检（NT）”；但生产单位应在半成品检验中对病毒组分进行支原体检验，并将该检验结果收入成品检验报告。

7 **甲醛、苯酚或汞类防腐剂残留量测定**

7.1 含梭状芽孢杆菌的制品中，甲醛残留量不得超过0.50%的甲醛溶液（含40%甲醛）量；其他制品中不应超过0.20%甲醛溶液（含40%甲醛）量。

7.2 制品中的苯酚残留量应不超过0.50%。

7.3 制品中的汞类防腐剂残留量应不超过0.010%。

8 **活菌计数** 每批制品取样3个，分别计数，以其中最低菌数核定制品的每头份菌数或头份数。

9 **安全检验**

9.1 各种制品的安全检验，除另有规定外，每批任抽3瓶，混合后，按照各产品质量标准中的规定进行检验和判定。使用的动物必须符合其产品质量标准中规定的要求。如果安全检验动物有死亡时，须明确原因，确属意外死亡时，本次检验作无结果论，可重检1次；如果检验结果可疑，难以判定时，应以增加一倍数量的同种动物重检；如果安全检验结果仍可疑，难以判定时，则该批制品应判为不合格。

9.2 凡规定用多种动物进行安全检验的制品，如果有一种动物的安全检验结果不符合该产品质量标准规定，则该批制品应判为不合格。

9.3 安全检验应在专用的动物舍或隔离器内进行，不得在其他设施内或野外进行。

10 **效力检验**

10.1 各种制品的效力检验，除另有规定外，每批任抽1瓶，按照各产品质量标准的规定进行检验和判定。

10.2 规定可用本动物免疫攻毒法或其他方法任择其一进行效力检验时，可从所列的几种方法中任意选择一种方法进行检验。

10.3 检验用动物应选同品种、体重大致相同并符合实验动物标准的动物。外购动物应要求同来源并必须经过隔离饲养，观察适当时间证明符合实验动物标准要求后方可使用。

10.4 凡攻击强毒的动物，必须在负压环境下饲养。强毒舍必须有严格的消毒设施，动物尸体、废弃物及废水应作无害化处理，排出的空气需经高效滤过处理，并有专人管理。

10.5 效力检验中的免疫动物，应在专用动物舍内饲养。在免疫中有意外死亡时，如果存活数量仍能达到规定的保护数量以上，可以进行攻毒。攻毒后，如果能达到质量标准中规定的保护数量，可判为合格。攻毒后不合格者，应作为一次检验计算。

10.6 在效力检验中攻击强毒时，免疫动物与对照动物必须同时进行。对免疫动物攻毒时，不应在接种疫苗的同一部位进行。

10.7 **效力重检**

10.7.1 必须对前次检验结果作详细分析，当检验结果受到其他因素影响，不能正确反映制品质量时，除另有规定外，可用原方法重检1次。

10.7.2 对不规律的效力检验结果，高稀释度（或低剂量）合格，低稀释度（或高剂量）不合格，判定为无结果。

10.7.3 效力检验中，攻毒后对照动物的发病数达不到规定数而免疫动物保护数达到规定数时，该次检验判为无结果；当对照动物发病数和免疫动物保护数均达不到规定数时，判制品为不合格。

11 **其他**

11.1 用同一批生产种子和同一批原材料（动物、组织、胚胎、细胞培养物）制造的同批病毒性活疫苗，可任抽一亚批做外源病毒检验以代表全批。

11.2 **对照组的设立** 应按规定设立对照组。对照组的结果必须符合规定，试验才成立。对照组动物的各项状态指标（如品种、年龄、来源、体重等）和饲养管理条件应与试验组动物一致。

11.3 **制品的有效期计算** 灭活制品自分装日开始；抗血清自分离血清日开始；液体活疫苗自分装日开始；冻干制品自冻干完成日开始。

3002 兽用生物制品的标签、说明书与包装规定

1 标签、说明书及包装材料应设专用仓库，不同类别、不同品种应分别存放，并有明显标志，由专人验收、保管和发放。

2 标签、说明书内容应符合有关法规和产品规程的规定，不合格者应及时销毁。

3 标签、说明书、包装材料的验收、发放、回收及销毁均应有记录。

4 除另有规定外，入库的每瓶制品均须粘贴标签，标明兽用标识、制品名称、作用与用途、批准文号、生产批号、规格、生产日期、有效期、企业名称等内容。某些特定制品还应标明效价。

5 制品在包装前须按各制品规程中的要求作外观检查、真空度检查等，剔除容器破漏、有异物、无真空者。

6 包装时，包装人员要核对批号，点清数量，严防包错包混。包装各种制品时，除另有规定外，一般应在室温进行。

7 制品的包装箱（盒）须粘贴外包装标签，并附使用说明书。外包装标签上须标明兽用标识、制品名称、主要成分、作用和用途、用法和用量、规格、批准文号、生产批号、生产日期、有效期、贮存条件、企业名称等内容，并应标明在运输和贮藏过程中应注意的事项，如防晒、防冻、防破碎等标志。使用说明书内容包括兽用标识、制品名称、主要成分及含量（型、株及活疫苗的最

低活菌数或病毒滴度）、性状、接种对象、用法与用量（冻干疫苗须标明稀释方法）、注意事项（包括不良反应与急救措施）、有效期、规格（容量和头份）、包装、贮藏、废弃包装处理措施、批准文号、生产企业信息等。

8　在整个包装生产过程中，应及时填写批包装记录；包装生产结束后，应彻底清场，并填写清场记录。

9　包装生产工序全部完成后的制品，在未取得检验报告单前，应在待检区封存，并有明显的状态标志。收到检验合格的报告单后，方可正式办理入库手续。

3003　兽用生物制品的贮藏、运输和使用规定

1　各兽用生物制品生产企业和经营、使用单位应严格按各制品的要求进行贮藏、运输和使用。

2　各兽用生物制品生产企业和经营、使用单位应配置相应的冷藏设备，指定专人负责，按各制品的要求条件严格管理，每日检查和记录贮藏温度。

3　生产企业内的各种成品、半成品应分开贮存，并有明显标志，注明品种、批号、规格、数量及生产日期等。

4　有疑问的半成品或成品须加明显标志，注明“保留”字样，待决定后再作处理。

5　检验不合格的成品或半成品，应专区存放，并及时予以销毁。

6　超过规定贮藏时间的半成品或已过有效期的成品，应及时予以销毁。

7　生物制品入库和分发，均应详细登记。

8　**运输生物制品时**

8.1　应采用最快的运输方法，尽量缩短运输时间。

8.2　凡要求在2~8℃下贮存的兽用生物制品，宜在同样温度下运输。

8.3　凡要求在冷冻条件下贮存的兽用生物制品，应在规定的条件下进行包装和运输。

8.4　运输过程中须严防日光暴晒，如果在夏季运送时，应采用降温设备，在冬季运送液体制品时，则应注意防止制品冻结。

8.5　不符合上述要求运输的制品，不得使用。

9　经销和使用单位收到兽用生物制品后应立即清点，尽快放至规定温度下贮存，并设专人保管和记录，如发现运输条件不符合规定、包装规格不符合要求，货、单不符或者批号不清等异常现象时，应及时与生产企业联系解决。

10　使用兽用生物制品时，应严格执行说明书及瓶签上的各项规定，不得任意改变，并应详细填写使用记录，注明制品的名称、批号、使用方法和剂量等。

11　使用单位应注意生物制品的使用效果。使用中如发现问题，应保留同批产品的样品，并及时与有关生产或经销企业联系。必要时应向当地兽医主管部门报告。

12　细菌性活疫苗接种前7日和接种后10日内，不应饲喂或注射任何抗菌类药物。

13　各种活疫苗应使用规定的稀释液稀释。

14　活疫苗作饮水免疫时，饮水不得使用含氯等消毒剂，忌用对制品活性有危害的容器。

3004 兽用生物制品的组批与分装规定

1 除另有规定外，所有兽用生物制品成品均应按本规定组批。

2 兽用生物制品的批号由生产管理部门编制。

3 兽用生物制品按品种进行批号的编码，编码原则为年-（月）-流水号。

4 用相同生产种子批和相同原材料生产，并在同一容器内混匀后分装的生物制品称为一批，其所含内容物完全一致，即同一批中任何一瓶制品的来源与质量必须与其他任何一瓶完全相同，抽检其中任何一瓶的结果，即能代表整批制品。

5 同一批制品如在不同冻干柜中进行冻干，或分为数次冻干时，应按冻干柜或冻干次数划分为亚批，并标明亚批号。

6 待分装的制品，须经半成品检验合格，并有各阶段的生产和检验记录，核对无误后方可进行分装。

7 分装制品应在规定的空气净化条件下和适宜的温度下进行（必要时应采取措施，避免分装过程中有效成分的活性降低）。在分装过程中应随时搅动，以保持均匀。按规定的头（羽）份定量分装（应加一定附加量），分装量应符合规定。

3005 生产和检验用菌（毒、虫）种管理规定

1 用于兽用生物制品生产和检验的菌（毒、虫）种须经国务院兽医主管部门批准。

2 兽用生物制品的生产用菌（毒、虫）种应实行种子批和分级管理制度。种子分三级：原始种子、基础种子和生产种子，各级种子均应建立种子批，组成种子批系统。

2.1 原始种子批必须按原始种子自身特性进行全面、系统检定，如培养特性、生化特性、血清学特性、毒力、免疫原性和纯粹（净）性检验等，应符合规定；分装容器上应标明名称、代号、代次和冻存日期等；同时应详细记录其背景，如名称、时间、地点、来源、代次、菌（毒、虫）株代号和历史等。

2.2 基础种子批必须按菌（毒、虫）种检定标准进行全面、系统检定，如培养特性、生化特性、血清学特性、毒力、免疫原性和纯粹（净）性检验等，应符合规定；分装容器上应标明名称、批号（代次）识别标志、冻存日期等；并应规定限制使用代次、保存期限和推荐的繁殖方式。同时应详细记录名称、代次、来源、库存量和存放位置等。

2.3 生产种子批必须根据特定生产种子批的检定标准逐项［一般应包括纯粹（净）性检验、特异性检验和含量测定等］进行检定，合格后方可用于生产。生产种子批应达到一定规模，并含有足量活细菌（或病毒、虫），以确保用生产种子复苏、传代增殖后细菌（或病毒、虫）培养物的数量能满足生产一批或一个亚批制品。

生产种子批由生产企业用基础种子繁殖、制备并检定，应符合其标准规定；同时应详细记录繁殖方式、代次、识别标志、冻存日期、库存量和存放位置等。用生产种子增殖获得的培养物（菌液或病毒、虫培养液），不得再作为生产种子批使用。

3 检验用菌（毒、虫）种应建立基础种子批，并按检定标准进行全面系统检定，如培养特

性、血清学特性、毒力和纯粹（净）性检验等，应符合规定。

4　凡经国务院兽医主管部门批准核发生产文号的制品，其生产与检验所需菌（毒、虫）种的基础种子均由国务院兽医主管部门指定的保藏机构和受委托保藏单位负责制备、检定和供应；供应的菌（毒、虫）种均应符合其标准规定。

5　用于菌（毒、虫）种制备和检定的实验动物、细胞和有关原材料，应符合国家相关规定。

6　生产用菌（毒、虫）种的制备和检定，应在与其微生物类别相适应的生物安全实验室和动物生物安全实验室内进行。不同菌（毒、虫）种不得在同一实验室内同时操作；同种的强毒、弱毒应分别在不同实验室内进行。凡属于一、二类动物病原微生物菌（毒、虫）种的操作应在规定生物安全级别的实验室或动物实验室内进行；操作人畜共患传染病的病原微生物菌（毒、虫）种时，应注意操作人员的防护。

7　菌（毒、虫）种的保藏与管理

7.1　保藏机构和生产企业对生产、检验菌（毒、虫）种的保管必须有专人负责；菌（毒、虫）种应分类存放，保存于规定的条件下；应当设专库保藏一、二类菌（毒、虫）种，设专柜保藏三、四类菌（毒、虫）种；应实行双人双锁管理。

7.2　各级菌（毒、虫）种的保管应有严密的登记制度，建立总账及分类账；并有详细的菌（毒、虫）种登记卡片和档案。

7.3　在申报新生物制品注册时，申报单位应同时将生产检验用菌（毒、虫）的基础种子一份（至少5个最小包装）送交国务院兽医主管部门指定的保藏机构保藏。

7.4　基础种子的保存期，除另有规定外，均为冻干菌（毒）种的保存期。

8　菌（毒、虫）种的供应

8.1　生产企业获取生产用基础菌（毒、虫）种时，有制品生产批准文号者，持企业介绍信直接到国务院兽医主管部门指定的保藏机构和受委托保藏单位获取并保管。

8.2　新建、无制品生产批准文号企业获取生产基础菌（毒、虫）种子时，须填写兽医微生物菌（毒、虫）种申请表，经国务院兽医主管部门审核批准后，持企业介绍信和审核批件直接向国务院兽医主管部门指定的保藏机构和受委托保藏单位获取并保管。

8.3　生产企业与菌（毒、虫）种知识产权持有者达成转让协议的，可直接向保藏单位获取菌（毒、虫）种。

8.4　运输菌（毒、虫）种时，应按国家有关部门的规定办理。

9　生产企业内部应按照规定程序领取、使用生产菌（毒、虫）种，及时记录菌（毒、虫）种的使用情况，在使用完毕时要对废弃物进行有效的无害化处理并填写记录，确保生物安全。

3006　兽用生物制品生物安全管理规定

1　兽用生物制品研究、生产和检验单位必须遵守《兽药管理条例》《病原微生物实验室安全管理条例》《兽医实验室生物安全管理规范》《高致病性动物病原微生物实验室生物安全管理审批办法》等规定，防止散毒，确保生物安全。

2　应根据制品性质制定相应的生物安全规则和标准操作程序，并配备相应的人员安全防护设备、设施。所有员工须经生物安全知识培训，持证上岗。

3　开展病原微生物活动应严格履行审批手续。未经农业部批准和未取得相应实验室资格证书的，不得从事高致病性动物病原微生物或者疑似高致病性动物病原微生物的操作。

4 做好动物病原微生物菌（毒）种、样本进出和储存记录，并指定专人管理。强毒菌（毒）种、样本设专库或专柜储存。未经批准，任何单位不得保存一类、二类动物病原微生物和样本。

5 未经农业部审批，不得跨省运输高致病性病原微生物菌（毒、虫）种，不得从国外进口菌（毒、虫）种或者将菌（毒、虫）种运出国外。

6 灭活疫苗、活疫苗和诊断液的生产应设置独立的生产车间或生产线和独立的空气净化系统。用一类病原微生物生产疫苗的，必须单独设置生产车间，不得与其他产品共用生产车间。

7 灭活疫苗、诊断液生产车间的强毒抗原生产部分必须有单独的负压空气净化系统，并设淋浴间，人、物流出入口应设置气闸室，负压区排出的空气必须经高效或双高效过滤，污物应在原位消毒后方可移出，污水必须经无害化处理。

8 检验动物室应根据检验性质划分不同的检验区，即安全检验区、效力检验免疫区和效力检验攻毒区，效力检验攻毒区必须有负压系统和淋浴间，排出的空气必须经高效或双高效过滤，人、物的出入口应设置气闸室，动物尸体和污物必须原位灭菌或消毒处理，并配备污水无害化处理系统。

3007 兽用生物制品国家标准物质的制备与标定规定

1 定义

兽用生物制品国家标准物质系指经国务院兽医行政管理部门设立或指定的兽药检验机构负责标定和供应， 按照国家标准制备，用于兽用生物制品效价、活性和含量等质量检验或对其特性鉴别、检查或技术验证的国家标准物质。

2 分类

2.1 兽用生物制品国家标准物质分为国家标准品和国家参考品两类。

2.2 兽用生物制品国家标准品，系指经国际标准品校准和量值传递标定或在尚无国际标准品溯源时，由我国自行研制和定值，且用于测定兽用生物制品的效价、活性、含量或特异性、敏感性等生物特性值的标准物质，其生物学特性值以国际单位（IU）、特定活性值单位（U）或以质（重）量单位（g、mg等）表示。

2.3 兽用生物制品国家参考品，系指经国际参考品比对标定或在尚无国际参考品时，由我国自行制备和标定，用于兽医微生物及其产物的定性检测或动物疫病诊断的生物试剂、生物材料或特异性抗血清等；或指用于定量测定兽用生物制品效价、含量等特性值或验证检验或诊断方法准确性的参考物质，其生物特性值一般不定国际单位（IU），而以国际参考品比对值或效价、含量等特定活性值单位（U等）表示。

2.4 兽用生物制品国家标准物质主要供各兽用生物制品生产企业标定其工作标准品或检验使用。

3 制备和标定

3.1 兽用生物制品国家标准物质制备用实验室应符合《病原微生物实验室生物安全管理条

例》的要求。

3.2　兽用生物制品国家标准物质的制备和标定由国务院兽医行政管理部门指定的兽药检验机构负责。

3.3　新建兽用生物制品国家标准物质的研制

3.3.1　**候选物的筛选**　候选物系指可直接用于制备标准物质的原（材）料，其材料性质可以是天然或人工制备，其来源可以是向国内外有生产能力的单位购买、委托制备或自行制备，但其特性应与供试品同质，不应含有干扰性杂质。原（材）料的均匀性、稳定性、纯净性、特异性、一致性以及特性量值范围等应适合该标准物质的用途，每批原（材）料应有足够数量，以满足供应的需要。

3.3.2　标准物质的配制、分装、冻干和熔封

3.3.2.1　候选物筛选、确定后，应根据标准物质的预期用途进行配制、稀释或加入适当的保护剂等物质。所加物质应事先检验，并证明对所制标准物质的特性值及测定和标定均无影响和干扰。

3.3.2.2　标准物质的实际装量与标示装量应符合规定的允差要求。

3.3.2.3　标准物质的分装容器应能保证内容物的稳定性。安瓿主要用于易氧化及冻干的标准物质，液体标准物质可采用玻璃瓶或塑料瓶（管）包装。

3.3.2.4　标准物质的配制、分装环境应符合相应洁净度、温度和湿度的要求，同时还应符合相应品种标准物质的特殊要求。

3.3.2.5　需要冷冻干燥保存者，分装后应立即进行冻干和熔封。

3.3.2.6　分装、冻干和熔封过程中，应密切关注能造成各分装容器之间标准物质特性值发生差异变化的各种影响因素，并采取有效措施，确保每个分装容器之间标准物质特性值的一致性。

3.3.3　标准物质的标定

3.3.3.1　研制单位的标定

3.3.3.1.1　标准物质分装、冻干后，研制单位应按照相应标准物质质量标准进行不少于2人，每人不少于3次独立的测定，每种标准物质的测定至少应包含效价/含量、特异性、均匀性和稳定性等主要特性值。此外，还应按《中华人民共和国兽药典》中同种产品的质量标准作性状、无菌、真空度和剩余水分等一般性质量检验。当有同种国际标准物质时，还应同时进行比对标定。冻干的标准物质应进行剩余水分测定，其含量应不高于3.0%。其中，抽真空者要进行真空度检测，充惰性气体者要进行残氧量测定。

3.3.3.1.2　将测定的标准物质特性值的有效结果进行生物学统计和分析，初步计算出该标准物质特性值，以供协作标定时参考。

3.3.3.2　协作标定

3.3.3.2.1　新建国家标准物质的协作标定由国务院兽医行政管理部门设立的兽药检验机构负责组织。采用协作标定定值时，原则上应由2个或2个以上具有标准物质定值经验的外部实验室协作进行。负责组织协作标定的实验室应制定明确的协标方案并进行质量控制。每个协标实验室应采用统一的设计方案、协标人数、测定方法和数据统计分析方法及记录格式。每个协标实验室至少应取得2次独立的有效测定结果。

3.3.3.2.2　各协标单位应按时将各自测定的标准物质特性值的原始数据及数据分析报告报国务院兽医行政管理部门设立的兽药检验机构。国务院兽医行政管理部门设立的兽药检验机构负责对各协标单位提供的原始数据进行整理、统计，并计算出该标准物质协作标定的最终特性值。

3.3.4　**特性值的认定**　一般用各协作单位结果的均值 ± 标准差表示，国务院兽医行政管理部门设立的兽药检验机构负责整理新建国家标准物质研制报告等相关材料，并提出拟定的标准物质特性值。

3.4　标准物质的换批制备与标定

3.4.1　国务院兽医行政管理部门指定的兽药检验机构负责组织国家兽用生物制品标准物质的换批制备与标定。

3.4.2　兽用生物制品国家标准物质换批制备的候选物或原材料，其材质和生物学特性值应尽可能与上批标准物质一致或相近。

3.4.3　兽用生物制品国家标准物质的换批制备和标定应按已批准的标准物质制备程序及质量标准实施。

4　标签及说明书

4.1　国务院兽医行政管理部门指定的兽药检验机构负责核发兽用生物制品国家标准物质的标签及说明书。

4.2　标签内容一般包括：中英文名称（注明用途）、代码、批号、规格/装量、标准值、贮存条件、制造、分发单位名称、兽医专用标识。

4.3　兽用生物制品国家标准物质应附有使用说明书，其内容应包括：中英文名称、代码、批号、组成和性状、标准值、规格/装量、保存条件、用途、最小取样量、使用方法及注意事项、定值日期、制备和分发单位等信息。

5　标准物质的审批

新建或换批的兽用生物制品国家标准物质由国务院兽医行政管理部门指定的兽药检验机构审查批准。

6　持续稳定性监测

6.1　研究期间稳定性监测。研制过程中应进行加速破坏试验，根据制品性质放置不同温度（一般放置4℃、25℃、37℃、−20℃）、不同时间，做生物学活性测定，以评估其稳定情况。

6.2　保存期间稳定性监测。兽用生物制品国家标准物质建立后，其保存期间的持续稳定性监测应定期与国际标准物质或−70℃保存的国家标准物质的特性值进行比对测定，观察生物学特性值是否下降。

6.3　标准物质更换的信息发布。当出现换代或换批标准物质，或者经持续稳定性监测发现在用标准物质特性值已偏离规定的标准时，应立即停止该批兽用生物制品国家标准物质发放和使用。

7　标准物质的有效期

7.1　兽用生物制品国家标准物质原则上不设有效期。

7.2　标准物质有效性的控制，应根据其生物学特性值持续稳定性监测结果具体确定。

8　标准物质的保管和供应

8.1　国务院兽医行政管理部门指定的国家兽药检验机构负责兽用生物制品国家标准物质的统一保管和供应。

8.2　兽用生物制品国家标准物质应有专用设备和专人保管，并在规定的条件下贮存，其保存条件应定期检查并记录。

8.3　兽用生物制品国家标准物质在获得批准后，方可对外供应使用。

8.4　兽用生物制品国家标准物质的供应和发放应有专人负责，并有明确、详细的供应记录。

3008　动物源性原材料的一般要求

1　动物源性原材料系指制备兽用生物制品所涉及的来源于动物的原材料，包括动物组织、细胞及其衍生物，具体为：

1.1　动物组织、体液、直接来源于动物的物质，包括鸡胚、血清等。

1.2　细胞，包括原代细胞、传代细胞。

1.3　衍生物：通过制造过程从动物材料中获得的物质，包括透明质酸、胶原、明胶、单克隆抗体、壳聚糖、白蛋白、胰酶、水解乳蛋白等。

2　动物源性原材料应符合以下标准：

2.1　**动物组织**

2.1.1　用于禽类生物制品菌（毒、虫）种制备、病毒活疫苗生产的SPF鸡胚，应符合中华人民共和国国家现行标准，用于禽病毒灭活疫苗生产的鸡胚应不携带相应特异性病原。

2.1.2　用于兽用生物制品生产、检定和检测的血清应符合附录生物制品生产和检验用牛血清质量标准的规定。

2.2　**动物细胞**　用于制备兽用生物制品的细胞应符合附录生产用细胞标准的规定。

2.3　**衍生物**　制备兽用生物制品使用的动物衍生物如明胶、单克隆抗体、胰酶、水解乳蛋白等应符合药用原辅材料的相关标准，或符合国内外已有相关标准的规定。

3　动物组织、细胞及其衍生物等原材料不得来源于口蹄疫、疯牛病等疫病流行区域、存在风险区域及国家禁止进口区域。

正　　文

灭 活 疫 苗

CVP3/2015/MHYM/001

草鱼出血病灭活疫苗

Caoyu Chuxuebing Miehuoyimiao

Grass Carp Haemorrhagic Disease Vaccine, Inactivated

本品系用草鱼出血病病毒ZV-8909株接种草鱼吻端组织细胞株或草鱼胚胎细胞株进行培养，收获培养物，经甲醛和热灭活后，加氢氧化铝胶和L-精氨酸制成。用于预防草鱼出血病。

【性状】 静置后，上层为澄清液体，底层有少量沉淀，振摇后呈均匀混悬液。

【装量检查】 按附录3104进行检验，应符合规定。

【无菌检验】 按附录3306进行检验，应无菌生长。

【安全检验】 用体长13cm左右的健康草鱼20尾，各肌肉或腹腔注射疫苗0.5ml。在25～28℃水中饲养15日，应全部健活。

【效力检验】 将疫苗用生理盐水稀释10倍，肌肉或腹腔注射体长13cm左右的健康草鱼20尾，每尾0.5ml，置25～28℃水中饲养15日，连同对照草鱼20尾，各注射草鱼出血病病毒液0.3～0.5ml（100LD_{50}/ml），置25～28℃水中饲养15日，每日观察，并记录各组的死亡数（其中，对照组草鱼应至少死亡10尾）。计算各组死亡率后，按下列公式计算免疫保护率，免疫保护率应不低于80%。

$$\text{免疫保护率}=\frac{\text{对照组鱼的死亡率}-\text{免疫组鱼的死亡率}}{\text{对照组鱼的死亡率}}\times 100\%$$

【甲醛和汞类防腐剂残留量测定】 分别按附录3203和3202进行测定，应符合规定。

【作用与用途】 用于预防草鱼出血病。免疫期为12个月。

【用法与用量】 （1）浸泡法　体长3.0cm左右草鱼采用尼龙袋充氧浸泡法。浸泡时疫苗浓度为0.5%，并在每升浸泡液中加入10mg莨菪，充氧浸泡3小时。

（2）注射法　体长10cm左右草鱼采用注射法。先将疫苗用生理盐水稀释10倍，肌肉或腹腔注射，每尾0.3～0.5ml。

【注意事项】 （1）切忌冻结，冻结过的疫苗严禁使用。

（2）使用前，应将疫苗恢复至室温，并充分摇匀。

（3）疫苗开启后，限12小时内用完。

（4）接种时，应作局部消毒处理。

（5）用过的疫苗瓶、器具和未用完的疫苗等应进行无害化处理。

【规格】 （1）100ml/瓶　（2）250ml/瓶　（3）500ml/瓶

【贮藏与有效期】 2～8℃保存，有效期为10个月。

CVP3/2015/MHYM/002

重组禽流感病毒（H5N1亚型）灭活疫苗（Re-1株）

Chongzu Qinliuganbingdu (H5N1 Yaxing) Miehuoyimiao (Re-1 Zhu)

Reassortant Avian Influenza (Subtype H5N1) Vaccine, Inactivated (Strain Re-1)

本品系用重组禽流感病毒H5N1亚型Re-1株接种易感鸡胚培养，收获感染胚液，用甲醛溶液灭活后，加矿物油佐剂混合乳化制成。用于预防H5亚型禽流感病毒引起的禽流感。

【性状】 外观 均匀乳剂。

剂型 为油包水型。取一清洁吸管，吸取少量疫苗滴于冷水表面，除第1滴外，均应不扩散。

稳定性 在37℃左右条件下放置21日或取疫苗10ml装于离心管中，以3000r/min离心15分钟，应不破乳。

黏度 按附录3102进行检验，应符合规定。

【装量检查】 按附录3104进行检验，应符合规定。

【无菌检验】 按附录3306进行检验，应无菌生长。

【安全检验】 用2～3周龄SPF鸡10只，各肌肉注射疫苗2.0ml，观察10日，应全部健活，且不出现因疫苗引起的局部或全身不良反应。

【效力检验】 下列方法任择其一。

（1）血清学方法 用4～5周龄SPF鸡15只，其中10只鸡每只肌肉注射疫苗0.3ml，5只鸡不接种作为对照。接种21日后，连同对照鸡5只，分别采血，分离血清，用禽流感病毒H5亚型抗原测定HI抗体。对照鸡HI抗体效价均应不超过1∶4，免疫鸡HI抗体效价的几何平均值（GMT）应不低于1∶64。

（2）免疫攻毒法 用4～5周龄SPF鸡15只，其中10只鸡每只肌肉注射疫苗0.3ml，5只不接种作为对照。接种21日后，连同对照鸡各鼻腔接种A型禽流感病毒GD/1/96（H5N1）株病毒液0.1ml（含100LD_{50}），观察10日，对照鸡应全部死亡，免疫鸡应全部保护。攻毒后第5日采集泄殖腔棉拭子，进行病毒分离，免疫组应全部为阴性，对照鸡病毒分离均应为阳性。

【甲醛和汞类防腐剂残留量测定】 分别按附录3203和3202进行测定，应符合规定。

【作用与用途】 用于预防H5亚型禽流感病毒引起的鸡、鸭、鹅的禽流感。接种后14日产生免疫力，鸡免疫期为6个月；鸭、鹅加强接种1次，免疫期为4个月。

【用法与用量】 颈部皮下或胸部肌肉注射。2～5周龄鸡，每只0.3ml；5周龄以上鸡，每只0.5ml；2～5周龄鸭和鹅，每只0.5ml；5周龄以上鸭，每只1.0ml；5周龄以上鹅，每只1.5ml。

【注意事项】 （1）禽流感病毒感染禽或健康状况异常的禽切忌使用本品。

（2）严禁冻结。

（3）如出现破损、异物或破乳分层等异常现象，切勿使用。

（4）使用前应将疫苗恢复至室温并充分摇匀。

（5）接种时应及时更换针头，最好1只动物1个针头。

（6）疫苗开启后，限当日用完。

（7）用过的疫苗瓶、器具和未用完的疫苗等应进行无害化处理。

（8）屠宰前28日内禁止使用。

【规格】 （1）100ml/瓶 （2）250ml/瓶 （3）500ml/瓶

【贮藏与有效期】 2～8℃保存，有效期为12个月。

附注：

1 禽流感血凝试验抗原（H5亚型）检验标准

1.1 性状 疏松团块，加稀释液后迅速溶解。

1.2 无菌检验 按附录3306进行检验，应无菌生长。

1.3 效价测定 按瓶签标明的量用灭菌生理盐水溶解。按附录3403红细胞凝集试验法（96孔微量板法）测定HA效价，应不低于1∶256。

1.4 特异性检验 用微量法进行HI试验，抗原对禽流感病毒H5亚型抗血清效价应与原效价相差不超过1个滴度，对禽流感病毒H1～H4、H6～H15亚型、鸡新城疫病毒和减蛋综合征病毒特异性抗血清效价均不超过1∶4。

1.5 剩余水分测定 按附录3204进行测定，应符合规定。

1.6 真空度测定 按附录3103进行测定，应符合规定。

2 禽流感（H5亚型）血凝抑制（HI）试验

2.1 方法 按附录3404中红细胞凝集抑制试验法（96孔微量板法）进行。

2.2 结果判定 将反应板倾斜后判定结果。当阴性对照血清HI效价不超过1∶4、阳性对照血清HI效价与标准效价相差超过1个滴度时，试验方可成立。以完全抑制4 HA单位抗原的血清最高稀释度作为HI效价。

CVP3/2015/MHYM/003

鸡传染性鼻炎（A型）灭活疫苗

Ji Chuanranxingbiyan (A Xing) Miehuoyimiao

Infectious Coryza (Serotype A) Vaccine, Inactivated

本品系用副鸡禽杆菌A型C-Hpg-8株（CVCC 254）菌接种适宜培养基培养，收获培养物，浓缩，用甲醛溶液灭活后，加矿物油佐剂混合乳化制成。用于预防A型副鸡禽杆菌引起的鸡传染性鼻炎。

【性状】 外观 均匀乳剂。

剂型 为油包水型。取一清洁吸管，吸取少量疫苗滴于冷水表面，除第1滴外，均应不扩散。

稳定性 吸取疫苗10ml加入离心管中，以3000r/min离心15分钟，管底析出的水相应不超过0.5ml。

黏度 按附录3102进行检验，应符合规定。

【装量检查】 按附录3104进行检验，应符合规定。

【无菌检验】 按附录3306进行检验，应无菌生长。

【安全检验】 用60～90日龄SPF鸡8只，每只皮下注射疫苗1.0ml，观察14日，应不出现因疫苗引起的局部或全身不良反应。

【效力检验】 用60～90日龄SPF鸡12只，8只各皮下注射疫苗0.5ml（含1羽份），另4只作对照。接种30日后，每只鸡各眶下窦内注射副鸡禽杆菌C-Hpg-8株（CVCC 254）培养物0.2ml（含至少1个发病剂量），观察14日。对照鸡全部发病（面部一侧或两侧眶下窦及周围肿胀或流涕或兼有流泪者）时，免疫鸡应至少保护6只；对照鸡3只发病时，免疫鸡应至少保护7只。

【甲醛和汞类防腐剂残留量测定】 分别按附录3203和3202进行测定，应符合规定。

【作用与用途】 用于预防A型副鸡禽杆菌引起的鸡传染性鼻炎。42日龄以下的鸡，免疫期为3个月；42日龄以上的鸡为6个月。若42日龄首免，110日龄二免，免疫期为19个月。

【用法与用量】 胸或颈背皮下注射。42日龄以下的鸡，每只0.25ml；42日龄以上的鸡，每只0.5ml。

【注意事项】 （1）切忌冻结，冻结过的疫苗严禁使用。

（2）使用前，应将疫苗恢复至室温，并充分摇匀。

（3）接种时，应作局部消毒处理。

（4）用过的疫苗瓶、器具和未用完的疫苗等应进行无害化处理。

（5）用于肉鸡时，屠宰前21日内禁止使用；用于其他鸡时，屠宰前42日内禁止使用。

【规格】 （1）100ml/瓶 （2）250ml/瓶 （3）500ml/瓶 （4）1000ml/瓶

【贮藏与有效期】 2～8℃保存，有效期为12个月。

CVP3/2015/MHYM/004

鸡传染性鼻炎（A型＋C型）、新城疫二联灭活疫苗

Ji Chuanranxingbiyan (A Xing+C Xing), Xinchengyi Erlian Miehuoyimiao

Combined Infectious Coryza (Serotype A + Serotype C) and Newcastle Disease Vaccine, Inactivated

本品系用副鸡禽杆菌A型C-Hpg-8株（CVCC 254）和C型Hpg-668株菌接种适宜培养基培养，收获培养物，浓缩，用甲醛溶液灭活后，与灭活的鸡新城疫病毒La Sota株（CVCC AV1615）鸡胚尿囊液混合，加矿物油佐剂混合乳化制成。用于预防A型副鸡禽杆菌和C型副鸡禽杆菌引起的鸡传染性鼻炎及鸡新城疫。

【性状】 外观 均匀乳剂。

剂型 为油包水型。取一清洁吸管，吸取少量疫苗滴于冷水表面，除第1滴外，均应不扩散。

稳定性 吸取疫苗10ml加入离心管中，以3000r/min离心15分钟，管底析出的水相应不超过0.5ml。

黏度 按附录3102进行检验，应符合规定。

【装量检查】 按附录3104进行检验，应符合规定。

【无菌检验】 按附录3306进行检验，应无菌生长。

【安全检验】 用20日龄SPF鸡10只，每只颈背部皮下注射疫苗1.0ml，观察14日，应不出现因疫苗引起的局部或全身不良反应。

【效力检验】 （1）鸡传染性鼻炎部分 用21日龄SPF鸡20只，10只各皮下注射疫苗0.25ml（含1羽份），另10只作对照，同条件饲养。接种28日后，取免疫鸡和对照鸡各5只，每只鸡各眶下窦内注射副鸡禽杆菌C-Hpg-8株（CVCC 254）培养物0.2ml（含至少1个发病剂量），另取免疫鸡和对照鸡各5只，每只鸡各眶下窦内注射副鸡禽杆菌Hpg-668株培养物0.2ml（至少1个发病剂量），观察7日。对照组均应至少发病（面部一侧或两侧眶下窦及周围肿胀或流鼻涕或兼有流泪者）4只，免疫

组均应至少保护4只。

（2）鸡新城疫部分　采用血清学方法进行检验，结果不符合规定时，可采用免疫攻毒法进行检验。

血清学方法　用30～60日龄SPF鸡15只，10只各皮下注射疫苗20μl（1/25羽份），另5只作对照。接种21～28日后，每只鸡分别采血，分离血清，按附录3404进行HI抗体效价测定。对照鸡HI抗体效价均应不超过1∶4，免疫鸡HI抗体效价的几何平均值应不低于1∶16。

免疫攻毒法　用30～60日龄SPF鸡15只，10只各皮下或肌肉注射疫苗20μl（1/25羽份），另5只作对照。接种后21～28日，每只鸡各肌肉注射新城疫病毒北京株（CVCC AV1611）强毒0.5ml（含$10^{5.0}ELD_{50}$），观察14日。对照鸡应全部死亡，免疫组应至少保护7只。

【甲醛和汞类防腐剂残留量测定】　分别按附录3203和3202进行测定，应符合规定。

【作用与用途】　用于预防鸡传染性鼻炎和鸡新城疫。接种后14～21日产生免疫力。接种1次的免疫期为3个月；若21日龄首免，110日龄二免，免疫期为9个月。

【用法与用量】　颈背部皮下注射。21～42日龄鸡，每只0.25ml；42日龄以上鸡，每只0.5ml。

【注意事项】　（1）切忌冻结，冻结过的疫苗严禁使用。

（2）使用前，应将疫苗恢复至室温，并充分摇匀。

（3）疫苗开启后，限当日用完。

（4）仅限于接种健康鸡。

（5）接种时，应作局部消毒处理。

（6）用过的疫苗瓶、器具和未用完的疫苗等应进行无害化处理。

（7）用于肉鸡时，屠宰前21日内禁止使用；用于其他鸡时，屠宰前42日内禁止使用。

【规格】　（1）100ml/瓶　（2）250ml/瓶　（3）500ml/瓶

【贮藏与有效期】　2～8℃保存，有效期为12个月。

CVP3/2015/MHYM/005

鸡传染性法氏囊病灭活疫苗（CJ-801-BKF株）

Ji Chuanranxingfashinangbing Miehuoyimiao (CJ-801-BKF Zhu)

Infectious Bursal Disease Vaccine, Inactivated (Strain CJ-801-BKF)

本品系用鸡传染性法氏囊病病毒CJ-801-BKF株接种SPF鸡胚成纤维细胞培养，收获培养物，用甲醛溶液灭活后，加矿物油佐剂混合乳化制成。用于预防鸡传染性法氏囊病。

【性状】　外观　均匀乳剂。

剂型　为油包水型。取一清洁吸管，吸取少量疫苗滴于冷水表面，除第1滴外，均应不扩散。

稳定性　吸取疫苗10ml加入离心管中，以3000r/min离心15分钟，管底析出的水相应不超过0.5ml。

黏度　按附录3102进行检验，应符合规定。

【装量检查】　按附录3104进行检验，应符合规定。

【无菌检验】　按附录3306进行检验，应无菌生长。

【安全检验】　用20～30日龄SPF鸡20只，10只各颈背部皮下注射疫苗2羽份，另10只作对照，同条件饲养，观察15日后扑杀。检查疫苗接种部位的组织、法氏囊和各脏器有无病理变化。两组鸡均应无肉眼可见异常变化。每组非特异性死亡不超过2只，则疫苗判为合格。

【效力检验】 下列方法任择其一。

（1）血清学方法　用20～30日龄SPF鸡20只，10只各颈背部皮下注射疫苗1羽份，另10只作对照。接种30日后，检测鸡传染性法氏囊病病毒中和抗体，对照鸡中和抗体效价均应不超过1：10，免疫鸡鸡传染性法氏囊病病毒中和抗体效价几何平均值应不低于1：5000。

（2）免疫攻毒法　用20～30日龄SPF鸡20只，10只各颈背部皮下注射疫苗1羽份，另10只作对照。接种30日后，用10倍稀释的鸡传染性法氏囊病病毒CJ801株19～24代病毒液经口攻毒，每只0.2ml（含$10^{4.0}EID_{50}$），72小时后全部扑杀，检查法氏囊病变，对照鸡中应至少8只有病变，免疫鸡均应无异常。

【甲醛和汞类防腐剂残留量测定】 分别按附录3203和3202进行测定，应符合规定。

【作用与用途】 用于预防鸡传染性法氏囊病。

【用法与用量】 颈背部皮下注射。18～20周龄鸡，每只1.2ml。

本疫苗应与鸡传染性法氏囊病活疫苗配套使用。种鸡应在10～15日龄和28～35日龄时各作1次鸡传染性法氏囊病活疫苗接种，18～20周龄接种灭活疫苗，可使开产后12个月内的种蛋所孵雏鸡在14日内能抵抗野毒感染。

【注意事项】 （1）切忌冻结，冻结过的疫苗严禁使用。

（2）使用前，应将疫苗恢复至室温，注射疫苗前应充分摇匀。在注射过程中也应不时振摇。

（3）接种时，应作局部消毒处理。

（4）用过的疫苗瓶、器具和未用完的疫苗等应进行无害化处理。

（5）屠宰前28日内禁止使用。

【规格】 （1）100ml/瓶　（2）250ml/瓶　（3）500ml/瓶

【贮藏与有效期】 2～8℃保存，有效期为6个月。

CVP3/2015/MHYM/006

鸡毒支原体灭活疫苗

Jiduzhiyuanti Miehuoyimiao

***Mycoplasma gallisepticum* Vaccine, Inactivated**

本品系用鸡毒支原体CR株接种适宜培养基培养，收获培养物，浓缩，用甲醛溶液灭活后，与矿物油佐剂混合乳化制成。用于预防由鸡毒支原体引起的鸡慢性呼吸道疾病。

【性状】 外观　均匀乳剂。

剂型　为油包水型。取一洁净吸管，吸取少量疫苗滴于冷水中，除第1滴外，均应不扩散。

稳定性　取疫苗10ml，装于离心管中，以3000r/min离心15分钟，应不出现分层。

黏度　按附录3102进行检验，应符合规定。

【装量检查】 按附录3104进行检验，应符合规定。

【无菌检验】 按附录3306进行检验，应无菌生长。

【安全检验】 取40～60日龄SPF鸡6只，肌肉或颈背部皮下注射疫苗，每只1.0ml，观察14日，应不出现因疫苗引起的局部或全身不良反应。

【效力检验】 取40～60日龄SPF鸡8只，颈背部皮下或大腿部肌肉注射疫苗，每只0.5ml，30日后，连同条件相同的对照鸡6只，在2～3m^3的密室（室内温度应为15～30℃，相对湿度为50%～70%）内喷雾攻击鸡毒支原体R株培养物500～600ml（每1.0ml含活菌数$10^{8.0}$～$10^{9.0}$颜色变化单位），喷雾持续时间应不少于5分钟，雾滴在2.0μm左右。观察14日，剖检，观察气囊病变，并进行病变记分（见附注）。对照组应至少有4只鸡的气囊出现2分以上病变，免疫鸡的平均气囊保护率应不低于60%（平均气囊保护率计算方法见附注）。

【甲醛和汞类防腐剂残留量测定】 分别按附录3203和3202进行测定，应符合规定。

【作用与用途】 用于预防由鸡毒支原体引起的鸡慢性呼吸道疾病。免疫期为6个月。

【用法与用量】 颈背部皮下或大腿部肌肉注射。40日龄以内的鸡，每只0.25ml；40日龄以上的鸡，每只0.5ml；蛋鸡，在产蛋前再接种1次，每只0.5ml。

【注意事项】 （1）注射前应将疫苗恢复至室温，并将其充分摇匀。

（2）注射部位不得离头部太近，在颈部的中下部为宜。

（3）注射时，应作局部消毒处理。

（4）用过的疫苗瓶、器具和未用完的疫苗等应进行无害化处理。

（5）屠宰前28日内禁止使用。

【规格】 （1）100ml/瓶 （2）250ml/瓶 （3）500ml/瓶

【贮藏与有效期】 2～8℃保存，有效期为12个月。

附注：气囊病变记分标准和平均气囊保护率计算方法

气囊病变记分标准：

0分——气囊正常，清洁透明而薄；

1分——气囊稍有增厚和轻度浑浊，局部有少数灰色或黄色渗出物斑点；

2分——部分气囊区域有可见的灰色和黄色渗出物，同时伴有气囊中度增厚；

3分——大片气囊布满黄色干酪样渗出物；

4分——整个气囊布满黄色干酪样渗出物，气囊失去弹性。

保护率计算公式：

$$\text{平均气囊保护率}=\frac{\text{对照鸡平均气囊病变分数}-\text{试验鸡平均气囊病变分数}}{\text{对照鸡平均气囊病变分数}}\times 100\%$$

CVP3/2015/MHYM/007

鸡减蛋综合征灭活疫苗

Ji Jiandanzonghezheng Miehuoyimiao

Egg Drop Syndrome Vaccine, Inactivated

本品系用禽腺病毒京911株（CVCC AV70）接种鸭胚培养，收获感染鸭胚液，用甲醛溶液灭活后，加矿物油佐剂混合乳化制成。用于预防鸡减蛋综合征。

【性状】 外观 均匀乳剂。

剂型 为油包水型。取一清洁吸管，吸取少量疫苗滴于冷水表面，除第1滴外，均应不扩散。

稳定性　吸取疫苗10ml加入离心管中，以3000r/min离心15分钟，管底析出的水相应不超过0.5ml。

黏度　按附录3102进行检验，应符合规定。

【装量检查】 按附录3104进行检验，应符合规定。

【无菌检验】 按附录3306进行检验，应无菌生长。

【安全检验】 用21～42日龄SPF鸡10只，每只肌肉注射疫苗1.0ml，观察14日，应不出现因疫苗引起的局部或全身不良反应。

【效力检验】 用21～42日龄SPF鸡20只，10只各肌肉或皮下注射疫苗0.5ml，另10只作对照，同条件饲养。接种后21～35日，采血，测定HI抗体效价。对照鸡HI抗体效价均应不超过1：4，免疫鸡HI抗体效价的几何平均值应不低于1：128。

【甲醛和汞类防腐剂残留量测定】 分别按附录3203和3202进行测定，应符合规定。

【作用与用途】 用于预防鸡减蛋综合征。

【用法与用量】 肌肉或颈部皮下注射。开产前14～28日接种，每只0.5ml。

【注意事项】 （1）切忌冻结，冻结过的疫苗严禁使用。

（2）使用前，应将疫苗恢复至室温，并充分摇匀。

（3）接种时，应作局部消毒处理。

（4）用过的疫苗瓶、器具和未用完的疫苗等应进行无害化处理。

【规格】 （1）100ml/瓶　（2）250ml/瓶　（3）500ml/瓶

【贮藏与有效期】 2～8℃保存，有效期为12个月。

CVP3/2015/MHYM/008

鸡新城疫、传染性法氏囊病二联灭活疫苗

Ji Xinchengyi, Chuanranxingfashinangbing Erlian Miehuoyimiao

Combined Newcastle Disease and Infectious Bursal Disease Vaccine, Inactivated

本品系用鸡新城疫病毒La Sota株（CVCC AV1615）接种鸡胚培养，用鸡传染性法氏囊病病毒（BJQ902株）接种鸡胚成纤维细胞培养，分别收获感染鸡胚液和细胞液，用甲醛溶液灭活后等量混合，加矿物油佐剂混合乳化制成。用于预防鸡新城疫和鸡传染性法氏囊病。

【性状】 外观　均匀乳剂。

剂型　为水包油包水型。取一清洁吸管，吸取少量疫苗滴于清洁冷水表面，应呈云雾状扩散。

粒度　在光学显微镜上装测微尺，直接观察乳状液粒子大小及均匀度，应90%以上不超过2.0～3.0μm。

稳定性　吸取疫苗10ml加入离心管中，以3000r/min离心15分钟，管底析出的水相应不超过0.5ml。

黏度　按附录3102进行检验，应符合规定。

【装量检查】 按附录3104进行检验，应符合规定。

【无菌检验】 按附录3306进行检验，应无菌生长。

【安全检验】 用28日龄SPF鸡10只，各颈背部皮下注射疫苗1.0ml，观察14日，应不出现因疫苗引起的局部或全身不良反应。

【效力检验】 （1）鸡新城疫部分 采用血清学方法进行检验，结果不符合规定时，可采用免疫攻毒法进行检验。

血清学方法 用28～42日龄SPF鸡15只，10只各皮下或肌肉注射疫苗1/25羽份，另5只作对照。接种后21～28日，每只鸡各采血，分离血清，进行HI抗体效价测定。对照鸡HI抗体效价均应不超过1：4，免疫鸡HI抗体效价的几何平均值应不低于1：16。

免疫攻毒法 用28～42日龄SPF鸡15只，10只各颈背部皮下注射（用0.5ml以下的注射器）疫苗1/25羽份，另5只作对照。注射21日后，每只鸡各肌肉注射鸡新城疫病毒强毒北京株（CVCC AV1611）$10^{5.0}ELD_{50}$，观察 14日。对照组应全部死亡，免疫组应至少保护7只。

（2）鸡传染性法氏囊病部分 下列方法任择其一。

血清学方法 用21日龄SPF鸡15只，10只各颈背部皮下注射疫苗1羽份（1.0ml），另5只作对照。接种28日后，每只鸡各采血，分离血清，测定鸡传染性法氏囊病病毒中和抗体。对照鸡平均中和抗体效价应不超过1：10，免疫鸡平均中和抗体效价应不低于1：5000。

免疫攻毒法 用21日龄SPF鸡15只，10只各颈背部皮下注射疫苗1羽份，另5只作对照。接种28日后，用鸡传染性法氏囊病BJQ902株强毒攻击，每只点眼、口服0.2ml（含$10^{5.0}ID_{50}$），72小时后全部剖杀，检查法氏囊，对照组鸡应至少有4只出现法氏囊病变，免疫组鸡法氏囊应正常。

【甲醛和汞类防腐剂残留量测定】 分别按附录3203和3202进行测定，应符合规定。

【作用与用途】 用于预防鸡新城疫和鸡传染性法氏囊病。雏鸡免疫期为3个月，成年鸡鸡新城疫免疫期为12个月，鸡传染性法氏囊病免疫期为6个月。

【用法与用量】 颈部皮下注射。60日龄以内的鸡，每只0.5ml；开产前的种鸡，每只1.0ml。

推荐免疫程序：

（1）雏鸡 通常用于20日龄第二次免疫（亦可用于10日龄首次免疫），每只0.5ml，同时用鸡新城疫La Sota（10日龄左右首次免疫La Sota或Clone 30）活疫苗滴鼻、点眼，并以鸡传染性法氏囊病活疫苗饮水接种。

（2）种鸡 4月龄左右（转群）时，每只1.0ml，同时用鸡新城疫 La Sota活疫苗喷雾接种。开产后6个月左右，每只1.0ml。

【注意事项】 （1）切忌冻结，冻结过的疫苗严禁使用。

（2）仅用于接种健康鸡。

（3）使用前，应将疫苗恢复至室温，并充分摇匀。

（4）接种前、后的雏鸡应严格隔离饲养，降低饲养密度，尽量避免粪便污染饮水与饲料。

（5）疫苗开启后，限当日用完。

（6）接种时，应局部消毒处理。

（7）用过的疫苗瓶、器具和未用完的疫苗等应进行无害化处理。

（8）用于肉鸡时，屠宰前21日内禁止使用；用于其他鸡时，屠宰前42日内禁止使用。

【规格】 （1）100ml/瓶 （2）250ml/瓶 （3）500ml/瓶

【贮藏与有效期】 2～8℃保存，有效期为6个月。

CVP3/2015/MHYM/009

鸡新城疫、减蛋综合征二联灭活疫苗

Ji Xinchengyi, Jiandanzonghezheng Erlian Miehuoyimiao

Combined Newcastle Disease and Egg Drop Syndrome Vaccine, Inactivated

本品系用鸡新城疫病毒La Sota株（CVCC AV1615）和禽腺病毒京911株（CVCC AV70）分别接种鸡胚和鸭胚培养，收获感染胚液，用甲醛溶液灭活后混合，加矿物油佐剂混合乳化制成。用于预防鸡新城疫和减蛋综合征。

【性状】 外观　均匀乳剂。

剂型　为油包水型。取一清洁吸管，吸取少量疫苗滴于冷水表面，除第1滴外，均应不扩散。

稳定性　吸取疫苗10ml加入离心管中，以3000r/min离心15分钟，管底析出的水相应不超过0.5ml。

黏度　按附录3102进行检验，应符合规定。

【装量检查】 按附录3104进行检验，应符合规定。

【无菌检验】 按附录3306进行检验，应无菌生长。

【安全检验】 用21～42日龄SPF鸡10只，各肌肉注射疫苗1.0ml，观察14日，应不出现因疫苗引起的局部或全身不良反应。

【效力检验】 用21～42日龄SPF鸡30只，20只分2组，每组10只。第1组鸡各肌肉或皮下注射疫苗20μl，第2组鸡各肌肉注射疫苗0.5ml，另10只作对照，同条件饲养。

（1）鸡新城疫部分　采用血清学方法进行检验，结果不符合规定时，可采用免疫攻毒法进行检验。

血清学方法　接种后21～35日，对第1组免疫鸡和对照鸡分别采血，分离血清，按附录3404进行HI抗体效价测定。对照鸡HI抗体效价均应不超过1∶4，免疫鸡HI抗体效价的几何平均值应不低于1∶16。

免疫攻毒法　接种后21～35日，对第1组免疫鸡和对照鸡各肌肉注射鸡新城疫病毒强毒北京株（CVCC AV1611）$10^{5.0}$$ELD_{50}$，观察14日。对照鸡应全部死亡，免疫鸡应至少保护7只。

（2）鸡减蛋综合征部分　接种后21～35日，对第2组免疫鸡和对照鸡采血，测定血清中HI抗体效价。对照鸡HI抗体效价均应不超过1∶4，免疫鸡HI抗体效价的几何平均值应不低于1∶128。

【甲醛和汞类防腐剂残留量测定】 分别按附录3203和3202进行测定，应符合规定。

【作用与用途】 用于预防鸡新城疫和鸡减蛋综合征。

【用法与用量】 肌肉或颈部皮下注射。在鸡群开产前14～28日接种，每只0.5ml。

【注意事项】 （1）切忌冻结，冻结过的疫苗严禁使用。

（2）使用前，应将疫苗恢复至室温，并充分摇匀。

（3）接种时，应局部消毒处理。

（4）用过的疫苗瓶、器具和未用完的疫苗等应进行无害化处理。

（5）屠宰前28日内禁止使用。

【规格】 （1）100ml/瓶　（2）250ml/瓶　（3）500ml/瓶

【贮藏与有效期】 2～8℃保存，有效期为12个月。

CVP3/2015/MHYM/010

鸡新城疫灭活疫苗

Ji Xinchengyi Miehuoyimiao

Newcastle Disease Vaccine, Inactivated

本品系用鸡新城疫病毒La Sota株（CVCC AV1615）接种鸡胚培养，收获感染鸡胚液，用甲醛溶液灭活后，加矿物油佐剂混合乳化制成。用于预防鸡新城疫。

【性状】 外观　均匀乳剂。

剂型　单相苗为油包水型。取一清洁吸管，吸取少量疫苗滴于冷水表面，除第1滴外，均应不扩散；双相苗为水包油包水型。取一清洁吸管，吸取少量疫苗滴于清洁冷水表面，应呈云雾状扩散。

稳定性　吸取疫苗10ml加入离心管中，以3000r/min离心15分钟，管底析出的水相应不超过0.5ml。

黏度　按附录3102进行检验，应符合规定。

【装量检查】 按附录3104进行检验，应符合规定。

【无菌检验】 按附录3306进行检验，应无菌生长。

【安全检验】 用30～60日龄SPF鸡6只，每只肌肉或颈背部皮下注射疫苗1.0ml，观察14日，应不出现因疫苗引起的局部或全身不良反应。

【效力检验】 采用血清学方法进行检验，结果不符合规定时，可采用免疫攻毒法进行检验。

（1）血清学方法　用30～60日龄SPF鸡15只，10只各皮下或肌肉注射疫苗20μl（1/25羽份），另5只作对照。接种后21～28日，每只鸡各采血分离血清，按附录3404进行HI抗体效价测定。对照鸡HI抗体效价均应不超过1：4，免疫鸡HI抗体效价的几何平均值应不低于1：16。

（2）免疫攻毒法　用30～60日龄SPF鸡15只，10只各皮下或肌肉注射疫苗20μl（1/25羽份），另5只作对照。接种后21～28日，每只鸡各肌肉注射新城疫病毒北京株（CVCC AV1611）强毒0.5ml（含$10^{5.0}$$ELD_{50}$），观察14日。对照鸡应全部死亡，免疫组应至少保护7只。

【甲醛和汞类防腐剂残留量测定】 分别按附录3203和3202进行测定，应符合规定。

【作用与用途】 用于预防鸡新城疫。免疫期为4个月。

【用法与用量】 颈部皮下注射。14日龄以内雏鸡，每只0.2ml，同时用La Sota株或Ⅱ系活疫苗按瓶签注明羽份稀释后进行滴鼻或点眼（也可用Ⅱ系活疫苗进行气雾接种）。肉鸡用上述方法接种1次即可。

60日龄以上的鸡，每只0.5ml，免疫期可达10个月。

用活疫苗接种过的母鸡，在开产前14～21日接种，每只0.5ml，可保护整个产蛋期。

【注意事项】 （1）切忌冻结，冻结过的疫苗严禁使用。

（2）使用前，应将疫苗恢复至室温，并充分摇匀。

（3）接种时，应作局部消毒处理。

（4）用过的疫苗瓶、器具和未用完的疫苗等应进行无害化处理。

（5）用于肉鸡时，屠宰前21日内禁止使用；用于其他鸡时，屠宰前42日内禁止使用。

【规格】 （1）100ml/瓶　（2）250ml/瓶　（3）500ml/瓶

【贮藏与有效期】 2～8℃保存，有效期为12个月。

CVP3/2015/MHYM/011

鸡新城疫、禽流感（H9亚型）二联灭活疫苗（La Sota株＋F株）

Ji Xinchengyi, Qinliugan (H9 Yaxing) Erlian Miehuoyimiao (La Sota Zhu+F Zhu)

Combined Newcastle Disease and Avian Influenza (Subtype H9) Vaccine, Inactivated (Strain La Sota+Strain F)

本品系用鸡新城疫病毒La Sota株和A型禽流感病毒H9亚型A/Chicken/Shanghai/1/98（H9N2）株（简称F株）分别接种易感鸡胚，收获感染胚液，超滤浓缩，用甲醛溶液灭活后，加油佐剂混合乳化制成。用于预防鸡新城疫和H9亚型禽流感病毒引起的禽流感。

【性状】 外观　均匀乳剂。

剂型　为油包水型。取一清洁吸管，吸取少量疫苗滴入冷水中，除第1滴外，均应不扩散。

稳定性　吸取疫苗10ml加入离心管中，以3000r/min离心15分钟，管底析出的水相应不超过0.5ml。

黏度　按附录3102进行检验，应符合规定。

【无菌检验】 按附录3306进行检验，应无菌生长。

【安全检验】 用30～60日龄SPF鸡10只，每只肌肉或颈部皮下注射疫苗1.0ml，观察14日，应不出现因疫苗引起的任何局部或全身不良反应。

【效力检验】 **1　鸡新城疫部分** 采用血清学方法进行检验，结果不符合规定时，可采用免疫攻毒法进行检验。

（1）血清学方法　用30～60日龄SPF鸡15只，其中10只各皮下或肌肉注射疫苗20μl，另5只作对照。免疫后21～28日，每只鸡分别采血，分离血清，进行HI抗体效价测定。免疫组HI抗体效价的几何平均值应不低于1：16（微量法），对照组HI抗体效价均应不超过1：4（微量法）。

（2）免疫攻毒法　用30～60日龄SPF鸡15只，其中10只各皮下或肌肉注射疫苗20μl，另5只作对照。免疫后21～28日，每只鸡分别肌肉注射鸡新城疫病毒北京株强毒（CVCC AV1611株）$10^{5.0}ELD_{50}$，观察14日。对照组应全部死亡，免疫组应保护至少7只。

2　禽流感部分　取21～35日龄SPF鸡15只，其中10只各皮下或肌肉注射疫苗0.2ml，另5只作对照。免疫后21～28日，每只鸡分别采血，分离血清，进行HI抗体效价测定。免疫组HI抗体效价的几何平均值应不低于1：64（微量法），对照组HI抗体效价均应不超过1：4（微量法）。

【甲醛和汞类防腐剂残留量测定】 分别按附录3203和3202进行测定，应符合规定。

【作用与用途】 用于预防鸡新城疫和H9亚型禽流感病毒引起的禽流感。接种后21日产生免疫力。

【用法与用量】 肌肉或颈部皮下注射。无母源抗体或母源抗体（1日龄鸡新城疫和H9亚型禽流感病毒母源抗体）不超过1：32的雏鸡，在7～14日龄时首免，每只0.2ml，免疫期为2个月；母源抗体高于1：32的雏鸡，在2周龄后首免，每只0.5ml，免疫期为5个月；母鸡在开产前2～3周接种，每只0.5ml，免疫期为6个月。

【注意事项】 （1）切忌冻结，冻结过的疫苗严禁使用。

（2）体质瘦弱、患有其他疾病的鸡，禁止使用。

（3）使用前，应仔细检查疫苗，如发现破乳、疫苗中混有异物等情况时，不能使用。

（4）使用时，应将疫苗恢复至室温，并充分摇匀。

（5）疫苗开启后，限当日用完。

（6）接种时，应作局部消毒处理。

（7）用过的疫苗瓶、器具和未用完的疫苗等应进行无害化处理。

（8）接种本疫苗的种鸡所产子代具有较高的抗体水平，因此，应对子代的有关免疫程序进行适当调整。建议免疫期内的种鸡所产子代于10～14日龄时初次进行鸡新城疫疫苗接种。

（9）用于肉鸡时，屠宰前21日内禁止使用；用于其他鸡时，屠宰前42日内禁止使用。

【规格】（1）100ml/瓶（2）250ml/瓶（3）300ml/瓶（4）500ml/瓶

【贮藏与有效期】 2～8℃保存，有效期为12个月。

CVP3/2015/MHYM/012

口蹄疫（A型）灭活疫苗（AF/72株）

Koutiyi (A Xing) Miehuoyimiao (AF/72 Zhu)

Foot and Mouth Disease (Type A) Vaccine, Inactivated (Strain AF/72)

本品系用牛源A型口蹄疫病毒AF/72株细胞毒，接种BHK-21细胞，通过浓缩培养法培养，收获细胞培养物，经二乙烯亚胺（BEI）灭活后，加矿物油佐剂混合乳化制成，用于预防牛A型口蹄疫。

【性状】 外观　黏滞性均匀乳剂。

剂型　呈水包油包水型（W/O/W）。取一清洁吸管，吸取少量疫苗滴于清洁冷水表面，应呈云雾状扩散。

稳定性　吸取疫苗10ml加入离心管中，以3000r/min离心15分钟，应不破乳，并且水相析出应不超过0.5ml。

黏度　按附录3102进行检验，应符合规定。

【装量检查】 按附录3104进行检验，应符合规定。

【无菌检验】 按附录3306进行检验，应无菌生长。

【内毒素含量测定】 吸取12ml疫苗放入15ml离心管中，置50℃±5℃水浴90分钟，然后在4℃条件下，以15 000g离心10分钟，取水相5.0ml，按现行《中国兽药典》一部附录进行检验。每头份疫苗中内毒素含量应不超过50 EU。

【安全检验】（1）用豚鼠检验　用体重350～450g的豚鼠2只，每只皮下注射疫苗2.0ml。连续观察7日，均应不出现因疫苗引起的死亡或明显的局部反应或全身反应。

（2）用小鼠检验　用体重18～22g的小鼠5只，每只皮下注射疫苗0.5ml。连续观察7日，均应不出现因疫苗引起的死亡或明显的局部反应或全身反应。

（3）用牛检验　用至少6月龄的健康易感牛（口蹄疫细胞中和抗体滴度不超过1∶8）3头，于每头牛舌上表面皮内分20个点注射疫苗2.0ml，每点0.1ml，逐日观察至少4日。之后，每头牛肌肉注射疫苗6.0ml，继续逐日观察6日。均应不出现口蹄疫症状或明显的因注射疫苗引起的毒性反应。

【效力检验】 用至少6月龄的健康易感牛（口蹄疫细胞中和抗体滴度不超过1∶8）15头，分为3组，每组5头。按使用剂量2.0ml/头份，将待检疫苗分为1头份、1/3头份、1/9头份3个剂量组，每一剂量组分别颈部肌肉注射5头牛。接种21日后，将各组免疫牛和条件相同的对照牛2头，分别于舌上表面两侧分2点皮内注射制苗用同源A型口蹄疫病毒AF/72株，每点0.1ml（共0.2ml，含$10^{4.0}ID_{50}$）。连续观察10日。对照牛均应至少3个蹄出现水疱或溃疡。免疫牛仅在舌面出现水疱或溃疡，而其他部位无病变时判为保护，除舌面以外任一部位出现典型口蹄疫水疱或溃疡时判为不保护。根据免疫牛的保护数，按Reed-Muench法计算被检疫苗的PD_{50}，每头份疫苗应至少含6 PD_{50}。

【汞类防腐剂残留量测定】 按附录3202进行测定，应符合规定。

【作用与用途】 用于预防牛A型口蹄疫，免疫期为6个月。

【用法与用量】 肌肉注射，6月龄以上成年牛每头2.0ml，6月龄以下犊牛每头1.0ml。

【注意事项】 （1）本品仅用于接种健康牛。接种前，应对牛进行检查，患病、瘦弱或临产畜不予注射。

（2）在使用本品前应仔细检查，如发现疫苗瓶破损、封口不严、无标签或标签不清楚、疫苗有异物或变质、已过有效期或未在规定条件下保存的，均不能使用。

（3）疫苗应冷藏运输，但不得冻结。运输和使用过程中应避免日光直射。

（4）预防接种最好安排在气候适宜的季节，如需在炎热季节接种，应选在清晨或傍晚进行。

（5）首次使用本疫苗的地区，应选择一定数量（约50头）的牛，进行小范围试用观察。确认无不良反应后，方可扩大接种面。接种后，应加强饲养管理并详细观察。

（6）本疫苗适用于接种疫区、受威胁区、安全区的牛。接种时，应从安全区到受威胁区，最后再接种疫区内安全群和受威胁群。

（7）非疫区的牛，接种疫苗21日后，方可移动或调运。

（8）接种怀孕母牛时，保定和注射动作应轻柔，以免影响胎儿，防止因粗暴操作导致母畜流产。

（9）注射器具和注射部位应严格消毒。接种时，应执行常规无菌操作，一畜一针头。

（10）注射疫苗时，进针应达到适当的深度（肌肉内）。勿注入皮下或脂肪层，以免影响免疫效果。

（11）接种时，严格遵守操作规程，接种人员在更换衣服、鞋、帽和进行必要的消毒之后，方可参与疫苗的接种。

（12）接种时，须有专人做好记录，写明省（区）、县、乡（镇）、自然村、畜主姓名、家畜种类、大小、性别、接种头数和未接种头数等。在安全区接种后，观察7～10日，并详细记载有关情况。

（13）疫苗在使用前和使用过程中，均应充分摇匀。疫苗开启后，限当日用完。

（14）用过的疫苗瓶、器具和未用完的疫苗等应进行无害化处理。

（15）由于口蹄疫的特殊性，特别忠告：接种疫苗只是消灭和预防该病的多项措施之一，在接种疫苗的同时还应对疫区采取封锁、隔离、消毒等综合防治措施，对非疫区也应进行综合防治。

（16）疫苗接种后可产生不良反应。一般反应：注射部位肿胀，体温升高，减食1～2日。随着时间的延长，反应逐渐减轻，直至消失。严重反应：因品种、个体的差异，少数牛可能出现急性过敏反应，如焦躁不安、呼吸加快、肌肉震颤、口角出现白沫、鼻腔出血等，甚至因抢救不及时而死亡，部分妊娠母畜可能出现流产。建议及时使用肾上腺素等药物治疗，同时采用适当的附注治疗措施，以减少损失。

【规格】 （1）50ml/瓶 （2）100ml/瓶

【贮藏与有效期】 2～8℃保存，有效期为12个月。

CVP3/2015/MHYM/013

口蹄疫（O型、亚洲1型）二价灭活疫苗

Koutiyi (O Xing, Yazhouyixing) Erjia Miehuoyimiao

Foot and Mouth Disease Bivalent (Type O and Asia-1) Vaccine, Inactivited

本品系用口蹄疫O型病毒、亚洲1型病毒分别接种BHK21细胞培养，收获细胞培养物，分别经二乙烯亚胺（BEI）灭活后，加矿物油佐剂混合乳化制成。用于预防牛、羊O型、亚洲1型口蹄疫。

【性状】 外观　略带黏滞性乳剂。

剂型　水包油包水型。取一清洁吸管，吸取少量疫苗滴于清洁冷水表面，应呈云雾状扩散。

稳定性　吸取疫苗10ml加入离心管中，以3000r/min离心15分钟，底部析出的水相应不超过0.5ml。

黏度　按附录3102进行检验，应符合规定。

【装量检查】 按附录3104进行检验，应符合规定。

【无菌检验】 按附录3306进行检验，应无菌生长。

【内毒素含量测定】 吸取12ml疫苗放入15ml离心管中，置50℃ ± 5℃水浴90分钟，然后在4℃条件下，以15 000g离心10分钟，取水相5.0ml，按现行《中国兽药典》一部附录进行检验。每头份疫苗中内毒素含量应不超过50 EU。

【安全检验】 （1）用豚鼠检验　用体重350 ~ 450g的豚鼠2只，每只皮下注射疫苗2.0ml。观察7日，均应不出现因疫苗引起的死亡或引起明显的局部反应或全身反应。

（2）用小鼠检验　用体重18 ~ 22g小鼠5只每只皮下注射疫苗0.5ml。观察7日，均应不出现因疫苗引起的死亡或引起明显的局部反应或全身反应。

（3）用牛检验　用至少6月龄的健康易感牛（乳鼠中和抗体滴度不超过1：4或细胞中和抗体滴度不超过1：8或ELISA抗体效价不超过1：16）3头，每头舌背面皮内分20点注射，每点0.1ml，共2.0ml疫苗，逐日观察，连续4日，之后每头牛颈部肌肉接种6ml疫苗，连续观察6日。均应不出现口蹄疫症状或由疫苗引起的明显毒性反应。

【效力检验】 用至少6月龄的健康易感牛（乳鼠中和抗体滴度不超过1：4或细胞中和抗体滴度不超过1：8或ELISA抗体效价不超过1：16）30头，分为3组，每组10头。将待检疫苗分为1头份、1/3头份、1/9头份3个剂量组，每一剂量组分别与颈部肌肉注射10头牛。接种21 ~ 28日，将3个剂量中的牛各随机均分为O型组和亚洲1型组，分圈饲养。O型组，连同对照牛2头，每头牛舌上表面两侧分两点皮内注射牛源O型口蹄疫病毒强毒；亚洲1型组，连同对照牛2头，每头牛舌上表面两侧分两点皮内注射牛源亚洲1型口蹄疫病毒强毒，每点均为0.1ml（共0.2ml，含$10^{4.0}$ ID_{50}），连续观察10日，对照牛应至少3个蹄出现病变（水疱或溃疡）。免疫牛仅在舌面出现水疱或溃疡，而其他部位无病变时判为保护，除舌面以外任一部位出现典型口蹄疫病变（水疱或溃疡）时判为不保护。

根据免疫牛的保护数，按Reed-Muench法计算被检疫苗的PD_{50}，每头份疫苗应至少含牛口蹄疫O型、亚洲1型口蹄疫各6个PD_{50}。

【作用与用途】 用于预防牛、羊O型、亚洲1型口蹄疫。免疫期为4 ~ 6个月。

【用法与用量】 肌肉注射，牛每头2.0ml，羊每只1ml。

【注意事项】 （1）疫苗应冷藏运输（但不得冻结），并尽快运往使用地点。运输和使用过程

中避免日光直接照射。

（2）使用前应仔细检查疫苗。疫苗中若有其他异物、瓶体有裂纹或封口不严、破乳、变质者不得使用。使用时应将疫苗恢复至室温并充分摇匀。疫苗开启后，限当日用完。

（3）本疫苗仅接种健康牛、羊。病畜、瘦弱、怀孕后期母畜及断奶前幼畜慎用。

（4）严格遵守操作规程。注射器具和注射部位应严格消毒，每头（只）更换一次针头。曾接触过病畜人员，在更换衣、帽、鞋和进行必要消毒之后，方可参与疫苗注射。

（5）疫苗对安全区、受威胁区、疫区牛、羊均可使用。疫苗应从安全区到受威胁区，最后再注射疫区内受威胁畜群。大量使用前，应先小试，在确认安全后，再逐渐扩大使用范围。

（6）在非疫区，接种后21日方可移动或调运。

（7）在紧急防疫中，除用本品紧急接种外，还应同时采用其他综合防制措施。

（8）个别牛出现严重过敏反应时，应及时使用肾上腺素等药物进行抢救，同时采用适当的辅助治疗措施。

（9）用过的疫苗瓶、器具和未用完的疫苗等应进行无害化处理。

（10）接种后，注射部位一般会出现肿胀，一过性体温反应，减食或停食1～2日，奶牛可出现一过性泌乳量减少，随着时间延长，症状逐渐减轻，直至消失。因品种、个体的差异，个别牛接种后可能出现急性过敏反应，如焦躁不安、呼吸加快、肌肉震颤、可视黏膜充血、瘤胃臌气、鼻腔出血等，甚至因抢救不及时而死亡；少数怀孕母畜可能出现流产。

【规格】 （1）20ml/瓶 （2）50ml/瓶 （3）100ml/瓶

【贮藏与有效期】 2～8℃保存，有效期为12个月。

CVP3/2015/MHYM/014

牛多杀性巴氏杆菌病灭活疫苗

Niu Duoshaxingbashiganjunbing Miehuoyimiao

Bovine *Pasteurella multocida* Vaccine, Inactivated

本品系用荚膜B群多杀性巴氏杆菌（CVCC 44502、CVCC 44602、CVCC 44702，可任选其中1～3株）接种适宜培养基培养，收获培养物，用甲醛溶液灭活后，加氢氧化铝胶制成。用于预防牛多杀性巴氏杆菌病。

【性状】 静置后，上层为澄清液体，下层有少量沉淀，振摇后呈均匀混悬液。

【装量检查】 按附录3104进行检验，应符合规定。

【无菌检验】 按附录3306进行检验，应无菌生长。

【安全检验】 用体重1.5～2.0kg兔2只，各皮下注射疫苗5.0ml；用体重18～22g小鼠5只，各皮下注射疫苗0.3ml。观察10日，应全部健活。

【效力检验】 下列方法任择其一。

（1）用兔检验　用体重1.5～2.0kg兔6只，4只各皮下或肌肉注射疫苗1.0ml，另2只作对照。接种21日后，每只兔各皮下注射多杀性巴氏杆菌C45-2株（CVCC 44502）强毒菌液1MLD，观察8日。对照兔应全部死亡，免疫兔应保护至少2只。

（2）用牛检验　用体重约100kg牛7头，4头各皮下或肌肉注射疫苗4.0ml，另3头作对照。接种

21日后，每头牛各皮下或肌肉注射多杀性巴氏杆菌C45-2株（CVCC 44502）强毒菌液10MLD，观察14日。对照牛全部死亡时，免疫牛应保护至少3头；对照牛死亡2头时，免疫牛应全部保护。

【甲醛、苯酚和汞类防腐剂残留量测定】 分别按附录3203、3201和3202进行测定，应符合规定。

【作用与用途】 用于预防牛多杀性巴氏杆菌病（即牛出血性败血症）。免疫期为9个月。

【用法与用量】 皮下或肌肉注射。体重100kg以下的牛，每头4.0ml；体重100kg以上的牛，每头6.0ml。

【注意事项】 （1）切忌冻结，冻结过的疫苗严禁使用。

（2）仅用于接种健康牛。

（3）使用前，应将疫苗恢复至室温，并充分摇匀。

（4）接种时，应作局部消毒处理。每头牛用1个灭菌针头。

（5）接种后，个别牛可能出现过敏反应，应注意观察，必要时采取注射肾上腺素等脱敏措施抢救。

（6）用过的疫苗瓶、器具和未用完的疫苗等应进行无害化处理。

【规格】 （1）20ml/瓶 （2）50ml/瓶 （3）100ml/瓶 （4）250ml/瓶

【贮藏与有效期】 2～8℃保存，有效期为12个月。

CVP3/2015/MHYM/015

牛副伤寒灭活疫苗

Niu Fushanghan Miehuoyimiao

Bovine Paratyphoid Vaccine, Inactivated

本品系用都柏林沙门氏菌和牛病沙门氏菌接种适宜培养基培养，收获培养物，用甲醛溶液灭活后，加氢氧化铝胶制成。用于预防牛副伤寒。

【性状】 静置后，上层为澄清液体，下层有少量沉淀，振摇后呈均匀混悬液。

【装量检查】 按附录3104进行检验，应符合规定。

【无菌检验】 按附录3306进行检验，应无菌生长。

【安全检验】 （1）用豚鼠检验 用体重250～350g豚鼠3只，各皮下注射疫苗3.0ml（可分两个部位注射），观察10日，应全部健活。

（2）用小牦牛检验 用6～12月龄的小牦牛3头，分别肌肉注射疫苗3.0ml、4.0ml和5.0ml，观察4小时，应无过敏反应。

【效力检验】 用体重250～350g豚鼠14只，其中8只豚鼠各皮下注射疫苗1.0ml，另6只豚鼠作对照。注射14日后，以4只免疫豚鼠和3只对照豚鼠为一组，第一组豚鼠各皮下注射1MLD的都柏林沙门氏菌菌液；第二组豚鼠各皮下注射1MLD的牛病沙门氏菌菌液（用37℃培养24小时的普通琼脂斜面培养物制备），观察14日。每组对照豚鼠应在3～10日内全部死亡，免疫豚鼠应至少保护3只。

【甲醛和汞类防腐剂残留量测定】 分别按附录3203和3202进行测定，应符合规定。

【作用与用途】 用于预防牛副伤寒。免疫期为6个月。

【用法与用量】 （1）肌肉注射。1岁以下牛，每头1.0ml；1岁以上牛，每头2.0ml。为提高免疫效果，对1岁以上的牛，在第1次接种后10日，可用相同剂量再接种1次。

（2）在已发生牛副伤寒的畜群中，可对2～10日龄的犊牛进行接种，每头1.0ml。

（3）孕牛应在产前45～60日时接种，所产犊牛应在30～45日龄时再进行接种。

【注意事项】 （1）切忌冻结，冻结过的疫苗严禁使用。

（2）使用前，应将疫苗恢复至室温，并充分摇匀。

（3）接种时，应作局部消毒处理。

（4）瘦弱的牛不宜接种。

（5）用过的疫苗瓶、器具和未用完的疫苗等应进行无害化处理。

【规格】 （1）20ml/瓶 （2）50ml/瓶 （3）100ml/瓶

【贮藏与有效期】 2～8℃保存，有效期为12个月。

CVP3/2015/MHYM/016

破伤风类毒素

Poshangfeng Leidusu

Tetanus Toxoid

本品系用破伤风梭菌接种适宜培养基培养，产生外毒素，用甲醛溶液灭活脱毒、滤过除菌后，加钾明矾制成。用于预防家畜破伤风。

【性状】 静置后，上层为澄清液体，下层有少量沉淀，振摇后呈均匀混悬液。

【装量检查】 按附录3104进行检验，应符合规定。

【无菌检验】 按附录3306进行检验，应无菌生长。

【安全检验】 用体重300～380g豚鼠2只，分别于后肢一侧皮下注射本品1.0ml，对侧皮下注射4.0ml，观察21日。应无破伤风症状并全部健活，在注射1.0ml的一侧局部允许有小硬结，注射4.0ml一侧允许有小的溃疡，但须在21日内痊愈。

【效力检验】 用体重300～380g豚鼠6只，4只各皮下注射0.2ml，另2只作对照。接种后15～30日，免疫豚鼠各皮下注射至少300MLD的破伤风毒素，对照豚鼠各皮下注射1MLD的破伤风毒素。对照豚鼠应出现典型的破伤风症状，并于4～6日全部死亡；免疫豚鼠在10日内应无症状，且全部健活。

【甲醛和汞类防腐剂残留量测定】 分别按附录3203和3202进行测定，应符合规定。

【作用与用途】 用于预防家畜破伤风。接种后1个月产生免疫力，免疫期为12个月。第2 年再注射1.0ml，免疫期为48个月。

【用法与用量】 皮下注射。马、骡、驴、鹿，每头注射1.0ml；幼畜，每头注射0.5ml，6个月后再注射1次；绵羊、山羊，每只注射0.5ml。

【注意事项】 （1）切忌冻结，冻结过的疫苗严禁使用。

（2）使用前，应将疫苗恢复至室温，并充分摇匀。

（3）接种时，应作局部消毒处理。

（4）用过的疫苗瓶、器具和未用完的疫苗等应进行无害化处理。

（5）接种后，个别家畜可能出现过敏反应，应注意观察，必要时采取注射肾上腺素等脱敏措施抢救。

【规格】 100ml/瓶

【贮藏与有效期】 2～8℃保存，有效期为36个月。

CVP3/2015/MHYM/017

气肿疽灭活疫苗

Qizhongju Miehuoyimiao

***Clostridium chauvoei* Vaccine, Inactivated**

本品系用气肿疽梭状芽孢杆菌接种适宜培养基培养，收获培养物，用甲醛溶液灭活后制成，或灭活后加钾明矾制成。用于预防牛、羊气肿疽。

【性状】 静置后，上层为澄清液体，下层有少量沉淀，振摇后，呈均匀混悬液。

【装量检查】 按附录3104进行检验，应符合规定。

【无菌检验】 按附录3306进行检验，应无菌生长。

【安全检验】 用体重350～450g豚鼠2只，各皮下注射疫苗2.0ml，观察10日。应全部健活。

【效力检验】 用体重350～450g豚鼠6只，4只各肌肉注射疫苗1.0ml，另2只作对照。注射21日后，每只豚鼠各肌肉注射培养24小时的气肿疽梭状芽孢杆菌强毒菌液至少0.2ml，观察10日。对照豚鼠应于72小时内全部死亡，免疫豚鼠应至少保护3只。

【甲醛和汞类防腐剂残留量测定】 分别按附录3203和3202进行测定，应符合规定。

【作用与用途】 用于预防牛、羊气肿疽。

【用法与用量】 皮下注射。不论年龄大小，每头牛5.0ml，每只羊1.0ml。6月龄以下牛接种后，到6月龄时，应再接种1次。

【注意事项】 （1）切忌冻结，冻结过的疫苗严禁使用。

（2）使用前，应将疫苗恢复至室温，并充分摇匀。

（3）接种时，应作局部消毒处理。

（4）用过的疫苗瓶、器具和未用完的疫苗等应进行无害化处理。

【规格】 （1）100ml/瓶 （2）250ml/瓶

【贮藏与有效期】 2～8℃保存，有效期为24个月。

CVP3/2015/MHYM/018

禽多杀性巴氏杆菌病灭活疫苗（1502株）

Qin Duoshaxingbashiganjunbing Miehuoyimiao (1502 Zhu)

Avian *Pasteurella multocida* Vaccine, Inactivated (Strain 1502)

本品系用禽多杀性巴氏杆菌1502株（CVCC 2802）接种适宜培养基培养，收获培养物，用甲醛溶液灭活后，加氢氧化铝胶浓缩，再与矿物油佐剂混合乳化制成。用于预防禽多杀性巴氏杆菌病

（即禽霍乱）。

【性状】 外观　均匀乳剂。静置后，上层有微量液体，下层有少量沉淀。

剂型　为油包水型。取一清洁吸管，吸取少量疫苗滴于冷水表面，除第1滴外，均应不扩散。

稳定性　吸取疫苗10ml加入离心管中，以3000r/min离心15分钟，管底析出的水相应不超过0.5ml。

黏度　按附录3102进行检验，应符合规定。

【装量检查】 按附录3104进行检验，应符合规定。

【无菌检验】 按附录3306进行检验，应无菌生长。

【安全检验】 用2～4月龄SPF鸡4只，各颈部皮下注射疫苗2.0ml，观察14日，接种局部应无严重反应，且应全部健活。

【效力检验】 用3～6月龄SPF鸡8只，5只各颈部皮下注射疫苗1.0ml，另3只作对照。21日后，每只鸡各肌肉注射1MLD的禽多杀性巴氏杆菌C48-1株（CVCC 44801）菌液，观察14日。对照鸡应全部死亡，免疫鸡应至少保护3只。

【甲醛和汞类防腐剂残留量测定】 分别按附录3203和3202进行测定，应符合规定。

【作用与用途】 用于预防禽多杀性巴氏杆菌病（即禽霍乱）。免疫期，鸡为6个月，鸭为9个月。

【用法与用量】 颈部皮下注射。2月龄以上的鸡或鸭，每只1.0ml。

【注意事项】 （1）切忌冻结，冻结过的疫苗严禁使用。

（2）久置后，上层出现微量（不超过1/10）的油析出。使用时应振摇均匀。

（3）接种时，应作局部消毒处理。

（4）接种后一般无明显反应，个别动物有1～3日减食。

（5）用过的疫苗瓶、器具和未用完的疫苗等应进行无害化处理。

（6）屠宰前28日内禁止使用。

【规格】 （1）100ml/瓶　（2）250ml/瓶　（3）500ml/瓶

【贮藏与有效期】 2～8℃保存，有效期为12个月。

CVP3/2015/MHYM/019

禽多杀性巴氏杆菌病灭活疫苗（C48-2株）

Qin Duoshaxingbashiganjunbing Miehuoyimiao (C48-2 Zhu)

Avian *Pasteurella multocida* Vaccine, Inactivated (Strain C48-2)

本品系用禽多杀性巴氏杆菌C48-2株（CVCC 44802）接种适宜培养基培养，收获培养物，用甲醛溶液灭活后，加氢氧化铝胶制成。用于预防禽多杀性巴氏杆菌病（即禽霍乱）。

【性状】 静置后，上层为澄清液体，下层有少量沉淀，振摇后呈均匀混悬液。

【装量检查】 按附录3104进行检验，应符合规定。

【无菌检验】 按附录3306进行检验，应无菌生长。

【安全检验】 用2～4月龄SPF鸡4只，各肌肉注射疫苗4.0ml，观察10日，应全部健活。

【效力检验】 用2～4月龄SPF鸡6只，4只各肌肉注射疫苗2.0ml，另2只作对照。接种21日后，每只鸡各肌肉注射1MLD的禽多杀性巴氏杆菌C48-1株（CVCC 44801）菌液，观察14日。对照鸡应全部死亡，免疫鸡应至少保护2只。

【甲醛、苯酚和汞类防腐剂残留量测定】 分别按附录3203、3201和3202进行测定，应符合规定。

【作用与用途】 用于预防禽多杀性巴氏杆菌病（即禽霍乱）。免疫期为3个月。

【用法与用量】 肌肉注射。2月龄以上的鸡或鸭，每只2.0ml。

【注意事项】 （1）切忌冻结，冻结过的疫苗严禁使用。

（2）使用前，应将疫苗恢复至室温，并充分摇匀。

（3）接种时，应作局部消毒处理。

（4）用过的疫苗瓶、器具和未用完的疫苗等应进行无害化处理。

【规格】 （1）100ml/瓶 （2）250ml/瓶 （3）500ml/瓶

【贮藏与有效期】 2～8℃保存，有效期为12个月。

CVP3/2015/MHYM/020

禽流感（H9亚型）灭活疫苗（LG1株）

Qinliugan (H9 Yaxing) Miehuoyimiao (LG1 Zhu)

Avian Influenza (Subtype H9) Vaccine, Inactivated (Strain LG1)

本品系用H9亚型禽流感病毒A/Chicken/Shandong/ LG1/2000（H9N2）株（简称LG1株）接种易感鸡胚培养，收获感染鸡胚尿囊液，用甲醛溶液灭活后，浓缩，加矿物油佐剂混合乳化制成。用于预防H9亚型禽流感病毒引起的禽流感。

【性状】 外观　均匀乳剂。

剂型　为油包水型。取一清洁吸管，吸取少量疫苗滴于冷水表面，除第1滴外，均应不扩散。

稳定性　在37℃放置21日，应不破乳。

黏度　按附录3102进行检验，应符合规定。

【装量检查】 按附录3104进行检验，应符合规定。

【无菌检验】 按附录3306进行检验，应无菌生长。

【安全检验】 用4～5周龄SPF鸡6只，每只肌肉或颈部皮下注射疫苗1.0ml，连续观察14日，应不出现因疫苗引起的局部或全身不良反应。

【效力检验】 用7～10日龄SPF鸡15只，其中10只肌肉或颈部皮下注射疫苗0.2ml，另5只不接种，作为对照，接种21日后，采血，分离血清，用禽流感病毒（H9亚型）抗原测定HI抗体。对照鸡HI效价均应不超过1：4，免疫鸡HI抗体效价的几何平均值应不低于1：90。

【甲醛和汞类防腐剂残留量测定】 分别按附录3203和3202进行测定，应符合规定。

【作用与用途】 用于预防由H9亚型禽流感病毒引起的禽流感。免疫期为6个月。

【用法与用量】 颈部皮下或胸部肌肉注射。1～2月龄鸡，每只0.3ml。产蛋鸡在开产前2～3周，每只0.5ml。

【注意事项】 （1）切忌冻结。冻结过的疫苗严禁使用。

（2）禽流感病毒感染鸡或健康状况异常的鸡切忌注射本品。

（3）如出现破损、异物或破乳分层等异常现象，切勿使用。

（4）接种时，注射器具需经高压或煮沸消毒。

（5）疫苗开启后，限当日用完。

（6）用过的疫苗瓶、器具和未用完的疫苗等应进行无害化处理。

（7）屠宰前28日内禁止使用。

【规格】（1）100ml/瓶（2）250ml/瓶（3）500ml/瓶

【贮藏与有效期】 2～8℃保存，有效期为12个月。

CVP3/2015/MHYM/021

禽流感（H9亚型）灭活疫苗（SD696株）

Qinliugan (H9 Yaxing) Miehuoyimiao (SD696 Zhu)

Avian Influenza (Subtype H9) Vaccine, Inactivated (Strain SD696)

本品系用H9亚型禽流感病毒A/Chicken/Shandong/6/96（H9N2）株（简称SD696株）接种易感鸡胚培养，收获感染鸡胚尿囊液，用甲醛溶液灭活后，加矿物油佐剂混合乳化制成。用于预防H9亚型禽流感病毒引起的禽流感。

【性状】 外观　均匀乳剂。

剂型　为油包水型。取一清洁吸管，吸取少量疫苗滴于冷水中，除第1滴外，均应不扩散。

稳定性　在37℃放置21日，或取疫苗10ml装于离心管中，以3000r/min离心15分钟，应不破乳。

黏度　按附录3102进行检验，应符合规定。

【装量检查】 按附录3104进行检验，应符合规定。

【无菌检验】 按附录3306进行检验，应无菌生长。

【安全检验】 用4～5周龄SPF鸡10只，各肌肉或颈部皮下注射疫苗2.0ml，连续观察14日，应全部存活，且不出现因疫苗引起的局部或全身不良反应。

【效力检验】 下列方法任择其一。

（1）血清学方法　用4～5周龄SPF鸡10只，每只颈部皮下注射疫苗0.3ml，接种21日后，连同条件相同的对照鸡5只，分别采血，分离血清，用禽流感病毒（H9亚型）抗原测定HI抗体。对照鸡HI效价均应不超过1：4，免疫鸡应至少有9只鸡HI抗体效价不低于1：64。

（2）免疫攻毒法　用4～5周龄SPF鸡10只，每只颈部皮下注射疫苗0.3ml，接种21日后，连同条件相同的对照鸡5只，各静脉注射禽流感SD696株病毒液0.2ml（含$2.0 \times 10^{6.0} EID_{50}$）。攻毒后第5日，采集每只鸡喉头和泄殖腔棉拭子，分别尿囊腔接种9～11日龄SPF鸡胚5个，每胚0.2ml，孵育96小时，测定所有鸡胚液HA效价。每个拭子样品接种的鸡胚中只要有1个鸡胚的尿囊液HA效价不低于1：16，即可判为病毒分离阳性。对病毒分离阴性的样品，应盲传1代后再进行判定。免疫鸡中应至少有9只鸡病毒分离阴性，对照鸡应全部为阳性。

【甲醛和汞类防腐剂残留量测定】 分别按附录3203和3202进行测定，应符合规定。

【作用与用途】 用于预防H9亚型禽流感病毒引起的禽流感。接种后14日产生免疫力，免疫期为5个月。

【用法与用量】 颈部皮下或胸部肌肉注射。2～5周龄鸡，每只0.3ml；5周龄以上鸡，每只0.5ml。

【注意事项】 （1）切忌冻结，冻结过的疫苗严禁使用。

（2）禽流感病毒感染鸡或健康状况异常的鸡切忌使用本品。

（3）如出现破损、异物或破乳分层等异常现象，切勿使用。

（4）使用前应将疫苗恢复至室温，并充分摇匀。

（5）疫苗开启后，限当日用完。

（6）接种时应及时更换针头，最好1只鸡1个针头。

（7）用过的疫苗瓶、器具和未用完的疫苗等应进行无害化处理。

（8）屠宰前28日内禁止使用。

【规格】 （1）100ml/瓶 （2）250ml/瓶 （3）500ml/瓶

【贮藏与有效期】 2～8℃保存，有效期为12个月。

CVP3/2015/MHYM/022

禽流感（H9亚型）灭活疫苗（SS株）

Qinliugan (H9 Yaxing) Miehuoyimiao (SS Zhu)

Avian Influenza (Subtype H9) Vaccine, Inactivated (Strain SS)

本品系用H9亚型禽流感病毒A/Chicken/Guangdong/ SS/94（H9N2）株（简称SS株）接种易感鸡胚培养，收获感染鸡胚液，用甲醛溶液灭活后，加矿物油佐剂混合乳化制成。用于预防H9亚型禽流感病毒引起的禽流感。

【性状】 外观 均匀乳剂。

剂型 为油包水型。取一清洁吸管，吸取少量疫苗滴于冷水表面，除第1滴外，均应不扩散。

稳定性 取10ml疫苗装于离心管中，以3500r/min离心15分钟，应不破乳。

黏度 按附录3102进行检验，应符合规定。

【装量检查】 按附录3104进行检验，应符合规定。

【无菌检验】 按附录3306进行检验，应无菌生长。

【安全检验】 用7～10日龄SPF鸡10只，各颈部皮下注射疫苗0.5ml，连续观察14日，应不出现因疫苗引起的局部或全身不良反应。

【效力检验】 用7～10日龄SPF鸡20只，其中10只颈部皮下注射疫苗0.25ml，另10只不接种，作为对照，21日后，采血，分离血清，用禽流感病毒H9亚型抗原测定HI抗体。对照鸡HI效价均应不超过1：4，免疫鸡HI抗体效价的几何平均值应不低于1：64。

【甲醛和汞类防腐剂残留量测定】 分别按附录3203和3202进行测定，应符合规定。

【作用与用途】 用于预防由H9亚型禽流感病毒引起的禽流感。接种后14日产生免疫力，免疫期为6个月。

【用法与用量】 颈部皮下或肌肉注射。5～15日龄雏鸡，每只0.25ml；15日龄以上的鸡，每只0.5ml。

【注意事项】 （1）出现明显的水油分层后，不能使用，应废弃。疫苗久置后，在表面有少量油，经振摇混匀后不影响使用效果。

（2）疫苗开启后，限当日用完。

（3）接种时应作局部消毒处理。

（4）接种后一般无明显反应，有的在接种后1～2日内可能有减食现象，对产蛋鸡的产蛋率稍有影响，几日内即可恢复。

（5）用过的疫苗瓶、器具和未用完的疫苗等应进行无害化处理。

（6）屠宰前28日内禁止使用。

【规格】 （1）100ml/瓶 （2）250ml/瓶 （3）500ml/瓶

【贮藏与有效期】 2～8℃保存，有效期为18个月。

CVP3/2015/MHYM/023

肉毒梭菌（C型）中毒症灭活疫苗

Roudusuojun (C Xing) Zhongduzheng Miehuoyimiao

***Clostridium botulinum* Toxonosis (Type C) Vaccine, Inactivated**

本品系用C型肉毒梭菌接种适宜培养基培养或采用透析培养法培养，收获培养物，用甲醛溶液灭活脱毒后，加氢氧化铝胶制成。用于预防牛、羊、骆驼及水貂的C型肉毒梭菌中毒症。

【性状】 静置后，上层为澄清液体，下层有少量沉淀，振摇后呈均匀混悬液。

【装量检查】 按附录3104进行检验，应符合规定。

【无菌检验】 按附录3306进行检验（厌气肉肝汤中应加新鲜生肝块），应无菌生长。

【安全检验】 用体重300～350g豚鼠4只，各皮下注射疫苗4.0ml，观察21日，应全部健活。

【效力检验】 下列方法任择其一。

（1）血清中和法 用1～3岁、体重相近的绵羊4只或体重1.5～2.0kg兔4只，按（2）方法免疫。注射14日后，分别采免疫动物的血清，将4只动物的血清等量混合，取混合血清0.4ml与C型肉毒梭菌毒素0.8ml（含4个小鼠MLD），置37℃作用40分钟，静脉注射16～20g小鼠2只，0.3ml/只，同时用同批小鼠2只，各注射1MLD的C型肉毒梭菌毒素。所有小鼠观察4～5日，判定结果。对照小鼠全部死亡，血清中和效价应达到1（0.1ml血清中和至少1MLD毒素），即为合格。

如采血时只剩3只免疫动物，则分别对每只动物的血清单独按照上述方法进行检验，每只动物血清的中和效价均达到上述标准，亦为合格。

（2）免疫攻毒法 用1～3岁、体重相近的绵羊6只或体重1.5～2.0kg兔6只，其中4只皮下注射疫苗，绵羊每只注射4.0ml，兔每只注射1.0ml，另2只作对照。免疫21日后，免疫动物和对照动物各静脉注射10MLD的C型肉毒梭菌毒素，观察14日。对照动物应全部死亡，免疫动物应至少保护3只。

对透析培养苗进行效力检验时，绵羊的接种剂量为1.0ml，兔的接种剂量为5倍稀释的疫苗1.0ml；攻毒后，免疫羊应至少保护3只，免疫兔应全部保护，对照动物应全部死亡。

【甲醛和汞类防腐剂残留量测定】 分别按附录3203和3202进行测定，应符合规定。

【作用与用途】 用于预防牛、羊、骆驼及水貂的C型肉毒梭菌中毒症。免疫期为12个月。

【用法与用量】 皮下注射。常规疫苗：每只羊4.0ml，每头牛10ml，每头骆驼20ml，每只水貂2.0ml。透析培养疫苗：每只羊1.0ml，每头牛2.5ml。

【注意事项】 （1）切忌冻结，冻结过的疫苗严禁使用。

（2）使用前，应将疫苗恢复至室温，并充分摇匀。

（3）接种时，应作局部消毒处理。

（4）用过的疫苗瓶、器具和未用完的疫苗等应进行无害化处理。

【规格】 （1）20ml/瓶 （2）50ml/瓶 （3）100ml/瓶 （4）250ml/瓶

【贮藏与有效期】 2～8℃保存，有效期为36个月。

CVP3/2015/MHYM/024

山羊传染性胸膜肺炎灭活疫苗

Shanyang Chuanranxingxiongmofeiyan Miehuoyimiao

Caprine Infectious Pleuropneumonia Vaccine, Inactivated

本品系用丝状支原体山羊亚种C87-1株（CVCC 87001）接种山羊，无菌采集病羊肺及胸腔渗出物，制成乳剂，用甲醛溶液灭活后，加氢氧化铝胶制成。用于预防山羊传染性胸膜肺炎。

【性状】 静置后，上层为澄清液体，下层有少量沉淀，振摇后呈均匀混悬液。

【装量检查】 按附录3104进行检验，应符合规定。

【无菌检验】 按附录3306进行检验，应无菌生长。如有杂菌，每毫升疫苗非病原菌数应不超过500个。

【安全检验】 用体重350～450g的豚鼠和体重1.5～2.0kg的兔各2只，每只肌肉注射疫苗2.0ml，观察10日，均应健活。

【效力检验】 用体重20kg以上1～3岁的山羊4只，分别皮下或肌肉注射疫苗5.0ml，14～21日后，连同对照羊3只，分别气管内注射含10～25个发病量的丝状支原体山羊亚种C87-2株（CVCC 87002）的组织乳剂5.0～10ml，观察25～30日。对照羊全部发病时，免疫羊至少保护3只；对照羊发病2只时，免疫羊应全部保护。

【甲醛和汞类防腐剂残留量测定】 分别按附录3203和3202进行测定，应符合规定。

【作用与用途】 用于预防山羊传染性胸膜肺炎。免疫期为12个月。

【用法与用量】 皮下或肌肉注射。成年羊，每只5.0ml；6月龄以下羔羊，每只3.0ml。

【注意事项】 （1）切忌冻结，冻结过的疫苗严禁使用。

（2）使用前，应将疫苗恢复至室温，并充分摇匀。

（3）接种时，应作局部消毒处理。

（4）用过的疫苗瓶、器具和未用完的疫苗等应进行无害化处理。

【规格】 （1）20ml/瓶 （2）50ml/瓶 （3）100ml/瓶

【贮藏与有效期】 2～8℃保存，有效期18个月。

CVP3/2015/MHYM/025

水貂病毒性肠炎灭活疫苗

Shuidiao Bingduxingchangyan Miehuoyimiao

Mink Viral Enteritis Vaccine, Inactivated

本品系用水貂病毒性肠炎病毒SMPV18株，接种猫肾细胞系（F81或CRFK株）培养，收获培养物，用甲醛溶液灭活后，加氢氧化铝胶制成。用于预防水貂病毒性肠炎。

【性状】 本品静置后，上层为澄清液体，下层有少量沉淀。

【装量检查】 按附录3104进行检验，应符合规定。

【无菌检验】 按附录3306进行检验，应无菌生长。

【安全检验】 用49～56日龄健康易感水貂5只，各皮下注射疫苗3.0ml，观察7日，应全部健活。

【效力检验】 下列方法任择其一。

（1）血清学方法　用体重1.0～1.5kg兔3只或体重350g左右的豚鼠3只或49～56日龄健康易感水貂3只，各皮下注射疫苗1.0ml，14日后采血，测HI价，应不低于1：32。

（2）免疫攻毒法　用49～56日龄健康易感水貂3只，各皮下注射疫苗1.0ml，14日后，与同条件的对照貂3只各口服强毒液15ml，观察5日，对照貂应全部发病，免疫貂应全部健活。

【甲醛含量测定】 按附录3203进行测定，应符合规定。

【作用与用途】 用于预防水貂病毒性肠炎。免疫期为6个月。

【用法与用量】 皮下注射。49～56日龄水貂，每只1.0ml；种貂可在配种前20日，每只再接种1.0ml。

【注意事项】 （1）切忌冻结，冻结过的疫苗严禁使用。

（2）使用前，应将疫苗恢复至室温，并充分摇匀。

（3）接种时，应作局部消毒处理。

（4）用过的疫苗瓶、器具和未用完的疫苗等应进行无害化处理。

【规格】 （1）20ml/瓶　（2）50ml/瓶　（3）100ml/瓶

【贮藏与有效期】 2～8℃保存，有效期为6个月。

CVP3/2015/MHYM/026

兔病毒性出血症、多杀性巴氏杆菌病二联灭活疫苗

Tu Bingduxingchuxuezheng, Duoshaxingbashiganjunbing Erlian Miehouyimiao

Combined Rabbit Viral Haemorrhagic Disease and *Pasteurella multocida* Vaccine, Inactivated

本品系用兔病毒性出血症病毒皖阜株和荚膜A群多杀性巴氏杆菌C51-17株（CVCC1753）分别接种兔和适宜培养基，收获感染兔的实质脏器和培养物，用甲醛溶液灭活后，分别加

入氢氧化铝胶，然后按适当比例混合制成。用于预防兔病毒性出血症和兔多杀性巴氏杆菌病。

【性状】 均匀混悬液，静置后上层为澄清液体，下层有少量沉淀。

【装量检查】 按附录3104进行检验，应符合规定。

【无菌检验】 按附录3306进行检验，应无菌生长。

【安全检验】 皮下注射2～5月龄易感健康兔4只，每只4.0ml，观察10日，应全部健活。

【效力检验】 （1）兔病毒性出血症病毒部分 用2～5月龄兔4只，每只皮下注射疫苗1.0ml，14日后，连同对照兔4只，各皮下注射10倍稀释的兔病毒性出血症病毒强毒（肝、脾毒，含1000 LD_{50}）1.0ml，观察7日，对照兔应至少死亡3只，免疫兔应全部健活。

（2）多杀性巴氏杆菌部分 用2～5月龄兔4只，每只皮下注射疫苗1.0ml，21日后与对照兔4只，各皮下注射多杀性巴氏杆菌C51-17株1MLD，观察10日，对照兔应全部死亡，免疫兔应至少3只健活。

【甲醛和汞类防腐剂残留量测定】 分别按附录3203和3202进行测定，应符合规定。

【作用与用途】 用于预防兔病毒性出血症及多杀性巴氏杆菌病。免疫期为6个月。

【用法与用量】 皮下注射。2月龄以上兔，每只1.0ml。

【注意事项】 （1）仅用于接种健康兔，但不能接种怀孕后期的母兔。

（2）注射器械及接种部位必须严格消毒，以免造成感染。

（3）在兽医指导下进行接种。在已发病地区，应按紧急防疫处理。

（4）部分兔注射后可能出现一过性食欲减退的现象。

（5）用过的疫苗瓶、器具和未用完的疫苗等应进行无害化处理。

【规格】 （1）20ml/瓶 （2）50ml/瓶 （3）100ml/瓶

【贮藏与有效期】 2～8℃保存，有效期为12个月。

CVP3/2015/MHYM/027

兔病毒性出血症灭活疫苗

Tu Bingduxingchuxuezheng Miehuoyimiao

Rabbit Viral Haemorrhagic Disease Vaccine, Inactivated

本品系用兔病毒性出血症病毒接种兔，收获含毒组织制成乳剂，用甲醛溶液灭活后制成。用于预防兔病毒性出血症。

【性状】 均匀混悬液，静置后，下层有少量沉淀。

【装量检查】 按附录3104进行检验，应符合规定。

【无菌检验】 按附录3306进行检验，应无菌生长。

【安全检验】 用体重1.5～3.0kg兔4只，各皮下注射疫苗4.0ml，观察7日，应全部健活。

【效力检验】 用体重1.5～3.0kg兔10只，5只各皮下注射疫苗0.5ml，另5只作对照。接种14日后，每只兔各皮下注射兔病毒性出血症强毒（含1000 LD_{50}）1.0ml，观察7日。对照兔应至少死亡4只，免疫兔应全部健活。

【甲醛和汞类防腐剂残留量测定】 分别按附录3203和3202进行测定，应符合规定。

【作用与用途】 用于预防兔病毒性出血症（即兔瘟）。免疫期为6个月。

【用法与用量】 皮下注射。45日龄以上兔，每只1.0ml。未断奶乳兔也可使用，每只1.0ml，断奶后应再接种1次。

【注意事项】 （1）切忌冻结，冻结过的疫苗严禁使用。

（2）应将疫苗恢复至室温。使用时应充分摇匀。

（3）接种时，应作局部消毒处理。

（4）用过的疫苗瓶、器具和未用完的疫苗等应进行无害化处理。

【规格】 （1）20ml/瓶 （2）50ml/瓶 （3）100ml/瓶

【贮藏与有效期】 2～8℃保存，有效期为18个月。

CVP3/2015/MHYM/028

兔产气荚膜梭菌病（A型）灭活疫苗

Tu Chanqijiamosuojunbing (A Xing) Miehuoyimiao

Rabbit *Clostridium perfringens* (Type A) Vaccine, Inactivated

本品系用A型产气荚膜梭菌苏84-A株接种适宜培养基培养，收获培养物，用甲醛溶液灭活脱毒后，加氢氧化铝胶制成。用于预防兔A型产气荚膜梭菌病。

【性状】 均匀混悬液，静置后，上层为澄清液体，下层有少量沉淀。

【装量检查】 按附录3104进行检验，应符合规定。

【无菌检验】 按附录3306进行检验，应无菌生长。

【安全检验】 用体重1.5～2.0kg兔2只，各皮下注射疫苗4.0ml，观察10日，应全部健活，注射局部不应发生坏死。

【效力检验】 用体重1.5～2.0kg兔6只，4只各皮下注射疫苗2.0ml，另2只作对照。接种21日后，每只兔各静脉注射1MLD的A型产气荚膜梭菌毒素，观察7日。对照兔应全部死亡，免疫兔应至少保护3只。

【甲醛和汞类防腐剂残留量测定】 分别按附录3203和3202进行测定，应符合规定。

【作用与用途】 用于预防兔A型产气荚膜梭菌病。免疫期为6个月。

【用法与用量】 皮下注射。不论大小，每只2.0ml。

【注意事项】 （1）切忌冻结，冻结过的疫苗严禁使用。

（2）使用前，应将疫苗恢复至室温，并充分摇匀。

（3）接种时，应作局部消毒处理。

（4）用过的疫苗瓶、器具和未用完的疫苗等应进行无害化处理。

【规格】 （1）20ml/瓶 （2）50ml/瓶 （3）100ml/瓶

【贮藏与有效期】 2～8℃保存，有效期为12个月。

CVP3/2015/MHYM/029

伪狂犬病灭活疫苗

Weikuangquanbing Miehuoyimiao

Pseudorabies Vaccine, Inactivated

本品系用伪狂犬病病毒闽A株（CVCC AV1211）接种SPF鸡胚成纤维细胞培养，收获培养物，用甲醛溶液灭活后制成。用于预防牛、羊伪狂犬病。

【性状】 混悬液，久置后，下层有少量沉淀。

【装量检查】 按附录3104进行检验，应符合规定。

【无菌检验】 按附录3306进行检验，应无菌生长。

【安全检验】 用体重1.5～2.0kg兔2只，各臀部皮下注射疫苗5.0ml，观察15日。应全部健活。

【效力检验】 下列方法任择其一。

（1）血清学方法　用体重约15kg山羊4只，各颈部皮下注射疫苗5.0ml，分别于接种前和接种后28日采血，测定血清抗体中和指数，均应升高至少$10^{2.5}$。

（2）免疫攻毒法　用上述免疫山羊，接种28日后，连同对照山羊3只，各颈部皮下注射地鼠或乳兔肾细胞培养的伪狂犬病病毒液1.0ml（含10～100LD_{50}），每日观察2次，共观察15日。对照山羊应于攻毒后3～9日出现伪狂犬病的典型临床症状（动物摩擦注射部位，且注射部位伴有脱毛、红肿、出血等；全身阵发性痉挛；磨牙、鸣叫；四肢麻痹、倒地不起），并全部死亡；免疫山羊应至少保护3只。

【甲醛和汞类防腐剂残留量测定】 分别按附录3203和3202进行测定，应符合规定。

【作用与用途】 用于预防牛、羊伪狂犬病。免疫期：牛为12个月，山羊为6个月。

【用法与用量】 颈部皮下注射。成年牛，每头10ml；犊牛，每头8.0ml；山羊，每只5.0ml。

【注意事项】 （1）切忌冻结，冻结过的疫苗严禁使用。

（2）使用前，应将疫苗恢复至室温，并充分摇匀。

（3）接种时，应作局部消毒处理。

（4）主要用于疫区、疫点及受威胁的地区。

（5）用过的疫苗瓶、器具和未用完的疫苗等应进行无害化处理。

【规格】 （1）20ml/瓶　（2）50ml/瓶　（3）100ml/瓶

【贮藏与有效期】 2～8℃保存，有效期为24个月。

CVP3/2015/MHYM/030

羊大肠杆菌病灭活疫苗

Yang Dachangganjunbing Miehuoyimiao

Ovine /Caprine Colibacillosis Vaccine, Inactivated

本品系用大肠杆菌C83-1株（CVCC 8301）、C83-2株（CVCC 8302）和C83-3株（CVCC

8303）接种适宜培养基培养，收获培养物，用甲醛溶液灭活制成，或灭活后加氢氧化铝胶制成。用于预防羊大肠杆菌病。

【性状】 静置后，上层为澄清液体，下层有少量沉淀，振摇后呈均匀混悬液。

【装量检查】 按附录3104进行检验，应符合规定。

【无菌检验】 按附录3306进行检验，应无菌生长。

【安全检验】 用3～8月龄羊2只，每只皮下注射疫苗5.0ml，观察10日，应全部健活。接种后允许有体温升高、不食及跛行等反应，但应在48小时内康复。

【效力检验】 下列方法任择其一。

（1）用羊检验　用3～8月龄羊7只，取4只，每只皮下注射疫苗1.0ml，另3只作对照。接种14日后，每只羊各皮下注射大肠杆菌强毒菌液1MLD，观察10日。对照羊应死亡至少2只，免疫羊应全部保护。

（2）用豚鼠检验　用体重300～400g豚鼠6只，取4只，每只皮下注射疫苗0.5ml，另2只作对照。接种14日后，每只豚鼠各腹腔注射大肠杆菌强毒菌液1MLD，观察10日。对照豚鼠应全部死亡，免疫豚鼠应保护至少3只。

【甲醛、苯酚和汞类防腐剂残留量测定】 分别按附录3203、3201和3202进行测定，应符合规定。

【作用与用途】 用于预防绵羊或山羊大肠杆菌病。免疫期为5个月。

【用法与用量】 皮下注射。3月龄以上的绵羊或山羊，每只2.0ml；3月龄以下的绵羊或山羊，每只0.5～1.0ml。

【注意事项】 （1）切忌冻结，冻结过的疫苗严禁使用。

（2）使用前，应将疫苗恢复至室温，并充分摇匀。

（3）接种时，应作局部消毒处理。

（4）严禁接种怀孕羊。

（5）用过的疫苗瓶、器具和未用完的疫苗等应进行无害化处理。

【规格】 （1）20ml/瓶　（2）50ml/瓶　（3）100ml/瓶　（4）250ml/瓶

【贮藏与有效期】 2～8℃保存，有效期为18个月。

CVP3/2015/MHYM/031

羊黑疫、快疫二联灭活疫苗

Yang Heiyi, Kuaiyi Erlian Miehuoyimiao

Combined Ovine Black Disease and Braxy Vaccine, Inactivated

本品系用诺维氏梭菌和腐败梭菌分别接种适宜培养基培养，收获培养物，用甲醛溶液灭活脱毒后，按比例混合，加氢氧化铝胶制成。用于预防绵羊快疫和黑疫。

【性状】 静置后，上层为澄清液体，下层有少量沉淀（腐败梭菌部分如果用胰酶消化牛肉汤生产，可允许有活性炭成分），振摇后呈均匀混悬液。

【装量检查】 按附录3104进行检验，应符合规定。

【无菌检验】 按附录3306进行检验，应无菌生长。

【安全检验】 用体重1.5～2.0kg兔2只，各肌肉注射疫苗5.0ml，观察21日，应全部健活，且注射部位不应有坏死。

【效力检验】 下列方法任择其一。

（1）血清中和法　用体重1.5～2.0kg兔4只或6～12月龄、体重30～40kg的绵羊4只，肌肉注射疫苗，兔3.0ml/只，羊5.0ml/只。接种后14～21日，采血，分离血清，将4只免疫动物的血清等量混合，取混合血清0.4ml，分别与0.8ml的相应毒素混合（腐败梭菌毒素含4个小鼠MLD，诺维氏梭菌毒素含20个小鼠MLD），置37℃作用40分钟，然后静脉注射16～20g小鼠2只，0.3ml/只。同时各用同批小鼠2只，每只注射1MLD与毒素血清混合物相同的毒素作对照，观察3日判定结果。

如果对照鼠全部死亡，血清中和效价对腐败梭菌毒素达到1（0.1ml免疫动物血清中和1MLD毒素），诺维氏梭菌毒素达到5（0.1ml免疫动物血清中和5MLD毒素），即判为合格。如果免疫动物只剩3只，可用每只动物血清单独进行中和试验，如果每只动物血清中和抗体效价均达上述标准，亦为合格。

（2）免疫攻毒法　用体重1.5～2.0kg兔或用1～3岁的绵羊12只，分为2组，每组6只，其中每组的4只动物肌肉注射疫苗，兔3.0ml/只，绵羊5.0ml/只，另2只作对照。接种14～21日，每只动物各注射强毒菌液或毒素。

第1组每只肌肉注射1MLD的腐败梭菌菌液，观察14日（用胰酶消化汤生产的疫苗，可静脉注射1MLD的腐败梭菌毒素，观察3～5日）；第2组皮下注射至少50MLD的诺维氏梭菌毒素，观察3～5日。各组对照兔应全部死亡，第1组免疫动物应至少保护3只，第2组应全部保护。也可轮换攻毒，判定标准同上。

如果使用2株抗原性不同（无交互免疫力）的腐败梭菌生产疫苗，检验快疫部分的效力时，需多接种1组兔或绵羊，分别用2株腐败梭菌菌液或毒素按效力检验方法各接种4只免疫动物和2只对照动物。判定标准相同。

【甲醛残留量测定】 按附录3203进行测定，应符合规定。

【作用与用途】 用于预防绵羊黑疫和快疫。免疫期为12个月。

【用法与用量】 肌肉或皮下注射。不论年龄大小，每只5.0ml。

【注意事项】 （1）切忌冻结，冻结过的疫苗严禁使用。

（2）使用前，应将疫苗恢复至室温，并充分摇匀。

（3）接种时，应作局部消毒处理。

（4）用过的疫苗瓶、器具和未用完的疫苗等应进行无害化处理。

【规格】 （1）20ml/瓶　（2）50ml/瓶　（3）100ml/瓶　（4）250ml/瓶

【贮藏与有效期】 2～8℃保存，有效期为24个月。

CVP3/2015/MHYM/032

羊快疫、猝狙、肠毒血症三联灭活疫苗

Yang Kuaiyi, Cuju, Changduxuezheng Sanlian Miehuoyimiao

Combined Ovine/Caprine Braxy, Struck and Enterotoxaemia Vaccine, Inactivated

本品系用腐败梭菌（C55-1或C55-2株）、C型产气荚膜梭菌（C59-1或C59-2株）和D型产气荚膜梭菌（C60-2或C60-3株）接种适宜培养基培养，收获培养物，用甲醛溶液灭活脱毒后，加氢氧化铝胶制成。用于预防羊快疫、猝狙、肠毒血症。

【性状】 静置后，上层为澄清液体，下层有少量沉淀（腐败梭菌部分如果用胰酶消化牛肉汤生产，可允许有活性炭成分），振摇后呈均匀混悬液。

【装量检查】 按附录3104进行检验，应符合规定。

【无菌检验】 按附录3306进行检验，应无菌生长。

【安全检验】 用体重1.5～2.0kg兔4只，各肌肉或皮下注射疫苗5.0ml，观察10日，应全部健活，注射部位不应发生坏死。

【效力检验】 下列方法任择其一。

（1）血清中和法　用体重1.5～2.0kg兔或6～12月龄的绵羊4只，每只动物皮下或肌肉注射疫苗，兔3.0ml/只，绵羊5.0ml/只。接种后14～21日，分别采取免疫动物血清，4只动物血清等量混合，取混合血清0.4ml分别与0.8ml的腐败梭菌毒素（含4个小鼠MLD）、C型产气荚膜梭菌毒素（含4个小鼠MLD）和D型产气荚膜梭菌毒素（含12个小鼠MLD），置37℃作用40分钟，然后静脉注射16～20g小鼠2只，0.3ml/只。同时各用同批小鼠2只，分别注射1MLD与毒素血清混合物相同的毒素作对照。检测腐败梭菌毒素中和效价的小鼠观察3日，检测其他毒素抗体效价的小鼠观察1日，判定结果。

对照鼠全部死亡，血清中和效价对腐败梭菌毒素、C型产气荚膜梭菌毒素达到1（0.1ml免疫动物血清中和1MLD毒素），对D型产气荚膜梭菌毒素达到3（0.1ml免疫动物血清中和3MLD毒素），即判为合格。如果免疫动物只剩3只，可用每只动物血清单独进行中和试验，如果每只动物血清中和抗体效价均达上述标准，亦为合格。

（2）免疫攻毒法　用体重1.5～2.0kg兔或1～3岁的绵羊18只，分成3组，每组6只，其中每组的4只，每只动物皮下或肌肉注射疫苗，兔3.0ml/只，绵羊5.0ml/只，另2只作对照。接种后14～21日，每只动物各注射强毒菌液或毒素。对照兔或羊应全部死亡，免疫动物至少保护3只。

第1组肌肉注射1MLD的腐败梭菌强毒菌液，观察14日（用胰酶消化牛肉汤生产的疫苗，可静脉注射1MLD的腐败梭菌毒素，观察3～5日）。第2、3组分别静脉注射1MLD的C型、D型产气荚膜梭菌毒素，观察3～5日。

【甲醛、苯酚和汞类防腐剂残留量测定】 分别按附录3203、3201和3202进行测定，应符合规定。

【作用与用途】 用于预防绵羊或山羊快疫、猝狙和肠毒血症。免疫期为6个月。

【用法与用量】 肌肉或皮下注射。不论羊只年龄大小，每只5.0ml。

【注意事项】 （1）切忌冻结，冻结过的疫苗严禁使用。

（2）使用前，应将疫苗恢复至室温，并充分摇匀。

（3）接种时，应作局部消毒处理。

（4）用过的疫苗瓶、器具和未用完的疫苗等应进行无害化处理。

（5）注射疫苗后，一般无不良反应，个别羊可能于注射部位形成硬结，但以后会逐渐消失。

【规格】 （1）20ml/瓶　（2）50ml/瓶　（3）100ml/瓶　（4）250ml/瓶

【贮藏与有效期】 2～8℃保存，有效期为24个月。用豆肝汤培养基制造的疫苗，有效期为12个月。

CVP3/2015/MHYM/033

羊快疫、猝狙、羔羊痢疾、肠毒血症三联四防灭活疫苗

Yang Kuaiyi, Cuju, Gaoyanglìji, Changduxuezheng Sanliansifang Miehuoyimiao

Combined Ovine/Caprine Braxy, Struck, Lamb Dysentery and Enterotoxaemia Vaccine, Inactivated

本品系用腐败梭菌（C55-1或C55-2株）、B型产气荚膜梭菌（C58-1或C58-2株）和D型产气荚膜梭菌（C60-2或C60-3株）接种适宜培养基培养，收获培养物，用甲醛溶液灭活脱毒后，加氢氧化铝胶制成。用于预防羊快疫、猝狙、羔羊痢疾和肠毒血症。

【性状】 静置后，上层为澄清液体，下层有少量沉淀（腐败梭菌部分如果用胰酶消化牛肉汤生产，可允许有活性炭成分），振摇后呈均匀混悬液。

【装量检查】 按附录3104进行检验，应符合规定。

【无菌检验】 按附录3306进行检验，应无菌生长。

【安全检验】 用体重1.5～2.0kg兔4只，各肌肉或皮下注射疫苗5.0ml，观察10日，应全部健活，注射部位不应发生坏死。

【效力检验】 下列方法任择其一。

（1）血清中和法　用体重1.5～2.0kg兔或6～12月龄的绵羊4只，每只动物皮下或肌肉注射疫苗，兔3.0ml/只，绵羊5.0ml/只。接种后14～21日，采血，分离血清，将4只免疫动物的血清等量混合，取混合血清0.4ml分别与0.8ml的腐败梭菌毒素（含4个小鼠MLD）、C型产气荚膜梭菌毒素（含4个小鼠MLD）、B型产气荚膜梭菌毒素（含4个小鼠MLD）和D型产气荚膜梭菌毒素（含12个小鼠MLD），置37℃作用40分钟，然后静脉注射16～20g小鼠2只，0.3ml/只。同时各用同批小鼠2只，分别注射1MLD与毒素血清混合物相同的毒素作对照。检测腐败梭菌毒素中和效价的小鼠观察3日，检测其他毒素抗体效价的小鼠观察1日，判定结果。

对照鼠全部死亡，血清中和效价对腐败梭菌毒素、B型产气荚膜梭菌毒素、C型产气荚膜梭菌毒素的效价达到1（0.1ml免疫动物血清中和1MLD毒素），D型产气荚膜梭菌毒素达到3（0.1ml免疫动物血清中和3MLD毒素），即判为合格。

如采血时只剩3只免疫动物，则分别对每只动物的血清单独按照上述方法进行检验，每只动物的血清的中和效价均达到上述标准，亦为合格。

（2）免疫攻毒法　用体重1.5～2.0kg兔或1～3岁的绵羊24只，分成4组，每组6只，其中每组的4只动物皮下或肌肉注射疫苗，兔3.0ml/只，绵羊5.0ml/只，另2只作对照。免疫14～21日，每只动物各注射强毒菌液或毒素。对照兔或羊应全部死亡，免疫动物至少保护3只。

第1组肌肉注射1MLD的腐败梭菌强毒菌液，观察14日（用胰酶消化牛肉汤生产的疫苗，可静脉注射1MLD的腐败梭菌毒素，观察3～5日）。第2、3和4组分别静脉注射1MLD的C型、B型和D型产气荚膜梭菌毒素，观察3～5日。

【甲醛、苯酚和汞类防腐剂残留量测定】 分别按附录3203、3201和3202进行测定，应符合规定。

【作用与用途】 用于预防绵羊或山羊快疫、猝狙、羔羊痢疾和肠毒血症。预防快疫、羔羊痢疾和猝狙的免疫期为12个月，预防肠毒血症的免疫期为6个月。

【用法与用量】 肌肉或皮下注射。不论羊只年龄大小，每只5.0ml。

【注意事项】 （1）切忌冻结，冻结过的疫苗严禁使用。

（2）使用前，应将疫苗恢复至室温，并充分摇匀。

（3）接种时，应作局部消毒处理。

（4）用过的疫苗瓶、器具和未用完的疫苗等应进行消毒处理。

（5）注射疫苗后，一般无不良反应，个别羊可能于注射部位形成硬结，但以后会逐渐消失。

【规格】 （1）20ml/瓶 （2）50ml/瓶 （3）100ml/瓶 （4）250ml/瓶

【贮藏与有效期】 2～8℃保存，有效期为24个月。用豆肝汤培养基制造的疫苗，有效期为12个月。

CVP3/2015/MHYM/034

羊梭菌病多联干粉灭活疫苗

Yang Suojunbing Duolian Ganfen Miehuoyimiao

Combined Ovine/Caprine Clostridial Diseases Vaccine, Inactivated (Dried Powder)

本品系用腐败梭菌，B、C、D型产气荚膜梭菌，诺维氏梭菌，C型肉毒梭菌，破伤风梭菌分别接种适宜培养基培养，收获培养物，用甲醛溶液灭活脱毒后，用硫酸铵提取，经冷冻真空干燥或雾化干燥制成单苗，或再按适当比例制成不同的多联苗。用于预防绵羊的快疫和/或猝狙和/或羔羊痢疾和/或肠毒血症和/或黑疫和/或C型肉毒梭菌中毒症和/或破伤风。

【性状】 粉末，加20%氢氧化铝胶生理盐水后振摇，应于20分钟内充分溶解，并呈均匀混悬液。

【重量差异限度】 取疫苗10瓶，除去包装，分别称定重量。每份重量与标示重量相比较，差异限度不得超过±5%。超过重量差异限度的不得多于2份，并不得有1份超过重量差异限度1倍。

【无菌检验】 将疫苗用稀释液溶解后，按附录3306进行检验，应无菌生长。如果有杂菌生长，应进行杂菌计数和病原性鉴定（附录3307），应符合规定。每头份疫苗的非病原菌应不超过100 CFU。

【安全检验】 将疫苗用20%氢氧化铝胶生理盐水稀释成5个使用剂量/2.0ml，肌肉注射体重1.5～2.0kg兔4只，2.0ml/只，观察10日。应全部健活，且注射部位无坏死。

【效力检验】 将疫苗用20%氢氧化铝胶生理盐水稀释。下列方法任择其一。

（1）血清中和法　每批疫苗用体重1.5～2.0kg兔4只或6～12月龄、体重30～40kg的绵羊4只。每只兔肌肉注射疫苗1.0ml（含0.6个使用剂量），羊1.0ml（含1个使用剂量）。接种14～21日，采血，分离血清，将4只免疫动物的血清等量混合，取混合血清0.4ml，分别与0.8ml的相应毒素混合（腐败梭菌毒素、B型产气荚膜梭菌毒素、C型产气荚膜梭菌毒素和C型肉毒梭菌毒素含4个小鼠MLD，D型产气荚膜梭菌毒素含12个小鼠MLD，诺维氏梭菌毒素含20个小鼠MLD，破伤风毒素含8个小鼠MLD），置37℃作用40分钟，然后静脉注射16～20g小鼠2只，0.3ml/只。同时各用同批小鼠2只，每只注射1MLD与毒素血清混合物相同的毒素作对照。除破伤风毒素—血清混合物为皮下注射外，其余毒素—血清混合物均为静脉注射，检测肉毒梭菌和破伤风梭菌抗体效价的小鼠观察4～5日；检测快疫、黑疫抗体效价的小鼠观察3日；检测羔羊痢疾、猝狙和肠毒血症抗体效价的小鼠观察1日，判定结果。

对照鼠全部死亡，血清中和效价对腐败梭菌毒素、B型产气荚膜梭菌毒素、C型产气荚膜梭菌毒素和C型肉毒梭菌毒素达到1（0.1ml免疫动物血清中和1MLD毒素），D型产气荚膜梭菌毒素达到3（0.1ml免疫动物血清中和3MLD毒素）；诺维氏梭菌毒素达到5（0.1ml免疫动物血清中和5MLD毒素）；破伤风毒素达到2（0.1ml免疫动物血清中和2MLD毒素），即判为合格。

采血时只剩3只免疫动物时，则分别对每只动物的血清单独按照上述方法进行检验，每只动物血清的中和效价均达到上述标准，亦为合格。

（2）免疫攻毒法　根据疫苗所含组分免疫动物，每一组分免疫一组动物，每组用体重1.5～2.0kg兔6只或1～3岁体重相近的绵羊6只，其中4只皮下或肌肉注射疫苗，兔每只注射1.0ml（含0.6个使用剂量），羊每只注射1.0ml（含1个使用剂量），另2只不免疫作为对照。接种14～21日，各组动物用相应的强毒毒素进行攻击。快疫、羔羊痢疾、猝狙、肠毒血症免疫组及对照动物，每只静脉注射1MLD毒素，观察3～5日；黑疫免疫组及对照动物，每只兔皮下注射50MLD毒素，每只绵羊皮下注射2MLD毒素，观察3～5日；肉毒梭菌免疫组及对照动物，每只静脉注射10MLD毒素，观察10日；破伤风免疫组及对照动物，皮下注射10MLD毒素，观察10日。对照动物应全部死亡，免疫动物应保护至少3只。

【剩余水分测定】　按附录3204进行测定，应符合规定。

【甲醛和汞类防腐剂残留量测定】　分别按附录3203和3202进行测定，应符合规定。

【作用与用途】　（根据疫苗所含1～7种组分及其任意组合）用于预防绵羊的快疫和/或猝狙和/或羔羊痢疾和/或肠毒血症和/或黑疫和/或C型肉毒梭菌中毒症和/或破伤风。免疫期为12个月。

【用法与用量】　肌肉或皮下注射。按瓶签注明头份，临用时以20%氢氧化铝胶生理盐水溶液溶解成1.0ml/头份，充分摇匀，不论年龄大小，每只1.0ml。

【注意事项】　（1）接种时，应作局部消毒处理。

（2）疫苗开启后，限当日用完。

（3）用过的疫苗瓶、器具和未用完的疫苗等应进行无害化处理。

【规格】　（1）20头份/瓶　（2）50头份/瓶　（3）100头份/瓶

【贮藏与有效期】　2～8℃保存，有效期为60个月。

CVP3/2015/MHYM/035

猪丹毒、多杀性巴氏杆菌病二联灭活疫苗

Zhudandu, Duoshaxingbashiganjunbing Erlian Miehuoyimiao

Combined Swine Erysipelas and *Pasteurella multocida* Vaccine, Inactivated

本品系用猪丹毒杆菌2型C43-5株（CVCC 43005）和猪源多杀性巴氏杆菌B群C44-1株（CVCC 44401）分别接种适宜培养基培养，收获培养物，用甲醛溶液灭活后，加氢氧化铝胶浓缩，按比例混合制成。用于预防猪丹毒和猪多杀性巴氏杆菌病（即猪肺疫）。

【性状】　静置后，上层为澄清液体，下层有少量沉淀，振摇后呈均匀混悬液。

【装量检查】　按附录3104进行检验，应符合规定。

【无菌检验】　按附录3306进行检验，应无菌生长。

【安全检验】　用体重18～22g小鼠5只，各皮下注射疫苗0.5ml；用体重1.5～2.0kg兔2只，各皮

下注射疫苗5.0ml，观察10日，应全部健活。

【效力检验】 （1）猪丹毒部分　下列方法任择其一。

用小鼠检验　用体重16～18g小鼠16只，其中将10只分成2组，每组5只，另6只不接种作为对照。第1组各皮下注射疫苗0.1ml，第2组各皮下注射4倍稀释的疫苗0.2ml（即1份疫苗加3份40%氢氧化铝胶生理盐水的混合液）。接种21日后，用猪丹毒杆菌1型C43-8株（CVCC 43008）和2型C43-6株（CVCC 43006）的混合菌液进行攻毒：第1组、第2组和3只对照组小鼠分别皮下注射1000MLD，另3只对照小鼠分别皮下注射1MLD。观察10日，注射1000MLD的对照小鼠应全部死亡，注射1MLD的对照小鼠应至少死亡2只，免疫小鼠应至少保护7只。

用猪检验　用断奶1个月、体重20kg以上的猪10头，5头各皮下或肌肉注射疫苗3.0ml，另5头作对照。接种21日后，每头猪各静脉注射1MLD的猪丹毒杆菌1型C43-8株（CVCC 43008）和2型C43-6株（CVCC 43006）的混合菌液，观察14日。对照猪应至少发病4头，且至少死亡2头，免疫猪应全部存活，且有反应不超过1头。

（2）猪多杀性巴氏杆菌病部分　下列方法任择其一。

用兔检验　用体重1.5～2.0kg兔6只，4只各皮下或肌肉注射疫苗2.0ml，另2只作对照。接种21日后，每只兔各皮下注射致死量的多杀性巴氏杆菌C44-1株（CVCC 44401）或C44-8株（CVCC 44408）强毒菌液（含活菌80～100 CFU），观察8日。对照兔应全部死亡，免疫兔应至少保护2只。

用猪检验　用体重15～30kg猪8头，5头各皮下注射疫苗5.0ml，另3头作对照。接种21日后，每头猪各皮下注射1MLD的多杀性巴氏杆菌C44-1株强毒菌液，观察10日。对照猪全部死亡时，免疫猪应至少保护4头；对照猪死亡2头时，免疫猪应全部保护。

【甲醛、苯酚和汞类防腐剂残留量测定】 分别按附录3203、3201和3202进行测定，应符合规定。

【作用与用途】 用于预防猪丹毒和猪多杀性巴氏杆菌病（即猪肺疫）。免疫期为6个月。

【用法与用量】 皮下或肌肉注射。体重10kg以上的断奶仔猪，每头5.0ml；未断奶的仔猪，每头3.0ml，间隔1个月后，再注射3.0ml。

【注意事项】 （1）切忌冻结，冻结过的疫苗严禁使用。

（2）使用前，应将疫苗恢复至室温，并充分摇匀。

（3）瘦弱、体温或食欲不正常的猪不宜接种。

（4）接种时，应作局部消毒处理。

（5）接种后一般无不良反应，但有时在注射部位出现微肿或硬结，以后会逐渐消失。

（6）用过的疫苗瓶、器具和未用完的疫苗等应进行无害化处理。

【规格】 （1）20ml/瓶　（2）50ml/瓶　（3）100ml/瓶

【贮藏与有效期】 2～8℃保存，有效期为12个月。

CVP3/2015/MHYM/036

猪丹毒灭活疫苗

Zhudandu Miehuoyimiao

Swine Erysipelas Vaccine, Inactivated

本品系用猪丹毒杆菌2型C43-5株（CVCC 43005）菌接种适宜培养基培养，收获培养物，用甲醛溶液灭活后，加氢氧化铝胶浓缩制成。用于预防猪丹毒。

【性状】 静置后，上层为澄清液体，下层有少量沉淀，振摇后呈均匀混悬液。

【装量检查】 按附录3104进行检验，应符合规定。

【无菌检验】 按附录3306进行检验，应无菌生长。

【安全检验】 用体重18～22g小鼠5只，各皮下注射疫苗0.3ml，观察10日，应全部健活。

【效力检验】 下列方法任择其一。

（1）用小鼠检验　用体重16～18g小鼠16只，其中将10只分成2组，每组5只，另6只不接种作为对照。第1组各皮下注射疫苗0.1ml，第2组各皮下注射4倍稀释的疫苗0.2ml（即1份疫苗加3份40%氢氧化铝胶生理盐水的混合液）。接种21日后，用猪丹毒杆菌1型C43-8株（CVCC 43008）和2型C43-6株（CVCC 43006）的混合菌液进行攻毒：第1组、第2组和3只对照组小鼠分别皮下注射1000MLD，另3只对照小鼠分别皮下注射1MLD。观察10日，注射1000MLD的对照小鼠应全部死亡，注射1MLD的对照小鼠应至少死亡2只，免疫小鼠应至少保护7只。

（2）用猪检验　用断奶1个月、体重20kg以上的猪10头，5头各皮下或肌肉注射疫苗3.0ml，另5头作对照。接种21日后，每头猪各静脉注射1MLD的猪丹毒杆菌1型C43-8株（CVCC 43008）和2型C43-6株（CVCC 43006）的混合菌液，观察14日。对照猪应至少发病4头，且至少死亡2头，免疫猪应全部存活，且有反应不超过1头。

【甲醛、苯酚和汞类防腐剂残留量测定】 分别按附录3203、3201和3202进行测定，应符合规定。

【作用与用途】 用于预防猪丹毒。免疫期6个月。

【用法与用量】 皮下或肌肉注射。体重10kg以上的断奶猪，每头5.0ml；未断奶仔猪，每头3.0ml，间隔1个月后，再接种3.0ml。

【注意事项】 （1）切忌冻结，冻结过的疫苗严禁使用。

（2）使用前，应将疫苗恢复至室温，并充分摇匀。

（3）瘦弱、体温或食欲不正常的猪不宜接种。

（4）接种时，应作局部消毒处理。

（5）接种后一般无不良反应，但有时在注射部位出现微肿或硬结，以后会逐渐消失。

（6）用过的疫苗瓶、器具和未用完的疫苗等应进行无害化处理。

【规格】 （1）20ml/瓶　（2）50ml/瓶　（3）100ml/瓶

【贮藏与有效期】 2～8℃保存，有效期为18个月。

CVP3/2015/MHYM/037

猪多杀性巴氏杆菌病灭活疫苗

Zhu Duoshaxingbashiganjunbing Miehuoyimiao

Swine *Pasteurella multocida* Vaccine, Inactivated

本品系用荚膜B群多杀性巴氏杆菌C44-1株（CVCC 44401）菌接种适宜培养基培养，收获培养物，用甲醛溶液灭活后，加氢氧化铝胶制成。用于预防猪多杀性巴氏杆菌病（即猪肺疫）。

【性状】 静置后，上层为澄清液体，下层有少量沉淀，振摇后呈均匀混悬液。

【装量检查】 按附录3104进行检验，应符合规定。

【无菌检验】 按附录3306进行检验，应无菌生长。

【安全检验】 （1）用兔检验 用体重1.5～2.0kg兔2只，各皮下注射疫苗5.0ml，观察10日，应全部健活。

（2）用小鼠检验 用体重18～22g小鼠5只，各皮下注射疫苗0.3ml，观察10日，应全部健活。

【效力检验】 下列方法任择其一。

（1）用兔检验 用体重1.5～2.0kg兔6只，4只各皮下或肌肉注射疫苗2.0ml，另2只作对照。接种21日后，每只兔各皮下注射致死量的多杀性巴氏杆菌C44-1株（CVCC 44401）或C44-8株（CVCC 44408）强毒菌液（含活菌80～100 CFU），观察8日。对照兔应全部死亡，免疫兔应至少保护2只。

（2）用猪检验 用体重15～30kg猪8头，5头各皮下注射疫苗5.0ml，另3头作对照。接种21日后，每头猪各皮下注射1MLD的多杀性巴氏杆菌C44-1株强毒菌液，观察10日。对照猪全部死亡时，免疫猪应至少保护4头；对照猪死亡2头时，免疫猪应全部保护。

【甲醛、苯酚和汞类防腐剂残留量测定】 分别按附录3203、3201和3202进行测定，应符合规定。

【作用与用途】 用于预防猪多杀性巴氏杆菌病（即猪肺疫）。免疫期为6个月。

【用法与用量】 皮下或肌肉注射。断奶后的猪，不论大小，每头5.0ml。

【注意事项】 （1）切忌冻结，冻结过的疫苗严禁使用。

（2）使用前，应将疫苗恢复至室温，并充分摇匀。

（3）接种时，应作局部消毒处理。

（4）用过的疫苗瓶、器具和未用完的疫苗等应进行无害化处理。

【规格】 （1）20ml/瓶 （2）50ml/瓶 （3）100ml/瓶 （4）250ml/瓶

【贮藏与有效期】 2～8℃保存，有效期为12个月。

CVP3/2015/MHYM/038

猪口蹄疫（O型）灭活疫苗

Zhu Koutiyi (O Xing) Miehuoyimiao

Swine Foot and Mouth Disease (Type O) Vaccine, Inactivated

本品系用口蹄疫O型病毒OR/80株接种BHK-21细胞培养，收获培养物，经二乙烯亚胺（BEI）灭活后，加矿物油佐剂混合乳化制成。用于预防猪O型口蹄疫。

【性状】 外观 均匀乳剂。久置后，上层有少量油析出，振摇后呈均匀乳剂。

剂型 为水包油包水型。取一清洁吸管，吸取少量疫苗滴于清洁冷水表面，应呈云雾状扩散。

稳定性 吸取疫苗10ml加入离心管中，以3000r/min离心15分钟，管底析出的水相应不超过0.5ml。

黏度 按附录3102进行检验，应符合规定。

【装量检查】 按附录3104进行检验，应符合规定。

【无菌检验】 按附录3306进行检验，应无菌生长。

【内毒素含量测定】 吸取12ml疫苗放入15ml离心管中，置50℃ ± 5℃水浴90分钟，然后在4℃条件下，以15 000g离心10分钟，取水相5.0ml，按现行《中国兽药典》一部附录进行检验。每头份疫苗中内毒素含量应不超过50 EU。

【安全检验】 （1）用小动物检验　用体重350～450g豚鼠2只，各皮下注射疫苗2.0ml；用体重18～22g小鼠5只，各皮下注射疫苗0.5ml。连续观察7日，应不出现因疫苗引起的死亡或明显的局部或全身不良反应。

（2）用猪检验　用30～40日龄仔猪（细胞中和抗体效价不超过1：8、ELISA效价不超过1：8或乳鼠中和抗体效价不超过1：4）2头，各两侧耳根后肌肉分点注射疫苗2 头份，逐日观察14日。应不出现因疫苗引起的口蹄疫症状或明显的局部或全身不良反应。

【效力检验】 用体重40kg左右的架子猪（细胞中和抗体效价不超过1：8、ELISA效价不超过1：8或乳鼠中和抗体效价不超过1：4）15头，分为3组，每组5头。将疫苗分为1头份、1/3头份、1/9头份3个剂量组，每一剂量组分别于耳根后肌肉注射5头猪。接种28日后，连同对照猪2头，每头猪耳根后肌肉注射猪O型口蹄疫病毒强毒1.0ml（含$10^{3.0}ID_{50}$），连续观察10日。对照猪均应至少有1个蹄出现水疱或溃疡。免疫猪出现任何口蹄疫症状即判为不保护。出现发病猪后要及时进行隔离。按Reed-Muench法计算，每头份疫苗应至少含6 PD_{50}。

【作用与用途】 用于预防猪O型口蹄疫。免疫期为6个月。

【用法与用量】 耳根后部肌肉注射。体重10～25kg的猪，每头2.0ml；25kg以上的猪，每头3.0ml。

【注意事项】 （1）切忌冻结，冻结过的疫苗严禁使用。

（2）应在2～8℃冷藏运输。运输和使用过程中，应避免阳光照射。

（3）使用时，应将疫苗恢复至室温，并充分摇匀。

（4）炎热季节接种时，应选在清晨或者傍晚进行。

（5）疫苗开启后，限当日用完。

（6）仅用于接种健康猪。怀孕后期（临产前1个月）的母猪、未断奶仔猪禁用。接种怀孕母猪时，保定和注射动作应轻柔，以免影响胎儿，防止因粗暴操作导致母猪流产。

（7）接种时，应作局部消毒处理，进针应达到适当的深度。

（8）曾接触过病畜的人员，应更换衣服、鞋帽并经必要的消毒后，方可参与疫苗接种。

（9）疫苗注射后，可能会引起家畜产生不良反应：注射部位肿胀，体温升高，减食或停食1～2日。随着时间的延长，反应会逐渐减轻，直至消失。因品种、个体的差异，少数猪可能出现急性过敏反应（如焦躁不安、呼吸加快、肌肉震颤、口角出现白沫、鼻腔出血等），甚至因抢救不及时而死亡，部分妊娠母猪可能出现流产。建议及时使用肾上腺素等药物，同时采用适当的辅助治疗措施，以减少损失。因此，首次使用本疫苗的地区，应选择一定数量（约30头）猪进行小范围试用观察，确认无不良反应后，方可扩大接种面。

（10）用过的疫苗瓶、器具和未用完的疫苗等应进行无害化处理。

（11）屠宰前28日内禁止使用。

【规格】 （1）20ml/瓶　（2）50ml/瓶　（3）100ml/瓶

【贮藏与有效期】 2～8℃保存，有效期为12个月。

CVP3/2015/MHYM/039

猪口蹄疫（O型）灭活疫苗（OZK/93株）

Zhu Koutiyi (O Xing) Miehuoyimiao (OZK/93 Zhu)

Swine Foot and Mouth Disease (Type O) Vaccine, Inactivated (Strain OZK/93)

本品系用口蹄疫O型病毒OZK/93株接种BHK-21细胞培养，收获感染细胞液，经二乙烯亚胺（BEI）灭活后，加矿物油佐剂混合乳化制成。用于预防猪O型口蹄疫。

【性状】 外观　均匀乳剂。久置后，上层可有少量（不超过1/20）油析出，振摇后呈均匀乳剂。

剂型　为水包油包水型。取一清洁吸管，吸取少量疫苗滴于清洁冷水表面，呈云雾状扩散。

稳定性　吸取疫苗10ml加入离心管中，以3000r/min离心15分钟，管底析出的水相应不超过0.5ml。

黏度　按附录3102进行，应符合规定。

【装量检查】 按附录3104进行检验，应符合规定。

【无菌检验】 按附录3306进行检验，应无菌生长。

【内毒素含量测定】 吸取12ml疫苗放入15ml离心管中，置50℃ ± 5℃水浴90分钟，然后在4℃条件下，以15 000g离心10分钟，取水相5.0ml，按现行《中国兽药典》一部附录进行检验。每头份疫苗中内毒素含量应不超过50 EU。

【安全检验】（1）用豚鼠和小鼠检验　用体重350～450g的豚鼠2只，每只皮下注射疫苗2.0ml；用体重18～22g的小白鼠5只，每只皮下注射疫苗0.5ml。连续观察7日，均不得出现因注射疫苗引起的死亡或明显的局部不良反应或全身反应。

（2）用猪检验　用30～40日龄的仔猪（细胞中和抗体效价不超过1：8、ELISA效价不超过1：8或乳鼠中和抗体效价不超过1：4）2头，各两侧耳根后分点肌肉注射2头份疫苗，逐日观察14日，均不得出现口蹄疫症状或明显的因注射疫苗引起的毒性反应。

【效力检验】 用体重40kg左右的猪（细胞中和抗体效价不超过1：8、ELISA效价不超过1：8或乳鼠中和抗体效价不超过1：4）15头，分为3组，每组5头。将被检疫苗分为1头份、1/3头份、1/9头份3个剂量组，每一剂量组分别于耳根后肌肉注射5头猪，接种28日后，连同条件相同的对照猪2头，每头猪耳根后肌肉注射1000 ID_{50}的猪口蹄疫O型病毒OZK/93强毒株。连续观察10日。对照猪均应至少1蹄出现水疱病变。免疫猪出现任何口蹄疫症状即判为不保护。按Reed-Muench法计算，每头份疫苗应至少含6 PD_{50}。

【作用与用途】 用于预防猪O型口蹄疫。接种后15日产生免疫力，免疫期为6个月。

【用法与用量】 耳根后部肌肉注射。体重10～25kg猪，每头1.0ml；体重25kg以上的猪，每头2.0ml。

【注意事项】（1）切忌冻结，冻结过的疫苗严禁使用。

（2）应在2～8℃冷藏运输，运输和使用过程中，应避免阳光照射。

（3）使用前，应将疫苗恢复至室温，并充分摇匀，但不可剧烈振摇，防止产生气泡。

（4）炎热季节接种时，应选在清晨或者傍晚进行。

（5）疫苗开启后，限当日用完。

（6）仅用于接种健康猪。怀孕后期（临产前1个月）的母猪、未断奶仔猪禁用。接种怀孕母猪时，保定和注射动作应轻柔，以免影响胎儿，防止因粗暴操作导致母猪流产。

（7）接种时，应作局部消毒处理，进针应达到适当的深度。

（8）曾接触过病畜的人员，应更换衣服、鞋帽并经必要的消毒后，方可参与疫苗接种。

（9）注射后，可能会引起家畜产生不良反应：注射部位肿胀，体温升高，减食或停食1～2日，随着时间的延长，反应会逐渐减轻，直至消失。因品种、个体的差异，少数猪可能出现急性过敏反应（如焦躁不安、呼吸加快、肌肉震颤、口角出现白沫、鼻腔出血等），甚至因抢救不及时而死亡，部分妊娠母猪可能出现流产。建议及时使用肾上腺素等药物，同时采用适当的辅助治疗措施，以减少损失。因此，首次使用本疫苗的地区，应选择一定数量（约30头）猪进行小范围试用观察，确认无不良反应后，方可扩大接种面。

（10）用过的疫苗瓶、器具和未用完的疫苗等应进行无害化处理。

（11）屠宰前28日内禁止使用。

【规格】（1）20ml/瓶（2）50ml/瓶（3）100ml/瓶

【贮藏与有效期】 2～8℃保存，有效期为12个月。

CVP3/2015/MHYM/040

猪口蹄疫（O型）灭活疫苗
（OZK/93株+OR/80株或OS/99株）

Zhu Koutiyi (O Xing) Miehuoyimiao (OZK/93 Zhu + OR/80 Zhu Huo OS/99 Zhu)

Swine Foot and Mouth Disease Vaccine (Type O, OZK/93 Strain + OR/80 Strain or OS /99 Strain), Inactivated

本品系用猪口蹄疫O型病毒OZK/93株和OR/80株或OZK/93株和OS/99株分别接种BHK21细胞培养，收获细胞培养物，经分别浓缩、二乙烯亚胺（BEI）灭活后，加矿物油佐剂混合乳化制成。用于预防猪O型口蹄疫。

【性状】 外观　略带黏滞性乳剂。

剂型　水包油包水型。取一清洁吸管，吸取少量疫苗滴于清洁冷水表面，应呈云雾状扩散。

稳定性　取疫苗10ml加入离心管中，以3000r/min离心15分钟，管底析出的水相应不超过0.5ml。

黏度　按附录3102进行检验，应符合规定。

【装量检查】 按附录3104进行检验，应符合规定。

【无菌检验】 按附录3306进行检验，应无菌生长。

【内毒素含量测定】 吸取12ml疫苗放入15ml离心管中，置50℃±5℃水浴90分钟，然后在4℃条件下，以15 000*g*离心10分钟，取水相5.0ml，按现行《中国兽药典》一部附录进行检验。每头份疫苗中内毒素含量应不超过50 EU。

【安全检验】（1）用豚鼠检验　用体重350～450g豚鼠2只，每只皮下注射疫苗2.0ml。连续观察7日，均应不出现因疫苗引起的死亡或明显的不良反应或全身反应。

（2）用小鼠检验　用体重18～22g小鼠5只，每只皮下注射疫苗0.5ml。连续观察7日，均应不出现因疫苗引起的死亡或明显的不良反应或全身反应。

（3）用猪检验　用30～40日龄的健康易感仔猪（细胞中和抗体滴度不超过1∶8或乳鼠中和抗体滴度不超过1∶4或液相阻断ELISA抗体滴度不超过1∶8）2头，各两侧耳根后肌肉分点注射2头份疫苗，逐日观察14日。均应不出现口蹄疫症状或明显的因注射疫苗引起的毒性反应。

【效力检验】　用体重40kg左右的健康易感架子猪（细胞中和抗体滴度不超过1∶8或乳鼠中和抗体滴度不超过1∶4或液相阻断ELISA抗体滴度不超过1∶8）30头，将待检疫苗分为1头份、1/3头份、1/9头份3个剂量组，每一剂量分别于耳根后肌肉注射10头猪。接种后28日，每个剂量组分为两小组，每小组5头。两个攻毒组各设条件相同的对照猪2头，一组每头猪耳根后肌肉注射1000个ID_{50}/2.0ml OZK/93乳鼠毒；另一组每头猪耳根后肌肉注射1000个ID_{50}/2.0ml OR/80乳鼠毒。连续观察10日。对照猪均应至少有1蹄出现水疱或溃疡。免疫猪出现任何口蹄疫症状即判为不保护。出现发病猪后要及时进行隔离。根据免疫猪的保护数，按Reed-Muench法计算被检疫苗的PD_{50}。每头份疫苗对两个攻毒株的效力各应至少含6个PD_{50}。

【作用与用途】　用于预防猪O型口蹄疫。注射疫苗后2～3周产生免疫力，免疫期为6个月。

【用法与用量】　耳根后部肌肉注射。体重10～25kg，每头接种1.0ml；25kg以上，每头接种2.0ml。

【注意事项】　（1）疫苗应在2～8℃下冷藏运输，不得冻结；运输和使用过程中，应避免日光直接照射；疫苗在使用前应充分摇匀。

（2）注射前检查疫苗性状是否正常，并对猪只严格进行体态检查，对患病、瘦弱、临产前2个月及长途运输后的猪只暂不注射，待其正常后方可再注射。注射器械、吸苗操作及注射部位均应严格消毒，保证一头猪更换一次针头；注射时，入针深度适中，确实注入耳根后肌肉（剂量大时应考虑肌肉内多点注射法）。

（3）注射工作必须由专业人员进行，防止打飞针。接种人员要严把三关：猪的体态检查、消毒及注射深度、注后观察。

（4）疫苗在疫区使用时，必须遵守先注安全区（群），然后受威胁区（群），最后疫区（群）的原则；并在接种过程中做好环境卫生消毒工作，接种15日后方可进行调运。

（5）注射疫苗前必须对人员予以技术培训，严格遵守操作规程，曾接触过病猪的人员，在更换衣服、鞋、帽和进行必要的消毒之后，方可参与疫苗注射。25kg以下仔猪接种时，应提倡肌肉内分点注射法。

（6）疫苗在使用过程中做好各项登记记录工作。

（7）用过的疫苗瓶、器具和未用完的疫苗等应进行无害化处理。

（8）预防接种只是降低、控制、消灭口蹄疫病的重要措施之一，注射疫苗的同时还应加强消毒、隔离、封锁等其他综合防制措施。

（9）怀孕后期的母畜慎用。

（10）接种后，注射部位一般会出现肿胀，呼吸加快，体温升高，精神沉郁，减食或停食1～2日，一般在接种3日后即可恢复正常。个别牲畜因品种、个体差异等可能会出现过敏反应（如呼吸急促、焦躁不安、肌肉震颤、呕吐、鼻孔出血、失去知觉等症状），甚至因抢救不及时而死亡。个别怀孕母猪可能导致流产。重者可用肾上腺素或地塞米松脱敏抢救。

【规格】　（1）20ml/瓶　（2）50ml/瓶　（3）100ml/瓶

【贮藏与有效期】　2～8℃保存，有效期为12个月。

CVP3/2015/MHYM/041

猪链球菌病灭活疫苗（马链球菌兽疫亚种＋猪链球菌2型）

Zhulianqiujunbing Miehuoyimiao (Malianqiujunshouyiyazhong +Zhulianqiujun Er Xing)

Swine Streptococcosis Diseases Vaccine, Inactivated (*Streptococcus equi* subsp.*zooepidemicus* + *Streptococcus suis* type 2)

本品系用致病性马链球菌兽疫亚种ATCC 35246株和致病性猪链球菌2型HA9801株分别经改良马丁肉汤培养，收获培养物，经甲醛溶液灭活后，加入氢氧化铝胶制成。用于预防马链球菌兽疫亚种和猪链球菌2型感染引起的猪链球菌病。

【性状】 静置后，底部有少量沉淀，上层为澄清液体，摇匀后呈均匀混悬液。

【装量检查】 按附录3104进行检验，应符合规定。

【无菌检验】 按附录3306进行检验，应无菌生长。

【安全检验】 将疫苗经肌肉注射21～30日龄健康（猪链球菌抗体检测阴性）仔猪5头，每头注射4.0ml，逐日观察15日。免疫猪均应无不良反应（注射后3日内试验猪体温，不得超过正常体温1℃，减食不超过1日）。应健活。

【效力检验】 取21～30日龄健康（猪链球菌抗体检测阴性）仔猪10头，各肌肉注射疫苗2.0ml。15～21日后，将5头免疫猪连同未免疫的对照猪4头各静脉注射C74-63株1MLD的强毒菌液；另 5 头免疫仔猪连同未免疫的对照猪4头各静脉注射HA 9801株1MLD的强毒菌液，观察15日。C74-63攻毒组的免疫猪应至少保护3头，对照组应全部死亡；HA9801株攻毒组的免疫猪应至少保护4头，对照组至少死亡3头。

【甲醛和汞类防腐剂残留量测定】 分别按附录3203和3202进行测定，应符合规定。

【作用与用途】 用于预防C群马链球菌兽疫亚种和R群猪链球菌2型感染引起的猪链球菌病，适用于断奶仔猪、母猪。二次免疫后免疫期为6个月。

【用法与用量】 肌肉注射，仔猪每次接种2.0ml，母猪每次接种3.0ml。仔猪在21～28日龄首免，免疫20～30日后按同剂量进行第2次免疫。母猪在产前45日龄首免，产前30日龄按同剂量进行第2次免疫。

【注意事项】 （1）本品有分层属正常现象，用前应使疫苗恢复至室温，用时请摇匀，一经开瓶限4小时用完。

（2）疫苗切勿冻结。

（3）疫苗过期、变色或疫苗瓶破损，均不得使用。

（4）注射器械用前要灭菌处理，注射部位应严格消毒。

（5）仅用于接种健康猪。

（6）用过的疫苗瓶、器具和未用完的疫苗等应进行无害化处理。

【规格】 （1）20ml/瓶 （2）100ml/瓶

【贮藏与有效期】 2～8℃保存，有效期为12个月。

CVP3/2015/MHYM/042

猪细小病毒病灭活疫苗（CP-99株）

Zhu Xixiaobingdubing Miehuoyimiao (CP-99 Zhu)

Swine Parvovirus Disease Vaccine, Inactivated (Strain CP-99)

本品系用猪细小病毒CP-99株，接种仔猪肾传代细胞（IBRS-2）培养，收获细胞培养液，经甲醛溶液灭活后，加入矿物油佐剂混合乳化制成。用于预防猪细小病毒病。

【性状】 均匀乳剂。

剂型　为油包水型。取一清洁吸管，吸取少量疫苗滴于清洁冷水中，除第一滴呈云雾状扩散外，以后各滴均不扩散。

稳定性　吸取疫苗10ml加入离心管，以3000r/min离心15分钟，管底析出水相应不超过0.5ml。

黏度　按附录3102进行检验，应符合规定。

【装量检查】 按附录3104进行检验，应符合规定。

【无菌检验】 按附录3306进行检验，应无菌生长。

【安全检验】 （1）用乳鼠检验　用2～4日龄同窝乳鼠至少5只，各皮下注射疫苗0.1ml，逐日观察7日，应全部健活。

（2）用猪检验　用断奶后1.5～2月龄猪（猪瘟中和抗体阴性、猪细小病毒HI抗体效价低于1：8）2头，各深部肌肉注射疫苗10ml，逐日观察21日，应无因注射疫苗而引起的局部不良反应或全身不良反应。

【效力检验】 用体重为350～400g的豚鼠（PPV HI 抗体效价低于1：8）4只，各肌肉注射疫苗0.5ml，28日后，连同对照豚鼠2只，采血分离血清，测定PPV HI 抗体。对照豚鼠血清应为阴性，免疫豚鼠应全部出现抗体反应，HI效价应不低于1：64。

【甲醛和汞类防腐剂残留量测定】 按附录3203和3202进行，应符合规定。

【作用与用途】 用于预防猪细小病毒病。免疫期为6个月。

【用法与用量】 后备种母猪及公猪在6～7月龄或配种前3～4周注射2次（间隔期21日），每次深部肌肉注射2.0ml；经产母猪和成年公猪每年注射1次，每次深部肌肉注射2.0ml。

【注意事项】 （1）疫苗使用前应认真检查，如出现破乳、变色、玻瓶有裂纹等均不可使用。

（2）疫苗应在标明的有效期内使用。使用前必须摇匀，疫苗开启后，限当日用完。

（3）切忌冻结。

（4）本疫苗在疫区或非疫区均可使用，不受季节限制。

（5）怀孕母猪不宜使用。

（6）用过的疫苗瓶、器具和未用完的疫苗等应进行无害化处理。

【规格】 （1）4ml/瓶　（2）20ml/瓶　（3）40ml/瓶　（4）50ml/瓶　（5）100ml/瓶

【贮藏与有效期】 2～8℃保存，有效期为12个月。

CVP3/2015/MHYM/043

猪细小病毒病灭活疫苗（S-1株）

Zhu Xixiaobingdubing Miehuoyimiao (S-1 Zhu)

Porcine Parvovirus Vaccine, Inactivated (Strain S-1)

本品系用猪细小病毒S-1株接种胎猪睾丸细胞培养，收获细胞培养物，经乙烯亚胺（AEI）灭活后，加矿物油佐剂混合乳化制成。用于预防由猪细小病毒引起的母猪繁殖障碍病。

【性状】 外观　均匀乳剂。

剂型　为水包油包水型。取一清洁吸管，吸取少量疫苗滴于清洁冷水表面，应呈云雾状扩散。

稳定性　吸取疫苗10ml加入离心管中，以3000r/min离心15分钟，管底析出的水相应不超过0.5ml。

黏度　按附录3102进行检验，应符合规定。

【装量检查】 按附录3104进行检验，应符合规定。

【无菌检验】 按附录3306进行检验，应无菌生长。

【安全检验】 （1）用乳鼠检验　用2～4日龄同窝乳鼠至少5只，各皮下注射疫苗0.1ml，观察7日，应全部健活。

（2）用猪检验　用断奶后45～60日龄猪2头（猪瘟中和抗体阴性，猪细小病毒HI抗体不超过1：8），各深部肌肉注射疫苗10ml。观察21日，应无不良临床反应。

【效力检验】 用体重350g以上HI抗体阴性豚鼠4只，各肌肉注射疫苗0.5ml。28日后，连同条件相同的对照豚鼠2只，采血，测定抗体。对照豚鼠血清HI抗体效价均应不超过1：8，应至少有3只免疫豚鼠血清HI抗体效价不低于1：64。

【作用与用途】 用于预防由猪细小病毒引起的母猪繁殖障碍病。免疫期为6个月。

【用法与用量】 深部肌肉注射。在疫区或非疫区均可使用，不受季节限制。在阳性猪场，对5月龄至配种前14日的后备母猪、后备公猪均可使用；在阴性猪场，配种前母猪在任何时候均可接种。每头猪2.0ml。

【注意事项】 （1）切忌冻结，冻结过的疫苗严禁使用。

（2）使用前，应将疫苗恢复至室温，并充分摇匀。

（3）接种时，应作局部消毒处理。

（4）怀孕母猪不宜接种。

（5）用过的疫苗瓶、器具和未用完的疫苗等应进行无害化处理。

（6）屠宰前21日内禁止使用。

【规格】 （1）4ml/瓶　（2）10ml/瓶　（3）20ml/瓶　（4）50ml/瓶　（5）100ml/瓶　（6）250ml/瓶

【贮藏与有效期】 2～8℃保存，有效期为12个月。

CVP3/2015/MHYM/044

仔猪红痢灭活疫苗

Zizhu Hongli Miehuoyimiao

Clostridial Enteritis Vaccine for Newborn Piglets, Inactivated

本品系用C型产气荚膜梭菌（C59-2、C59-37和C59-38株）接种适宜培养基培养，收获培养物，用甲醛溶液灭活后，加氢氧化铝胶制成。用于预防仔猪红痢。

【性状】 静置后，上层为澄清液体，下层有少量沉淀，振摇后呈均匀混悬液。

【装量检查】 按附录3104进行检验，应符合规定。

【无菌检验】 按附录3306进行检验，应无菌生长。

【安全检验】 用体重1.5～2.0kg兔4只，各肌肉注射疫苗5.0ml，观察10日，注射部位应无坏死，且应全部健活。

【效力检验】 下列方法任择其一。

（1）血清中和法　用体重1.5～2.0kg兔4只，各肌肉注射疫苗1.0ml。注射14日后，分别采取免疫动物血清，4只动物血清等量混合，取混合血清与等量的C型产气荚膜梭菌毒素混合，置37℃作用40分钟，然后静脉注射16～20g小鼠2只，同时用同批小鼠2只，各注射1MLD的C型产气荚膜梭菌毒素。观察1日，判定结果。对照小鼠全部死亡，血清中和效价达到1（即0.1ml血清中和1MLD毒素）即为合格。

如采血时只剩3只免疫动物，则分别对每只动物的血清单独按照上述方法进行检验，每只动物血清中和效价均达到上述标准，亦为合格。

（2）免疫攻毒法　用体重1.5～2.0kg兔6只，4只各肌肉注射疫苗1.0ml，另2只作对照。注射14日后，每只兔各静脉注射1MLD的C型产气荚膜梭菌毒素，观察3～5日。对照兔应全部死亡，免疫兔应保护至少3只。

【甲醛和汞类防腐剂残留量测定】 分别按附录3203和3202进行测定，应符合规定。

【作用与用途】 用于预防仔猪红痢。接种妊娠后期母猪，新生仔猪通过初乳获得预防仔猪红痢的母源抗体。

【用法与用量】 肌肉注射。母猪在分娩前30日和15日各接种1次，每次5.0～10ml。如前胎已接种过本品，于分娩前15日左右接种1次即可，剂量为3.0～5.0ml。

【注意事项】 （1）切忌冻结，冻结过的疫苗严禁使用。

（2）使用前，应将疫苗恢复至室温，并充分摇匀。

（3）接种时，应作局部消毒处理。

（4）为了确保免疫效果，应尽量使所有仔猪吃足初乳。

（5）用过的疫苗瓶、器具和未用完的疫苗等应进行无害化处理。

【规格】 （1）20ml/瓶　（2）50ml/瓶　（3）100ml/瓶

【贮藏与有效期】 2～8℃保存，有效期为18个月。

活 疫 苗

CVP3/2015/HYM/001

Ⅱ号炭疽芽孢疫苗

Erhao Tanju Yabaoyimiao

Anthrax Spore Vaccine, Live (Strain No.2)

本品系用炭疽杆菌Ⅱ号菌株（CVCC 40202）接种适宜培养基培养，形成芽孢后，收获培养物，加灭菌的甘油溶液制成甘油苗或加氢氧化铝胶制成氢氧化铝胶苗。用于预防大动物、绵羊、山羊、猪的炭疽。

【性状】 甘油苗静置后为透明液体，瓶底有少量沉淀，振摇后呈均匀混悬液；氢氧化铝胶苗静置后，上层为透明液体，下层有少量沉淀，振摇后呈均匀混悬液。

【装量检查】 按附录3104进行检验，应符合规定。

【纯粹检验】 按附录3306纯粹检验法进行检验，应纯粹。

【荚膜检查】 用体重200～250g豚鼠2只，各皮下注射疫苗0.5ml，死后剖检，取脾脏，涂片、染色、镜检，菌体应有荚膜。

【运动性检查】 取pH 7.2～7.4马丁肉汤或普通肉汤1管，接种疫苗0.2ml，置37℃培养18～24小时，作悬滴检查，菌体应无运动性。

【芽孢计数】 取疫苗3瓶，各用注射用水稀释，以普通琼脂平板培养计数（附录3405）。每毫升的活芽孢数，甘油苗为1.3×10^7～2.0×10^7 CFU，氢氧化铝胶苗为2.0×10^7～3.0×10^7 CFU。

【安全检验】 用体重1.5～2.0kg兔4只，各皮下注射疫苗1.0ml，观察10日，应全部健活。

【作用与用途】 用于预防大动物、绵羊、山羊、猪的炭疽。免疫期，山羊为6个月，其他动物为12个月。

【用法与用量】 皮内注射。山羊，每只0.2ml；其他动物，每头（只）0.2ml。其他动物也可采用皮下注射，每头（只）1.0ml。

【注意事项】 （1）使用前，应将疫苗恢复至室温，并充分摇匀。

（2）山羊、马慎用。

（3）本品宜秋季使用。在牲畜春乏或气候骤变时，不应使用。

（4）接种时，应作局部消毒处理。

（5）用过的疫苗瓶、器具和未用完的疫苗等应进行无害化处理。

【规格】 （1）20ml/瓶 （2）50ml/瓶 （3）100ml/瓶 （4）250ml/瓶

【贮藏与有效期】 2～8℃保存，有效期为24个月。

CVP3/2015/HYM/002

布氏菌病活疫苗（A19株）

Bushijunbing Huoyimiao (A19 Zhu)

Brucellosis Vaccine, Live (Strain A19)

本品系用牛种布氏菌A19株（CVCC 70202）接种适宜培养基培养，收获培养物，加适宜稳定剂，经冷冻真空干燥制成。用于预防牛布氏菌病。

【性状】 海绵状疏松团块，易与瓶壁脱离，加稀释液后迅速溶解。

【纯粹检验】 按附录3306纯粹检验法进行检验，应纯粹。

【变异检验】 取样，将疫苗适当稀释后接种胰蛋白胨琼脂平板，在37℃培养至少72小时，用布氏菌菌落结晶紫染色法（附录3301）检查，粗糙型菌落不得超过5.0%。

【活菌计数】 按瓶签注明头份，将疫苗用蛋白胨水稀释，接种胰蛋白胨琼脂平板进行活菌计数（附录3405），每头份含活菌数应不少于6.0×10^{10} CFU。

【安全检验】 按瓶签注明头份，将疫苗稀释成每1.0ml含1/60头份，皮下注射体重18～20g小鼠5只，各0.25ml，观察6日，应全部健活。

【剩余水分测定】 按附录3204进行测定，应符合规定。

【真空度测定】 按附录3103进行测定，应符合规定。

【作用与用途】 用于预防牛布氏菌病。免疫期为72个月。

【用法与用量】 皮下注射。一般仅对3～8月龄牛接种，每头接种1头份，必要时，可在18～20月龄（第1次配种前）再接种1/60头份，以后可根据牛群布氏菌病流行情况决定是否再进行接种。

【注意事项】 （1）不能用于孕牛。

（2）疫苗开启后，限当日用完。

（3）接种时，应作局部消毒处理。

（4）本品对人有一定的致病力，工作人员大量接触可引起感染。使用时，要注意个人防护。

（5）用过的疫苗瓶、器具和未用完的疫苗等应进行无害化处理。

【规格】 （1）2头份/瓶 （2）5头份/瓶 （3）10头份/瓶 （4）20头份/瓶 （5）40头份/瓶 （6）80头份/瓶

【贮藏与有效期】 2～8℃冷藏或−15℃以下保存，有效期为12个月。

CVP3/2015/HYM/003

布氏菌病活疫苗（M5株或M5-90株）

Bushijunbing Huoyimiao (M5 Zhu huom5-90 Zhu)

Brucellosis Vaccine, Live (Strain M5 or Strain M5-90)

本品系用羊种布氏菌M5株（CVCC18）或M5-90株接种适宜培养基培养，收获培养物，加适宜稳定剂，经冷冻真空干燥制成。用于预防牛、羊布氏菌病。

【性状】 海绵状疏松团块，易与瓶壁脱离，加稀释液后迅速溶解。

【纯粹检验】 按附录3306纯粹检验法进行检验，应纯粹。

【变异检查】 将疫苗适当稀释后接种胰蛋白胨琼脂平板，在37℃培养至少72小时，用布氏菌菌落结晶紫染色法（附录3301）检查，粗糙型菌落不得超过5.0%。

【活菌计数】 按瓶签注明头份，将疫苗用蛋白胨水稀释，接种胰蛋白胨琼脂平板进行活菌计数（附录3405），每头份含活菌数应不少于1.0×10^9 CFU。

【安全检验】 按瓶签注明头份，将疫苗稀释成每1.0ml含1头份，皮下注射体重18～20g小鼠5只，各0.25ml，观察6日，应全部健活。

【剩余水分测定】 按附录3204进行测定，应符合规定。

【真空度测定】 按附录3103进行测定，应符合规定。

【作用与用途】 用于预防牛、羊布氏菌病。免疫期为36个月。

【用法与用量】 皮下注射、滴鼻或口服接种。

牛 皮下注射25头份。

羊 皮下注射1头份、滴鼻1头份或口服25头份。

【注意事项】 （1）在配种前1～2个月接种较好，妊娠母畜及种公畜不进行预防接种。一般仅对3～8月龄的奶牛接种，成年奶牛一般不接种。

（2）接种时，应作局部消毒处理。

（3）疫苗开启后，限当日用完。

（4）对人有一定致病力，预防接种工作人员应做好防护，避免感染或引起过敏反应。

（5）用过的疫苗瓶、器具和未用完的疫苗等应进行无害化处理。

【规格】 （1）100头份/瓶 （2）200头份/瓶 （3）400头份/瓶 （4）800头份/瓶

【贮藏与有效期】 2～8℃冷藏或−15℃以下保存，有效期为12个月。

CVP3/2015/HYM/004

布氏菌病活疫苗（S2株）

Bushijunbing Huoyimiao (S2 Zhu)

Brucellosis Vaccine, Live (Strain S2)

本品系用猪种布氏菌S2株（CVCC 70502）接种适宜培养基培养，收获培养物，加适宜稳定剂，经冷冻真空干燥制成。用于预防羊、猪和牛布氏菌病。

【性状】 海绵状疏松团块，易与瓶壁脱离，加稀释液后迅速溶解。

【纯粹检验】 按附录3306纯粹检验法进行检验，应纯粹。

【变异检验】 取样，将疫苗适当稀释后接种胰蛋白胨琼脂平板，置37℃培养至少72小时，用布氏菌菌落结晶紫染色法（附录3301）检查，粗糙型菌落应不超过5.0%。

【活菌计数】 按瓶签注明头份，将疫苗用蛋白胨水稀释，接种胰蛋白胨琼脂平板进行活菌计数（附录3405），每头份含活菌数应不少于1.0×10^{10} CFU。

【安全检验】 将疫苗稀释成每1.0ml含0.1头份，皮下注射体重18～20g小鼠5只，各0.25ml，观察6日，应全部健活。

【剩余水分测定】 按附录3204进行测定，应符合规定。

【真空度测定】 按附录3103进行测定，应符合规定。

【作用与用途】 用于预防羊、猪和牛布氏菌病。免疫期：羊为36个月，牛为24个月，猪为12个月。

【用法与用量】 口服、皮下或肌肉注射接种。

口服　羊，每头1头份；牛，每头5头份；猪，每头2头份，间隔1个月，再口服1次。怀孕母畜口服后不受影响。畜群每年口服接种1次，长期使用，不会导致血清学的持续阳性反应。

皮下或肌肉注射　山羊，每只0.25头份；绵羊，每只0.5头份；猪，接种2次，每次每头2头份，间隔1个月。

【注意事项】 （1）注射法不能用于孕畜、牛和小尾寒羊。

（2）疫苗开启后，限当日用完。

（3）拌水饮服或灌服时，应注意用凉水。若拌入饲料中，应避免使用含有添加抗生素的饲料、发酵饲料或热饲料。动物在接种前、后3日，应停止使用含有抗生素添加剂饲料和发酵饲料。

（4）采用注射途径接种时，应作局部消毒处理。

（5）本品对人有一定的致病力，使用时，应注意个人防护。

（6）用过的疫苗瓶、器具和未用完的疫苗等应进行无害化处理。用过的木槽可以用日光消毒。

【规格】 （1）10头份/瓶　（2）20头份/瓶　（3）40头份/瓶　（4）80头份/瓶　（5）160头份/瓶　（6）240头份/瓶　（7）320头份/瓶　（8）480头份/瓶　（9）640头份/瓶

【贮藏与有效期】 2～8℃冷藏或－15℃以下保存，有效期为12个月。

CVP3/2015/HYM/005

鸡传染性法氏囊病活疫苗（B87株）

Ji Chuanranxingfashinangbing Huoyimiao (B87 Zhu)

Infectious Bursal Disease Vaccine, Live (Strain B87)

本品系用鸡传染性法氏囊病病毒B87株（CVCC AV140）接种SPF鸡胚，收获感染鸡胚，研磨，加适宜稳定剂，经冷冻真空干燥制成。用于预防鸡传染性法氏囊病。

【性状】 海绵状疏松团块，易与瓶壁脱离，加稀释液后迅速溶解。

【无菌检验】 按附录3306进行检验，应无菌生长。如果有菌生长，应进行杂菌计数和病原性鉴定（附录3307）以及禽沙门氏菌检验（附录3303），应符合规定。每羽份非病原菌应不超过1个。

【支原体检验】 按附录3308进行检验，应无支原体生长。

【外源病毒检验】 按附录3305进行检验，应无外源病毒污染。

【鉴别检验】 将疫苗用灭菌生理盐水稀释至$10^{3.0}$ ELD_{50}/0.1ml，与等量抗鸡传染性法氏囊病病毒特异性血清混合，置室温或37℃中和60分钟后，经绒毛尿囊膜接种10～12日龄SPF鸡胚5枚，每胚0.2ml，同时设病毒对照鸡胚5枚，各接种病毒液0.1ml（含$10^{3.0}$ ELD_{50}），置37℃孵育168小时。中和组鸡胚应全部健活，对照组鸡胚应至少有3枚死亡，鸡胚尿囊液对鸡红细胞凝集试验（HA）应为阴性。

【安全检验】 用7～14日龄SPF鸡20只，10只各点眼或口服接种疫苗10羽份，另10只作对照，分别饲养，观察14日，应全部健活。试验结束后，将免疫鸡和对照鸡全部扑杀剖检，法氏囊色泽、弹性应无明显变化。如果出现非特异性死亡，两组鸡死亡总数应不超过3只，且免疫鸡死亡数应不超过对照鸡。

【效力检验】 下列方法任择其一。

（1）用鸡胚检验 按瓶签注明羽份，将疫苗用灭菌生理盐水稀释成每0.2ml含1羽份，再继续作10倍系列稀释，取3个适宜的稀释度，各绒毛尿囊膜接种10～12日龄SPF鸡胚5枚，每胚0.2ml，置37℃孵育168小时，计算ELD_{50}。每羽份病毒含量应大于$10^{3.0}$ ELD_{50}。

（2）用鸡检验 用14～28日龄SPF鸡20只，10只各点眼或口服接种疫苗0.2羽份，另10只作对照，同条件隔离饲养。20日后，取全部免疫鸡和5只对照鸡，每只点眼攻击鸡传染性法氏囊病病毒BC6/85株（CVCC AV7）10MID。72小时后，将所有鸡扑杀，剖检。攻毒对照鸡的法氏囊应至少有4只出现病变，免疫鸡的法氏囊应至少有8只无病变，健康对照鸡的法氏囊均应无任何变化。

【剩余水分测定】 按附录3204进行测定，应符合规定。

【真空度测定】 按附录3103进行测定，应符合规定。

【作用与用途】 用于预防鸡传染性法氏囊病。

【用法及用量】 点眼、口服、注射接种。按瓶签注明羽份用生理盐水、注射用水或冷开水稀释，可用于各品种雏鸡。依据母源抗体水平，宜在14～28日龄时使用。

【注意事项】 （1）仅用于接种健康雏鸡。

（2）饮水接种时，饮水中应不含氯离子等消毒剂，饮水要清洁，忌用金属容器。

（3）饮水接种前，应视地区、季节、饲料等情况，停水2～4小时。饮水器应置不受日光照射的凉爽地方。饮水限1小时内饮完。

（4）注射接种时，应作局部消毒处理。

（5）严防散毒，用过的疫苗瓶、器具和未用完的疫苗等应进行无害化处理，不要使疫苗污染到其他地方或人身上。

【规格】 （1）100羽份/瓶 （2）250羽份/瓶 （3）500羽份/瓶 （4）1000羽份/瓶 （5）2000羽份/瓶

【贮藏与有效期】 2～8℃保存，有效期为12个月；－15℃以下保存，有效期为18个月。

CVP3/2015/HYM/006

鸡传染性法氏囊病活疫苗（NF8株）

Ji Chuanranxingfashinangbing Huoyimiao (NF8 Zhu)

Infectious Bursal Disease Vaccine, Live (Strain NF8)

本品系用鸡传染性法氏囊病病毒NF8株，接种SPF鸡胚培养，收获感染的鸡胚组织，加适宜稳定剂，经冷冻真空干燥制成。用于预防鸡传染性法氏囊病。

【性状】 海绵状疏松团块，易与瓶壁脱离，加稀释液后迅速溶解。

【无菌检验】 按附录3306进行检验，应无菌生长。

【支原体检验】 按附录3308进行检验，应无支原体生长。

【外源病毒检验】 按附录3305进行检验，应无外源病毒污染。

【鉴别检验】 用灭菌生理盐水将疫苗稀释至$10^{3.0}$ ELD_{50}/0.1ml，与等量抗鸡传染性法氏囊病特异血清混合，经37℃作用60分钟后，接种10日龄SPF鸡胚5枚，每胚绒毛尿囊膜接种0.2ml，同时设对照胚5枚，每胚绒毛尿囊膜接种未经中和的疫苗稀释液0.1ml，同条件培养观察168小时。对照组鸡胚应至少4枚死亡，中和组鸡胚应全部健活，且尿囊液无血凝活性。

【安全检验】 用7～10日龄SPF雏鸡20只，其中10只每只点眼或口服疫苗10羽份，另10只不接种作对照，两组分别隔离饲养，观察21日，均应健活。试验结束后，剖检免疫组与对照组鸡，法氏囊色泽、弹性应无明显变化。如出现非特异性死亡，两组鸡死亡总数总和应不超过3只，且免疫组死亡数应不超过对照组死亡数。

【效力检验】 下列方法任择其一。

（1）病毒含量测定　按瓶签注明羽份作适当稀释，绒毛尿囊膜接种SPF鸡胚，置37℃孵育168小时，测定病毒含量，每羽份病毒含量应不低于$10^{3.0}$ ELD_{50}。

（2）雏鸡免疫抗体效价测定　用7～10日龄SPF雏鸡20只，其中10只每只点眼或口服接种疫苗1/5羽份；另10只不接种作对照，分别隔离饲养。免疫后20日采血，测定血清中和抗体效价，免疫组每只鸡的中和抗体效价应不低于1：320，对照组中和抗体效价应不超过1：20。

（3）对雏鸡的保护力测定　免疫方法按（2）项进行。20日后，取全部免疫鸡连同对照鸡5只，每只点眼攻击BC6/85（CVCCAV7）强毒至少10个MID，72小时后将所有鸡扑杀剖检，检查法氏囊变化，健康对照组5只鸡法氏囊应无任何变化，攻毒对照组5只鸡应至少有4只鸡的法氏囊出现病变，免疫组应至少有8只鸡的法氏囊无病变。

【剩余水分测定】 按附录3204进行测定，应符合规定。

【真空度测定】 按附录3103进行测定，应符合规定。

【作用与用途】 用于预防鸡传染性法氏囊病。

【用法与用量】 点眼、口服、注射接种。

（1）按瓶签注明羽份用生理盐水、注射用水或冷开水稀释，可供各品种雏鸡使用。每羽份不低于1000 ELD_{50}；饮水接种时，剂量应加倍。

（2）对于母源抗体水平不明的鸡群，推荐的首次接种为10～14日龄，间隔7～14日后进行第2次接种；对已知高母源抗体水平的鸡群，首次接种可在18～21日龄进行，间隔7～14日后进行第2次接种。

【注意事项】 （1）本品可供有母源抗体或无母源抗体的雏鸡接种，对无母源抗体的鸡群使用时，首次接种应在10日龄以上进行。

（2）饮水接种时，水中应不含消毒剂，饮水器要清洁，忌用金属容器。

（3）饮水接种前应视地区、季节、饲料等情况，停水2～4小时。饮水器应置不受日光直接照射的凉爽地方。饮水限1小时内饮完。

（4）注射接种时，应作局部消毒处理。

（5）严防散毒，用过的疫苗瓶、器具和未用完的疫苗等应进行无害化处理，不要使疫苗污染到其他地方或人身上。

【规格】 （1）100羽份/瓶　（2）250羽份/瓶　（3）500羽份/瓶　（4）1000羽份/瓶　（5）2000羽份/瓶

【贮藏与有效期】 －15℃以下保存，有效期为18个月。

CVP3/2015/HYM/007

鸡传染性喉气管炎活疫苗

Ji Chuanranxinghouqiguanyan Huoyimiao

Infectious Laryngotracheitis Vaccine, Live

本品系用鸡传染性喉气管炎病毒K317株接种SPF鸡胚，收获感染的鸡胚绒毛尿囊膜，研磨后，加适宜稳定剂，经冷冻真空干燥制成。用于预防鸡传染性喉气管炎。

【性状】 海绵状疏松团块，易与瓶壁脱离，加稀释液后迅速溶解。

【无菌检验】 按附录3306进行检验，应无菌生长。如果有菌生长，应进行杂菌计数和病原性鉴定（附录3307）以及禽沙门氏菌检验（附录3303），应符合规定。每羽份疫苗非病原菌应不超过1个。

【支原体检验】 按附录3308进行检验，应无支原体生长。

【外源病毒检验】 按附录3305进行检验，应无外源病毒污染。

【安全检验】 用21～35日龄SPF鸡5只，每只点眼或滴鼻接种疫苗0.1ml（含10羽份），观察14日，应无异常反应，或在接种后3～5日有轻度眼炎或轻微咳嗽，但应在2～3日后恢复正常。

【效力检验】 下列方法任择其一。

（1）用鸡胚检验　按瓶签注明羽份，将疫苗用灭菌生理盐水稀释成每1.0ml含5羽份，再继续作10倍系列稀释，取10^{-2}、10^{-3}、10^{-4}3个稀释度，经绒毛尿囊膜途径分别接种10～11日龄SPF鸡胚5枚，每胚0.2ml，置37℃孵育5日，解剖，观察病变。鸡胚绒毛尿囊膜呈明显增厚，有灰白色病斑时，判为感染，计算EID_{50}，每羽份病毒含量应不低于$10^{2.7}$ EID_{50}。

（2）用鸡检验　按瓶签注明羽份，用灭菌生理盐水稀释疫苗，点眼或滴鼻接种35～56日龄SPF鸡5只，每只2滴（约0.06ml，含0.2羽份）。接种21日后，连同对照鸡4只，每只气管内注射鸡传染性喉气管炎病毒强毒株0.2ml（含$10^{4.0}$ EID_{50}），观察10日。对照鸡应至少有3只出现眼炎和呼吸道症状，免疫鸡应全部无症状。

【剩余水分测定】 按附录3204进行测定，应符合规定。

【真空度测定】 按附录3103进行测定，应符合规定。

【作用与用途】 用于预防鸡传染性喉气管炎。适用于35日龄以上的鸡。免疫期为6个月。

【用法与用量】 点眼接种。按瓶签注明羽份用生理盐水稀释，每羽1滴（0.03ml）。蛋鸡在35日龄时第1次接种，在产蛋前再接种1次。

【注意事项】 （1）疫苗稀释后应放冷暗处，限3小时内用完。

（2）对35日龄以下的鸡接种时，应先作小群试验，无重反应时，再扩大使用。35日龄以下的鸡用苗后效果较差，21日后需作第2次接种。

（3）接种前、后要做好鸡舍环境卫生管理和消毒工作，降低空气中细菌密度，可减轻眼部感染。

（4）只限于疫区使用。鸡群中发生严重呼吸道病（如鸡传染性鼻炎、鸡支原体感染等）时，不宜使用本疫苗。

（5）用过的疫苗瓶、器具和未用完的疫苗等应进行无害化处理。

【规格】 （1）100羽份/瓶　（2）250羽份/瓶　（3）500羽份/瓶　（4）1000羽份/瓶　（5）2000羽

份/瓶

【贮藏与有效期】 –15℃以下保存，有效期为18个月。

CVP3/2015/HYM/008

鸡传染性支气管炎活疫苗（H120株）

Ji Chuanranxingzhiqiguanyan Huoyimiao (H120 Zhu)

Infectious Bronchitis Vaccine, Live (Strain H120)

本品系用鸡传染性支气管炎病毒弱毒H120株（CVCC AV1514）接种SPF鸡胚，收获感染鸡胚液，加适宜稳定剂，经冷冻真空干燥制成。用于预防鸡传染性支气管炎。

【性状】 海绵状疏松团块，易与瓶壁脱离，加稀释液后迅速溶解。

【无菌检验】 按附录3306进行检验，应无菌生长。如果有菌生长，应进行杂菌计数和病原性鉴定（附录3307）以及禽沙门氏菌检验（附录3303），结果应符合规定。每羽份疫苗含非病原菌应不超过1个。

【支原体检验】 按附录3308进行检验，应无支原体生长。

【外源病毒检验】 按附录3305进行检验，应无外源病毒污染。

【鉴别检验】 将疫苗用灭菌生理盐水稀释至每1.0ml含1羽份，与等量抗鸡传染性支气管炎病毒特异性血清混合，置20～25℃作用60分钟，通过尿囊腔途径接种9～10日龄SPF鸡胚10枚，每胚0.2ml。置37℃孵育24～144小时，应不出现特异性死亡及鸡胚病变，并应至少有8只鸡胚健活。

【安全检验】 用4～7日龄SPF鸡20只，10只各滴鼻接种疫苗10羽份，另10只作对照。观察10日，应全部健活，且无呼吸异常及神经症状。任何一组非特异性死亡鸡应不超过1只。

【效力检验】 下列方法任择其一。

（1）用鸡胚检验　按瓶签注明羽份，将疫苗用灭菌生理盐水稀释成每0.1ml含1羽份，再继续作10倍系列稀释，取3个适宜稀释度，各尿囊腔内接种10～11日龄SPF鸡胚5枚，每胚0.1ml，置37℃孵育144小时，24小时以内死亡的鸡胚弃去不计，根据接种后24～144小时的死胚及144小时的活胚中具有胎儿失水、蜷缩、发育小等特异性病痕的鸡胚总数计算EID_{50}。每羽份应不低于$10^{3.5}$ EID_{50}。

（2）用鸡检验　用1～3日龄SPF鸡10只，每只滴鼻接种疫苗1羽份，接种后10～14日，连同对照鸡10只，用10倍稀释的鸡传染性支气管炎病毒强毒M41株（CVCC AV1511）滴鼻，每只1～2滴，连续观察10日。对照鸡应至少发病8只，免疫鸡应至少保护8只。

【剩余水分测定】 按附录3204进行测定，应符合规定。

【真空度测定】 按附录3103进行测定，应符合规定。

【作用与用途】 用于预防鸡传染性支气管炎。接种后5～8日产生免疫力，免疫期为2个月。

【用法与用量】 滴鼻或饮水接种。用于初生雏鸡的首免，不同品种鸡均可使用。至1～2月龄时，须用H52疫苗进行加强接种。按瓶签注明羽份，用生理盐水、注射用水或水质良好的冷开水稀释。

滴鼻接种　按瓶签注明羽份稀释，用滴管吸取疫苗，每羽1滴（约0.03ml）。

饮水接种　剂量加倍。饮用水量根据鸡龄大小而定，一般5～10日龄5.0～10ml。

【注意事项】 （1）疫苗稀释后，应放冷暗处，限4小时内用完。

（2）饮水接种时，忌用金属容器，饮水前应停水2～4小时。

（3）用过的疫苗瓶、器具和未用完的疫苗等应进行无害化处理。

【规格】（1）100羽份/瓶（2）250羽份/瓶（3）500羽份/瓶（4）1000羽份/瓶（5）2000羽份/瓶

【贮藏与有效期】 —15℃以下保存，有效期为12个月。

CVP3/2015/HYM/009

鸡传染性支气管炎活疫苗（H52株）

Ji Chuanranxingzhiqiguanyan Huoyimiao (H52 Zhu)

Infectious Bronchitis Vaccine, Live (Strain H52)

本品系用鸡传染性支气管炎病毒弱毒H52株（CVCC AV1513）接种SPF鸡胚，收获感染鸡胚液，加适宜稳定剂，经冷冻真空干燥制成。用于预防鸡传染性支气管炎。

【性状】 海绵状疏松团块，易与瓶壁脱离，加稀释液后迅速溶解。

【无菌检验】 按附录3306进行检验，应无菌生长。如果有菌生长，应进行杂菌计数和病原性鉴定（附录3307）以及禽沙门氏菌检验（附录3303），结果应符合规定。每羽份疫苗含非病原菌应不超过1个。

【支原体检验】 按附录3308进行检验，应无支原体生长。

【外源病毒检验】 按附录3305进行检验，应无外源病毒污染。

【鉴别检验】 将疫苗用灭菌生理盐水稀释至每1.0ml含1羽份，与等量抗鸡传染性支气管炎病毒特异性血清混合，置20～25℃作用60分钟，通过尿囊腔途径接种9～10日龄SPF鸡胚10枚，每胚0.2ml。置37℃孵育24～144小时，应不出现特异性死亡及鸡胚病变，并应至少有8只鸡胚健活。

【安全检验】 用25～35日龄SPF鸡10只，各滴鼻接种疫苗10羽份，观察14日。应不出现任何症状。

【效力检验】 下列方法任择其一。

（1）用鸡胚检验　按瓶签注明羽份，将疫苗用灭菌生理盐水稀释成每0.1ml含1羽份，再继续作10倍系列稀释，取3个适宜稀释度，各尿囊腔内接种10～11日龄SPF鸡胚5枚，每胚0.1ml，置37℃孵育144小时，24小时以内死亡的鸡胚弃去不计，根据接种后24～144小时的死胚及144小时的活胚中具有胎儿失水、蜷缩、发育小等特异性病痕的鸡胚总数计算EID_{50}。每羽份应不低于$10^{3.5}$ EID_{50}。

（2）用鸡检验　用21日龄SPF鸡10只，每只滴鼻或气管接种疫苗1羽份，接种后14～21日采血，分离血清，至少抽检5只鸡，分别测定其中和抗体效价（见附注），应不低于1∶8。

【剩余水分测定】 按附录3204进行测定，应符合规定。

【真空度测定】 按附录3103进行测定，应符合规定。

【作用与用途】 用于预防鸡传染性支气管炎。接种后5～8日产生免疫力，免疫期为6个月。

【用法与用量】 滴鼻或饮水接种。一般专供1月龄以上的鸡进行加强接种，初生雏鸡不宜接种。按瓶签注明羽份，用生理盐水、注射用水或水质良好的冷开水稀释。

滴鼻接种　按瓶签注明羽份稀释，用滴管吸取疫苗，每羽1滴（约0.03ml）。

饮水接种　剂量加倍。饮用水量根据鸡龄大小而定，一般为20～30ml。

【注意事项】（1）疫苗稀释后，应放冷暗处，限4小时内用完。

（2）饮水接种时，忌用金属容器，饮水前应停水2～4小时。

（3）用过的疫苗瓶、器具和未用完的疫苗等应进行无害化处理。

【规格】（1）100羽份/瓶（2）250羽份/瓶（3）500羽份/瓶（4）1000羽份/瓶（5）2000羽份/瓶

【贮藏与有效期】 －15℃以下保存，有效期为12个月。

附注：中和抗体效价测定方法和判定标准

将待测鸡血清作8倍稀释，与100 EID_{50}/0.1ml的病毒液等体积混合，摇匀，于20～25℃中和1小时，接种SPF鸡胚6枚，每胚0.2ml，同时设病毒对照和正常对照，在37℃继续孵育，观察至144小时。试验组应至少5只健活，病毒对照组应至少50%出现典型病变或死亡，正常对照组应全部健活。

CVP3/2015/HYM/010

鸡传染性支气管炎活疫苗（W93株）

Ji Chuanranxingzhiqiguanyan Huoyimiao (W93 Zhu)

Infectious Bronchitis Vaccine, Live (Strain W93)

本品系用鸡传染性支气管炎病毒W93株接种SPF鸡胚培养，收获感染鸡胚液，加入适宜稳定剂，经冷冻真空干燥制成。用于预防嗜肾性鸡传染性支气管炎。

【性状】 海绵状团块，易与瓶壁脱离，加稀释液后迅速溶解。

【无菌检验】 按附录3306进行检验，应无细菌生长。如有细菌生长，应进行杂菌计数和病原性鉴定（附录3307）以及禽沙门氏菌检验（附录3303），每羽份非病原菌应不超过1个。

【支原体检验】 按附录3308进行检验，应无支原体生长。

【外源病毒检验】 按附录3305进行检验，应无外源病毒污染。

【鉴别检验】 将疫苗用灭菌生理盐水稀释至$10^{4.0}$～$10^{5.0}$ EID_{50}/ml，与等量特异性抗血清混合后，在20～25℃作用60分钟，尿囊腔接种9～10日龄SPF鸡胚10枚，各0.2ml，37.5℃孵化至168小时（接种后24小时内死亡不计），应正常存活80%以上。

【安全检验】 用3～10日龄SPF鸡20只，分成两组，每组10只，第一组每只鸡以10个使用剂量滴鼻，第二组不接种作为对照，两组鸡同条件下分别饲养，观察28日。接种鸡应健活；或仅1只鸡表现一过性反应，2～3日恢复，解剖，肾脏无肉眼可见病变。任何一组鸡都不得有1只以上的非特异死亡。

【效力检验】 下列方法任择其一。

（1）病毒含量测定 用灭菌生理盐水作10倍系列稀释，取适宜稀释度，尿囊腔接种9～10日龄SPF鸡胚，每个稀释度接种5枚鸡胚，每胚0.1ml，37.5℃孵育，观察168小时，记录接种24小时后的死亡胚或有特异性病痕的活鸡胚数，计算病毒含量，每羽份应不低于$10^{4.7}$ EID_{50}。

（2）免疫攻毒法 用7～14日龄SPF鸡20只，其中10只滴鼻接种1/10使用剂量，另外10只不接种，分开隔离饲养，14日后，2组均用鸡传染性支气管炎病毒X株强毒滴鼻点眼，各$5.0\times10^{4.0}$～$5.0\times10^{5.0}$ EID_{50}，观察28日，对照鸡应至少发病8只，免疫组应至少保护8只。

【剩余水分测定】 按附录3204进行测定，应符合规定。

【真空度测定】 按附录3103进行测定，应符合规定。

【作用与用途】 用于预防嗜肾性鸡传染性支气管炎病毒感染。接种后5日产生免疫力，一次接种的免疫期为3个月，两次接种的免疫期为5个月。

【用法与用量】 按瓶签注明羽份，用生理盐水稀释，每1000羽份加生理盐水30～50ml，每只鸡滴鼻0.03～0.05ml，饮水接种或在发病初期（越早越好）紧急接种时，接种量应加倍。

饮水接种时，饮水量视鸡龄大小、品种、季节而定，5～10日龄，5～10ml；20～30日龄，10～20ml；成鸡，20～30ml。肉用鸡或炎热季节的饮水量应适当增加。

【注意事项】 （1）贮藏、运输、使用中应注意冷藏。

（2）接种前的鸡群健康状况应良好。

（3）稀释用水应置阴凉处预冷，疫苗稀释后限2小时内用完。

（4）滴鼻用滴管、瓶及其他器械应事先消毒，接种量应准确。

（5）饮水接种时，忌用金属容器，饮水前应停水2～4小时。

（6）用过的疫苗瓶、器具和未用完的疫苗等应进行无害化处理。

【规格】 （1）100羽份/瓶 （2）250羽份/瓶 （3）500羽份/瓶 （4）1000羽份/瓶 （5）2000羽份/瓶

【贮藏与有效期】 －15℃以下保存，有效期为18个月。

CVP3/2015/HYM/011

鸡痘活疫苗（鹌鹑化弱毒株）

Jidou Huoyimiao (Anchunhua Ruoduzhu)

Avian Pox Vaccine, Live (Quail-Adapted Strain)

本品系用鸡痘病毒鹌鹑化弱毒株（CVCC AV1003）接种SPF鸡胚或鸡胚成纤维细胞培养，收获鸡胚或细胞的病毒培养物后，加适宜稳定剂，经冷冻真空干燥制成。用于预防鸡痘。

【性状】 海绵状疏松团块，易与瓶壁脱离，加稀释液后迅速溶解。

【无菌检验】 按附录3306进行检验，应无菌生长。鸡胚苗如果有菌生长，应进行杂菌计数和病原性鉴定（附录3307）以及禽沙门氏菌检验（附录3303），应符合规定，每羽份含非病原菌应不超过1个。

【支原体检验】 按附录3308进行检验，应无支原体生长。

【外源病毒检验】 按附录3305进行检验，应无外源病毒污染。

【安全检验】 用 7～14日龄SPF鸡10只，各肌肉注射疫苗0.2ml（含10羽份），观察10日，应全部健活。

【效力检验】 下列方法任择其一。

（1）病毒含量测定　按瓶签注明羽份，将疫苗用灭菌生理盐水稀释成1羽份/0.2ml，再继续作10倍系列稀释，取3个适宜稀释度，经绒毛尿囊膜分别接种11～12日龄SPF鸡胚5枚，每胚0.2ml，置37℃孵育96～120小时，鸡胚绒毛尿囊膜水肿增厚或出现痘斑判为感染，计算EID_{50}。每羽份病毒含量应不低于$10^{3.0}$ EID_{50}。

（2）用鸡胚检验 按瓶签注明羽份，将疫苗用灭菌生理盐水稀释至0.01羽份/0.2ml，经绒毛尿囊膜接种11～12日龄SPF鸡胚10枚，每胚0.2ml，置37℃孵育96～120小时，所有鸡胚绒毛尿囊膜应水肿增厚或出现痘斑。

【剩余水分测定】 按附录3204进行测定，应符合规定。

【真空度测定】 按附录3103进行测定，应符合规定。

【作用与用途】 用于预防鸡痘。成鸡的免疫期为5个月，初生雏鸡为2个月。

【用法与用量】 翅膀内侧无血管处皮下刺种。按瓶签注明羽份，用生理盐水稀释，用鸡痘刺种针蘸取稀释的疫苗，20～30日龄雏鸡刺种1针；30日龄以上鸡刺种2针；6～20日龄雏鸡用再稀释1倍的疫苗刺种1针。接种后3～4日，刺种部位出现轻微红肿、结痂，14～21日痂块脱落。后备种鸡可于雏鸡接种后60日再接种1次。

【注意事项】 （1）疫苗稀释后应放冷暗处，限4小时内用完。

（2）接种时，应作局部消毒处理。

（3）用过的疫苗瓶、器具和未用完的疫苗等应进行无害化处理。

（4）鸡群刺种后7日应逐个检查，刺种部位无反应者，应重新补刺。

【规格】 （1）100羽份/瓶 （2）250羽份/瓶 （3）500羽份/瓶 （4）1000羽份/瓶 （5）2000羽份/瓶

【贮藏与有效期】 2～8℃保存，有效期为12个月；—15℃以下保存，有效期为18个月。

CVP3/2015/HYM/012

鸡痘活疫苗（汕系弱毒株）

Jidou Huoyimiao (Shanxi Ruoduzhu)

Avian Pox Vaccine, Live (Strain Shan)

本品系用鸡痘病毒汕系弱毒株接种SPF鸡胚，收获感染的鸡胚绒毛尿囊膜，研磨后加适宜稳定剂，经冷冻真空干燥制成。用于预防鸡痘。

【性状】 海绵状疏松团块，易与瓶壁脱离，加稀释液后迅速溶解。

【无菌检验】 按附录3306进行检验，应无菌生长。如果有菌生长，应进行杂菌计数和病原性鉴定（附录3307）以及禽沙门氏菌检验（附录3303），应符合规定，每羽份疫苗含非病原菌应不超过1个。

【支原体检验】 按附录3308进行检验，应无支原体生长。

【外源病毒检验】 按附录3305进行检验，应无外源病毒污染。

【安全检验】 用7～14日龄SPF鸡10只，每只肌肉注射0.2ml疫苗（含10羽份），观察10日，应全部健活。

【效力检验】 按瓶签注明羽份，将疫苗用灭菌生理盐水稀释至0.01羽份/0.2ml，经绒毛尿囊膜接种11～12日龄SPF鸡胚10枚，每胚0.2ml，置37℃孵育96～120小时。所有鸡胚的绒毛尿囊膜应水肿增厚或出现痘斑。

【剩余水分测定】 按附录3204进行测定，应符合规定。

【真空度测定】 按附录3103进行测定，应符合规定。

【作用与用途】 用于预防鸡痘。1月龄以上鸡的免疫期为2～2.5个月；1月龄以下雏鸡的免疫期为1.5～2个月。

【用法与用量】 翅膀内侧无血管处或肩部无毛处刺种。按瓶签注明羽份，用50% pH 7.6甘油磷酸盐缓冲液或生理盐水稀释，摇匀后应用。

下列方法任择其一。

翅部针刺法　鸡翅膀内侧无血管处针刺，20日龄以下鸡1针，20日龄以上鸡2针。

肩部刺种法　用2.0ml注射器配5号或5号半针头，吸取疫苗1.0～2.0ml后垂直在肩部无毛处滴上1滴疫苗，然后用原针头在疫苗上刺种，使皮肤微损，20日龄以下鸡用5号针头刺种4～6次，20日龄以上鸡用5号半针头刺种6～8次。

后备种鸡可于雏鸡接种60日后再接种1次。

【注意事项】 （1）接种时，应作局部消毒处理。

（2）疫苗开启后，限当日用完。

（3）用过的疫苗瓶、器具和未用完的疫苗等应进行无害化处理。

【规格】 （1）100羽份/瓶　（2）250羽份/瓶　（3）500羽份/瓶　（4）1000羽份/瓶　（5）2000羽份/瓶

【贮藏与有效期】 2～8℃保存，有效期为6个月；－15℃以下保存，有效期为18个月。

CVP3/2015/HYM/013

鸡毒支原体活疫苗

Jiduzhiyuanti Huoyimiao

***Mycoplasma gallisepticum* Vaccine, Live**

本品系用鸡毒支原体F-36株接种适宜培养基培养，将培养物加入适宜稳定剂，经冷冻真空干燥制成。用于预防鸡毒支原体引起的慢性呼吸道疾病。

【性状】 海绵状疏松团块，易与瓶壁脱离，加稀释液后迅速溶解。

【纯粹检验】 按附录3306进行检验，应纯粹。

【活菌计数】 按瓶签注明羽份加CM2培养基（每100羽份疫苗加3.0ml，培养基配制方法见附注）稀释后，测定CCU，应不少于$10^{8.0}$ CCU/ml。

【安全检验】 按瓶签注明羽份用无菌生理盐水或注射用水溶解，并稀释到10羽份/0.05ml，用10～20日龄SPF鸡10只，每只点眼接种疫苗10羽份，同时设同条件对照鸡5只，观察10日。应无临床症状，解剖气囊，应无病理损伤。

【剩余水分测定】 按附录3204进行测定，应符合规定。

【真空度测定】 按附录3103进行测定，应符合规定。

【作用与用途】 用于预防鸡毒支原体引起的慢性呼吸道疾病。免疫期为9个月。

【用法与用量】 点眼接种。可用于1日龄鸡，以8～60日龄时使用为佳，按瓶签注明羽份，用灭菌生理盐水或注射用水稀释成20～30羽份/ml后进行接种。

【注意事项】 （1）疫苗稀释后放阴凉处，限4小时内用完。

（2）接种前2～4日、接种后至少20日内应停用治疗鸡毒支原体病的药物。

（3）不要与鸡新城疫、传染性支气管炎活疫苗同时使用，两者使用间隔应在5日左右。

（4）用过的疫苗瓶、器具和未用完的疫苗等应进行无害化处理。

【规格】 （1）100羽份/瓶 （2）200羽份/瓶 （3）500羽份/瓶 （4）1000羽份/瓶

【贮藏与有效期】 2～8℃保存，有效期为6个月；－15℃以下保存，有效期为12个月。

附注：CM2培养基的配制

1. 牛心浸出液的制作：

将去筋膜、脂肪的牛心肌切成小块绞碎称重，放置搪瓷桶或不锈钢桶内，每500g牛心肌加去离子水1000ml，充分搅拌混合，移至2～8℃冷暗处浸泡过夜，次日取出煮沸1小时，补足水，用滤布过滤，去肉渣，再用滤纸过滤，按每1000ml牛心浸液加入10g蛋白胨和5.0g NaCl。

用1.0mol/L NaOH调pH值至8.0。

2. 改良Frey氏基础液的配制：

氯化钠	5.0g	磷酸氢二钠（含12个结晶水）	1.6g
氯化钾	0.4g	硫酸镁（含7个结晶水）	0.2g
磷酸二氢钾	0.1g	水解乳蛋白	5.0g
葡萄糖	10g	去离子水	1000ml

取牛心浸液1000ml与上述基础液1000ml等量混合，加入1%酚红2.0ml，1/80醋酸铊20ml。116℃高压灭菌20分钟。

3. 培养基的配制：

牛心浸出液——基础液	2000ml
猪血清	300ml
25%酵母浸出液	200ml

按1000单位/ml加入青霉素。用1.0mol/L NaOH调pH值至7.6～7.8。

CVP3/2015/HYM/014

鸡马立克氏病活疫苗（814株）

Ji Malikeshibing Huoyimiao (814 Zhu)

Marek’s Disease Vaccine, Live (Strain 814)

本品系用马立克氏病病毒814株（CVCC AV26）接种SPF鸡胚成纤维细胞培养，收获培养物，加适宜冷冻保护液制成。用于预防鸡马立克氏病。

【性状】 细胞悬液。

【无菌检验】 按附录3306进行检验，应无菌生长。

【支原体检验】 按附录3308进行检验，应无支原体生长。

【外源病毒检验】 按附录3305进行检验，应无外源病毒污染。

【安全检验】 用1～3日龄SPF鸡20只，取10只，每只肌肉或皮下注射疫苗0.2ml（含10羽份），另10只作对照。观察21日。对照鸡应至少存活8只，免疫组非特异死亡数应不超过对照组。

【蚀斑计数】 每批疫苗抽样3瓶，分别用SPG稀释，取适当稀释度，每个稀释度接种3个已长成良好单层的鸡胚成纤维细胞瓶，每瓶0.2ml，置37℃吸附60分钟，加入含2%牛血清的M-199营养液，继续培养24小时，弃去培养液，覆盖含5%牛血清的EMEM或M-199琼脂（糖）培养基，待凝固后，将瓶倒置，继续培养5～7日，进行蚀斑计数。蚀斑应典型、清晰，形态不规则，边缘不整齐，呈乳白色，与同时设立的参照品蚀斑一致。计数时，计算同一稀释度3瓶细胞的平均蚀斑数，再计算每瓶疫苗所含蚀斑数。以3瓶疫苗各稀释度中的最低平均数核定该批疫苗每羽份中所含蚀斑数，应不低于2000 PFU。

【作用与用途】 用于预防鸡马立克氏病。各种品种1日龄雏鸡均可使用。接种后8日可产生免疫力，免疫期为18个月。

【用法与用量】 肌肉或皮下注射。按瓶签注明羽份用稀释液稀释成0.2ml/羽份，每羽0.2ml。

【注意事项】 （1）应在液氮中保存和运输。

（2）从液氮中取出后应迅速放于38℃温水中，待完全融化后加稀释液稀释，否则影响疫苗效力。

（3）稀释后，限1小时内用完。接种期间应经常摇动疫苗瓶使疫苗均匀。

（4）接种时，应作局部消毒处理。

（5）用过的疫苗瓶、器具和未用完的疫苗等应进行无害化处理。

【规格】 （1）100羽份/瓶 （2）250羽份/瓶 （3）500羽份/瓶 （4）1000羽份/瓶 （5）2000羽份/瓶

【贮藏与有效期】 液氮保存，有效期为24个月。

CVP3/2015/HYM/015

鸡马立克氏病活疫苗（CVI 988/Rispens株）

Ji Malikeshibing Huoyimiao (CVI 988/Rispens Zhu)

Marek's Disease Vaccine, Live (Strain CVI 988/Rispens)

本品系用鸡马立克氏病病毒血清Ⅰ型CVI 988/Rispens株接种SPF鸡胚成纤维细胞培养，收获感染细胞，加入适宜冷冻保护液制成。用于预防鸡马立克氏病。

【性状】 均匀混悬液。

【无菌检验】 按附录3306进行检验，应无菌生长。

【支原体检验】 按附录3308进行检验，应无支原体生长。

【外源病毒检验】 （1）鸡贫血病毒（CAV）检验　取1日龄SPF鸡10只，每只颈背部皮下注射疫苗0.2ml（含10羽份），隔离饲养28日，采血，分离血清，按间接ELISA进行CAV抗体检测，应为阴性。

（2）其他外源病毒检验　按附录3305进行检验，应无其他外源病毒污染。

【安全检验】 取1日龄SPF鸡至少25只，每只颈背部皮下注射疫苗0.2ml（含10羽份），观察21日。检验期间应至少存活20只，否则为无结果；若出现疫苗本身所致病变或死亡，判不合格。

【蚀斑计数】 每批疫苗抽样3瓶，经37℃温水融化后，用专用配套稀释液（适宜温度为25℃±2℃）稀释。取适当稀释度，每个稀释度接种5个已长成良好单层鸡胚成纤维细胞的平皿，每个平皿接种0.2ml。37℃吸附1小时后，每皿加入维持液6.0ml。同时设立空白对照2个平皿和标准病毒样品对照5个平皿。置37.5℃ ± 0.5℃、5%CO_2培养箱培养6日，不得移动，第7日进行蚀斑计数。先计算同一稀释度5个平皿的平均蚀斑数，再计算出每瓶疫苗所含蚀斑数。

标准病毒样品5个平皿间的PFU误差不超过 ± 10%。以3瓶中最低PFU数核定每批疫苗的PFU。每羽份应不低于3000 PFU。

【作用与用途】 用于预防鸡马立克氏病。接种后7日产生免疫力。

【用法与用量】 颈背皮下注射。按瓶签注明羽份，加SPG稀释，每羽0.2ml（至少含3000 PFU）。

【注意事项】 （1）应采取有效措施防止在孵化室和育雏室内发生早期强毒感染。

（2）在运输或保存过程中，如果液氮容器中液氮意外蒸发完，则疫苗失效，应予以废弃。疫苗生产厂家及经销和使用单位应指定专人进行检查补充液氮，以防意外事故发生。

（3）在收到长途运输之后的液氮罐时，应立即检查罐内的疫苗是否在液氮面之下，露出液氮面的疫苗应废弃。

（4）从液氮罐中取出本品时应戴手套，以防冻伤。取出的疫苗应立即放入37℃温水中速融（不超过1分钟）。用注射器从安瓿中吸出疫苗时，应使用12号或16号针头。所用注射器应无菌。

（5）本品是细胞结合疫苗，速融后的疫苗为均匀混浊的淡粉色细胞悬液，如有少量细胞沉淀亦属正常，可轻摇安瓿使沉淀悬浮。掰断安瓿瓶颈之前，轻弹顶部的疫苗，避免疫苗滞留在顶端。

（6）吸取前，应先将稀释液瓶内塞或内盖用75%酒精消毒。重复抽取少量的稀释液到针筒中，用以洗涤安瓿，操作必须是缓慢温和的，以免内含疫苗病毒的细胞遭到破坏。

（7）现配现用，限1小时内用完。注射过程中应经常轻摇稀释的疫苗（避免产生泡沫），使细胞悬浮均匀。并保持稀释后疫苗的温度维持在23 ~ 27℃。

（8）严禁稀释液冻结和曝晒，与疫苗混合前，稀释液温度应达到23 ~ 27℃。

（9）稀释时，严禁在稀释液中加入抗生素、维生素、其他疫苗或药物。

（10）在注射过程中，严防注射器的连接管内有气泡或断液现象。保证每只雏鸡的接种量准确。

（11）接种后48小时之内不得在同一部位注射抗生素或其他药物（如恩诺沙星等）。

（12）用过的疫苗瓶、器具和未用完的疫苗等应进行无害化处理。

【规格】 （1）100羽份/瓶 （2）250羽份/瓶 （3）500羽份/瓶 （4）1000羽份/瓶 （5）2000羽份/瓶

【贮藏与有效期】 液氮保存，有效期为24个月。

附注：稀释液的检验

1 性状 外观 橘红色澄清液体。

pH值 按附录3101进行检验，应为6.7 ~ 7.4。

2 装量检查 按附录3104进行检验，应符合规定。

3 不溶性微粒检查 按《中国兽药典》一部附录进行检验，应符合规定。

4 无菌检验 按附录3306进行检验，应无菌生长。

5 疫苗复原后的稳定性检验 用25℃ ± 2℃的专用稀释液将疫苗作适当稀释，取刚稀释的疫苗和稀释后置25℃ ± 2℃放置1小时后的疫苗，分别接种鸡胚成纤维细胞单层，进行蚀斑计数。稀释后置25℃ ± 2℃放置1小时，疫苗滴度损失应不超过30%。

用同批号试剂配制多批稀释液时，只需对第1批稀释液进行疫苗复原后的稳定性检验，当更换任何试剂的批号时，则需重新抽样进行该检验。

CVP3/2015/HYM/016

鸡马立克氏病火鸡疱疹病毒活疫苗（FC-126株）

Ji Malikeshibing Huojipaozhenbingdu Huoyimiao (FC-126 Zhu)

Marek's Disease Vaccine, Live (Strain FC-126)

本品系用火鸡疱疹病毒FC-126株（CVCC AV19）接种SPF鸡胚成纤维细胞，经细胞培养，收获培养物加入适宜稳定剂后，裂解，冷冻真空干燥制成。用于预防鸡马立克氏病。

【性状】 疏松团块，易与瓶壁脱离，加稀释液后迅速溶解。

【无菌检验】 按附录3306进行检验，应无菌生长。

【支原体检验】 按附录3308进行检验，应无支原体生长。

【外源病毒检验】 按附录3305进行检验，应无外源病毒污染。

【鉴别检验】 用稀释后的疫苗（含100～200 PFU）与等量抗火鸡疱疹病毒特异性血清混合后，置18～22℃中和30分钟，接种鸡胚成纤维细胞，与未中和的病毒对照组相比，蚀斑减少率应不低于95%。

【安全检验】 用1～3日龄SPF鸡20只，取10只，每只肌肉或皮下注射疫苗0.2ml（含10羽份），另10只作对照。观察21日。对照鸡应至少存活8只，免疫组非特异死亡数应不超过对照组。

【蚀斑计数】 每批疫苗抽样3瓶，分别用SPG（配制和质量标准见附注）稀释，取适当稀释度，每个稀释度接种3个已长成良好单层的鸡胚成纤维细胞瓶，每瓶0.2ml，置37℃吸附60分钟，加入含2%牛血清的M-199营养液，继续培养24小时，弃去培养液，覆盖含5%牛血清的EMEM或M-199琼脂（糖）培养基，待凝固后，将瓶倒置，继续培养5～7日，进行蚀斑计数。蚀斑应典型、清晰，形态不规则，边缘不整齐，呈乳白色，与同时设立的参照品蚀斑一致。计数时，计算同一稀释度3瓶细胞的平均蚀斑数，再计算每瓶疫苗所含蚀斑数。以3瓶疫苗各稀释度中的最低平均数核定该批疫苗每羽份中所含蚀斑数，应不低于2000 PFU。

【剩余水分测定】 按附录3204进行测定，应符合规定。

【真空度测定】 按附录3103进行测定，应符合规定。

【作用与用途】 用于预防鸡马立克氏病。适用于各品种的1日龄雏鸡。

【用法与用量】 肌肉或皮下注射。按瓶签注明羽份，加SPG稀释后，每羽0.2ml（至少含2000 PFU）。

【注意事项】 （1）已发生过马立克氏病的鸡场，雏鸡应在出壳后立即进行接种。

（2）现配现用，使用专用稀释液。稀释后放入盛有冰块的容器中，限1小时内用完。

（3）接种时，应作局部消毒处理。

（4）用过的疫苗瓶、器具和未用完的疫苗等应进行无害化处理。

【规格】 （1）100羽份/瓶 （2）250羽份/瓶 （3）500羽份/瓶 （4）1000羽份/瓶 （5）2000羽份/瓶

【贮藏与有效期】 －15℃以下保存，有效期为18个月。

附注：SPG的配制和质量标准

1 SPG的配制

蔗糖	76.62g
磷酸二氢钾	0.52g

磷酸氢二钾（$3H_2O$）	1.64g
（或无水磷酸氢二钾）	（1.25g）
L-谷氨酸钠	0.83g

加灭菌去离子水或蒸馏水至1000ml，高压或滤过除菌。

2 SPG质量标准

2.1 性状 外观 透明、不含杂质和沉淀的液体。

pH值 按附录3101进行检验，应为6.7～7.2。

2.2 无菌检验 按附录3306进行检验，应无菌生长。

2.3 疫苗复原后的稳定性检验 用SPG将疫苗作适当稀释，取刚稀释的疫苗和稀释后置18～22℃放置1小时后的疫苗，分别接种鸡胚成纤维细胞单层，进行蚀斑计数。稀释后置18～22℃放置1小时，疫苗滴度损失应不超过40%。

用同批号试剂配制多批稀释液时，只需对第1批稀释液进行疫苗复原后的稳定性检验，当更换任何试剂的批号时，则需重新抽样进行该检验。

CVP3/2015/HYM/017

鸡球虫病四价活疫苗（柔嫩艾美耳球虫PTMZ株+毒害艾美耳球虫PNHZ株+巨型艾美耳球虫PMHY株+堆型艾美耳球虫PAHY株）

Ji Qiuchongbing Sijia Huoyimiao (Rounen' aimeierqiuchong PTMZ Zhu+Duhaiaimeierqiuchong PNHZ Zhu+Juxing' aimeierqiuchong PMHY Zhu+Duixing' aimeierqiuchong PAHY Zhu)

Coccidiosis Quadrivalent Vaccine for Chickens, Live (*E.tenella* Strain PTMZ, *E.necatrix* Strain PNHZ, *E.maxima* Strain PMHY and *E.acervulina* Strain PAHY)

本品系用柔嫩艾美耳球虫梅州株早熟系（PTMZ株）、毒害艾美耳球虫贺州株早熟系（PNHZ株）、巨型艾美耳球虫河源株早熟系（PMHY株）和堆型艾美耳球虫河源株早熟系（PAHY株）分别经口接种健康鸡，收获粪便中的卵囊，离心洗涤，置1%氯胺T溶液中，在适宜温、湿度条件下孵育获得孢子化卵囊，按适当比例混合制成，用于预防鸡球虫病。

【性状】 均匀液体，静置后底部有少量沉淀。

【无菌检验】 按附录3306进行检验，应无菌生长。

【卵囊计数】 用血球计数板进行卵囊计数。每羽份疫苗的孢子化卵囊数应为1100个±10%。

【安全检验】 用3～7日龄SPF鸡20只，其中10只各经口接种疫苗10羽份，另10只不接种作为对照。分别置隔离器中饲养，观察7日，应不出现因疫苗引起的球虫病症状和死亡。剖检所有鸡，检查每只鸡的球虫适宜寄生部位（柔嫩艾美耳球虫检查盲肠；毒害艾美耳球虫检查小肠中段；巨型艾美耳球虫检查小肠中段；堆型艾美耳球虫检查十二指肠）的病变并记分（病变记分标准见附注1）。免疫鸡十二指肠、小肠中段、盲肠病变记分均应不超过＋1.0分；对照鸡相应部位均应无病变。

【效力检验】 用3～7日龄SPF鸡20只，其中10只鸡各经口接种疫苗1羽份，另10只不接种作为对照组。将两组鸡分别在相同条件下隔离饲养（垫料上饲养）。接种后21日，每只鸡口服攻击柔嫩艾美耳球虫梅州株（TMZ株）、毒害艾美耳球虫贺州株（NHZ株）、巨型艾美耳球虫河源株（MHY

株）、堆型艾美耳球虫河源株（AHY株）强毒孢子化混合卵囊（含堆型艾美耳球虫河源株10万个，其他3种球虫各5万个），观察5～7日，剖检所有鸡，检查每只鸡的球虫适宜寄生部位的病变并记分。对照组至少9只鸡十二指肠、小肠中段、盲肠病变记分均应不低于＋3.0分；免疫组至少8只鸡十二指肠、小肠中段、盲肠病变记分均应不超过＋1.0分。

【作用与用途】 用于预防鸡球虫病。接种后14日产生免疫力，免疫力可持续至饲养期末。

【用法与用量】 （1）免疫接种程序 用于3～7日龄鸡饮水免疫。

（2）接种方法及剂量 饮水接种。每鸡1羽份。每瓶1000羽份（或2000羽份）的疫苗加水6 L（或12 L），加入1瓶（50g/瓶或100g/瓶）的球虫疫苗助悬剂，配成混悬液。供1000羽（或2000羽）雏鸡自由饮用，平均每羽鸡饮用6.0ml球虫疫苗混悬液，4～6小时饮用完毕。

【注意事项】 （1）本品严禁结冻或在靠近热源的地方存放。

（2）仅用于接种健康雏鸡，使用时应充分摇匀。

（3）对饲料中药物使用的要求 严禁在饲料中添加任何抗球虫药物。

（4）对扩栏与垫料管理的要求 ①建议不要逐日扩栏，接种球虫疫苗后第7日，将育雏面积"一步到位"地扩大到免疫接种后第17日所需的育雏面积，以利于鸡群获得均匀的重复感染机会；②接种球虫疫苗后的第8～16日内不可更换垫料。③垫料的湿度以25%～30%（用手抓起一把垫料时，手心有微潮的感觉）为宜。

（5）做好免疫抑制性疾病的预防和控制工作 许多免疫抑制性疾病如传染性法氏囊病、马立克氏病、霉菌毒素中毒等，会严重影响抗球虫免疫力的建立，加重疫苗的反应。应避免这些疾病对疫苗免疫效果的干扰。

（6）减少应激因素的影响 免疫接种球虫疫苗后的第12～14日，是疫苗反应较强的阶段，在此期间应尽量避免断喙、注射其他疫苗和迁移鸡群。

（7）用过的疫苗瓶、器具和未用完的疫苗等应进行无害化处理。

（8）接种疫苗后12～14日，个别鸡只可能会出现拉血粪的现象，不需用药。如果出现严重血粪或球虫病死鸡，则用磺胺喹噁啉或磺胺二甲嘧啶按推荐剂量投药1～2日，即可控制。

【规格】 （1）1000羽份/瓶 （2）2000羽份/瓶

【贮藏与有效期】 2～8℃保存，有效期为7个月。

附注：

1 病变记分标准

1.1 柔嫩艾美耳球虫引起的病变 感染后第5～7日之间剖检盲肠（两侧盲肠病变不一致时，以严重一侧为准）。

0分 无肉眼可见病变。

＋1分 盲肠内容物正常，肠壁黏膜面可见少量散在出血点，或出血斑。

＋2分 盲肠内容物带血，肠壁黏膜面出血点或出血斑数量较为密集，肠壁增厚。

＋3分 盲肠轻度肿大，肠腔内没有正常的盲肠粪便，肠道黏膜增厚，盲肠腔内充满暗红色血液或出现盲肠芯（呈灰白色干酪样香蕉型块状物）。

＋4分 盲肠高度肿大，盲肠腔内没有盲肠粪或已被包在肠芯中，肠腔内充满坏死凝血块和盲肠黏膜碎片。因本球虫致死的鸡记为＋4分。

1.2 毒害艾美耳球虫引起的病变 感染后第5～7日之间剖检小肠。

0分 无肉眼可见病变。

+1分 小肠中段浆膜面可见针尖状大小散在的出血点和白点，肠腔内可见少量橘红色内容物，肠壁略增厚。

+2分 肠壁增厚，浆膜面有大量的出血点和白点，小肠中段出现轻度胀气，肠腔局部混有凝血块。

+3分 浆膜面布满红色出血点和白点，肠腔鼓气扩张，肠壁明显增厚，整个肠内容物中含有多量的血凝块和坏死脱落的上皮组织，肠黏膜面粗糙，没有正常的肠内容物。

+4分 小肠中段高度肿胀，肠段出现萎缩、明显缩短，病变延伸至十二指肠和小肠后段，小肠内容物中含有酱油色或棕色黏液，肠道黏膜出血，坏死。因本球虫致死的鸡记为+4分。

1.3 巨型艾美耳球虫引起的病变 感染后第5～7日之间剖检小肠。

0分 无肉眼可见病变。

+1分 小肠中段黏膜面可见较小的出血点，肠腔中有少量桔黄色黏液。

+2分 小肠中段出现轻度胀气，浆膜面可见许多出血点，延伸至十二指肠，肠腔内可见大量的桔黄色黏液。

+3分 肠管扩张，没有正常的肠内容物，肠内容物混有血凝块和桔黄色黏液，肠壁变薄，黏膜面粗糙。

+4分 肠管肿胀，肠内容物黏稠，呈红棕色，并混有大量血凝块，呈淡洗肉水色，肠黏膜充血、出血、脱落。因本球虫致死的鸡记为+4分。

1.4 堆型艾美耳球虫引起的病变 感染后第5～7日之间剖检十二指肠。

0分 无肉眼可见病变。

+1分 十二指肠浆膜面和黏膜面均可见有散在横纹状白斑，横向排列，外观呈梯形。

+2分 病变较为密集，但未融合，十二指肠黏膜上覆以横向排列的横纹状白斑，外观呈梯状，病变延伸至空肠，消化道内容物较稀薄，肠黏膜增厚。

+3分 十二指肠黏膜面可见密集的灰白色病灶，病变延伸至卵黄囊蒂处，肠道苍白，肠腔内有多量水分，内容物呈水样液体。

+4分 十二指肠黏膜面呈浅灰色，横纹状白斑完全融合，肠腔内充满奶油状渗出物，肠壁增厚，因本球虫致死的鸡记为+4分。

2 球虫疫苗助悬剂质量标准

本品系用低聚果糖与适宜辅料等配制而成，用于配制球虫疫苗混悬液。

【性状】 粉末状。

【干燥失重】 取本品，在105℃干燥至恒重，减失重量不得超过10.0%。

【助悬效果】 将5瓶（1000羽份/瓶）球虫疫苗兑水1000ml，加入本品8.33g，配成球虫疫苗混悬液，置2000ml烧杯中，静置。分别于配好球虫疫苗混悬液后的0小时、4小时和8小时，用移液枪在烧杯的900ml、600ml、300ml刻度处（亦即球虫疫苗混悬液的上、中、下三层）分别吸取10μl球虫疫苗混悬液，在10×10倍显微镜下计算卵囊数，每处各取样3次，将每处所取的3个样品的卵囊数取平均值，以0小时3个部位混悬液的卵囊平均数为基数，4小时和8小时从900ml、600ml、300ml刻度处分别吸取的球虫疫苗混悬液的卵囊平均数与基数相差均应小于10%，表明卵囊既不上浮也不沉降，符合混悬要求。

【作用与用途】 助悬剂。用于提高球虫疫苗混悬液的黏稠度，使球虫疫苗卵囊在混悬液中能较长时间保持上下均匀分布，从而保证球虫疫苗在使用时达到均匀免疫的效果。

【用法与用量】 混饮，每6 L球虫疫苗溶液添加本品50g。

【规格】 （1）50g/瓶 （2）100g/瓶

【贮藏与有效期】 遮光，密闭，室温下保存，有效期为24个月。

CVP3/2015/HYM/018

鸡新城疫、传染性支气管炎二联活疫苗（La Sota或HB1株+H120株）

Ji Xinchengyi, Chuanranxingzhiqiguanyan Erlian Huoyimiao (La Sota huo HB1 Zhu + H120 Zhu)

Combined Newcastle Disease and Infectious Bronchitis Vaccine, Live (Strain La Sota or HB1 + Strain H120)

本品系用鸡新城疫病毒La Sota株（CVCC AV1615）或HB1株（CVCC AV1613）和传染性支气管炎病毒H120株（CVCC AV1514）接种SPF鸡胚培养，收获感染鸡胚尿囊液，加适宜稳定剂，经冷冻真空干燥制成。用于预防鸡新城疫和鸡传染性支气管炎。

【性状】 海绵状疏松团块，易与瓶壁脱离，加稀释液后迅速溶解。

【无菌检验】 按附录3306进行检验，应无菌生长。如果有菌生长，应进行杂菌计数和病原性鉴定（附录3307）以及禽沙门氏菌检验（附录3303），应符合规定。每羽份含非病原菌应不超过1个。

【支原体检验】 按附录3308进行检验，应无支原体生长。

【外源病毒检验】 按附录3305进行检验，应无外源病毒污染。

【鉴别检验】 将疫苗用灭菌生理盐水稀释至每1.0ml含1羽份，分别与等量抗鸡新城疫、传染性支气管炎病毒特异性血清混合，置室温作用60分钟，尿囊腔内接种10日龄SPF鸡胚10枚，每胚0.2ml。置37℃下孵育144小时，24～144小时内，应不引起特异性死亡及鸡胚病变，并至少有8枚鸡胚健活，对鸡胚液作红细胞凝集试验，应为阴性。

【安全检验】 将疫苗用生理盐水稀释，用4～7日龄SPF鸡20只，10只各滴鼻接种0.05ml（含10羽份），另10只作对照，观察14日，应全部健活。如果有非特异性死亡，免疫组与对照组均应不超过1只。

【效力检验】 下列方法任择其一。

（1）用鸡胚检验　将疫苗用灭菌生理盐水稀释至1羽份/0.5ml，分别装入2支试管中，每支1.0ml。第1管中加入等量抗鸡新城疫病毒特异性血清，第2管中加入等量抗鸡传染性支气管炎病毒特异性血清。置室温中和1小时（中间摇1次），此时的疫苗病毒含量为0.1羽份/0.1ml，即10^{-1}。对第1管继续进行10倍系列稀释，取3个适宜稀释度，各尿囊腔内接种10～11日龄SPF鸡胚5枚，每胚0.1ml，置37℃孵育144小时，根据接种后24～144小时内死胚及144小时时存活的鸡胚中出现失水、蜷缩、发育小（接种胎儿比对照最轻胎儿重量低2g以上）等特异性病变鸡胚的总和计算EID_{50}，每羽份应不低于$10^{3.5}$ EID_{50}，传染性支气管炎部分判为合格。对第2管继续进行10倍系列稀释，取3个适宜稀释度，各尿囊腔内接种10～11日龄SPF鸡胚5枚，每胚0.1ml，置37℃孵育120小时，接种后48小时以内死亡的鸡胚不计，随时取出48～120小时内死亡的鸡胚，收获鸡胚液，同稀释度的鸡胚液等量混合，至120小时取出活胚，逐个收获胚液，分别测定血凝价，1∶160（微量法1∶128）以上判为感染，计算EID_{50}，鸡新城疫部分每羽份应不低于$10^{6.0}$ EID_{50}。

（2）用鸡检验　鸡新城疫部分，用30～60日龄SPF鸡15只，10只各滴鼻接种疫苗0.01羽份，另5只作对照。接种14日后，每只鸡各肌肉注射鸡新城疫病毒强毒北京株（CVCC AV1611） 0.5ml（$10^{4.0}$ ELD_{50}），观察14日。对照鸡应全部死亡，免疫鸡应至少保护9只。鸡传染性支气管炎部分，用 1～3日龄SPF鸡10只，每只滴鼻接种疫苗1羽份，接种后10～14日，连同对照鸡10只，用10倍稀释的鸡传染性支气管炎病毒强毒M41株（CVCC AV1511）滴鼻，每只1～2滴，连续观察10日。对照鸡应至少发病8只，免疫鸡应至少保护8只。

【剩余水分测定】 按附录3204进行测定，应符合规定。

【真空度测定】 按附录3103进行测定，应符合规定。

【作用与用途】 用于预防鸡新城疫和鸡传染性支气管炎。

【用法与用量】 滴鼻或饮水接种。HB1-H120二联苗适用于1日龄以上的鸡；La Sota-H120二联苗适用于7日龄以上的鸡。按瓶签注明羽份，用生理盐水、注射用水或水质良好的冷开水稀释疫苗。

滴鼻接种　每只1滴（约0.03ml）。

饮水接种　剂量加倍。饮用水量根据鸡龄大小而定，一般5～10日龄5～10ml、20～30日龄10～20ml、成鸡20～30ml。

【注意事项】 （1）稀释后，应放冷暗处，限4小时内用完。

（2）饮水接种时，忌用金属容器，饮用前应至少停水2～4个小时。

（3）用过的疫苗瓶、器具和未用完的疫苗等应进行无害化处理。

【规格】 （1）100羽份/瓶　（2）250羽份/瓶　（3）500羽份/瓶　（4）1000羽份/瓶　（5）2000羽份/瓶

【贮藏与有效期】 －15℃以下保存，有效期为18个月。

CVP3/2015/HYM/019

鸡新城疫、传染性支气管炎二联活疫苗（La Sota或B1株+H52株）

Ji Xinchengyi, Chuanranxingzhiqiguanyan Erlian Huoyimiao (La Sota huo B1 Zhu + H52 Zhu)

Combined Newcastle Disease and Infectious Bronchitis Vaccine, Live (Strain La Sota or B1 + Strain H52)

本品系用鸡新城疫病毒La Sota株（CVCC AV1615）或HB1株（CVCC AV1613）和传染性支气管炎病毒H52株（CVCC AV1513）接种SPF鸡胚培养，收获感染鸡胚尿囊液，加适宜稳定剂，经冷冻真空干燥制成。用于预防鸡新城疫和鸡传染性支气管炎。

【性状】 海绵状疏松团块，易与瓶壁脱离，加稀释液后迅速溶解。

【无菌检验】 按附录3306进行检验，应无菌生长。如果有菌生长，应进行杂菌计数和病原性鉴定（附录3307）以及禽沙门氏菌检验（附录3303），应符合规定。每羽份含非病原菌应不超过1个。

【支原体检验】 按附录3308进行检验，应无支原体生长。

【外源病毒检验】 按附录3305进行检验，应无外源病毒污染。

【鉴别检验】 将疫苗用灭菌生理盐水稀释至每1.0ml含1羽份，分别与等量抗鸡新城疫、传染性支气管炎病毒特异性血清混合，置室温作用60分钟，尿囊腔内接种10日龄SPF鸡胚10枚，每胚0.2ml。置37℃下孵育144小时，24～144小时内，应不引起特异性死亡及鸡胚病变，并至少有8枚鸡胚健活，对鸡胚液作红细胞凝集试验，应为阴性。

【安全检验】 用21～30日龄SPF鸡10只，每只滴鼻接种疫苗0.05ml（含10羽份），观察14日，应不出现任何临床症状和死亡。

【效力检验】 下列方法任择其一。

（1）用鸡胚检验　将疫苗用灭菌生理盐水稀释至1羽份/0.5ml，分别装入2支试管中，每支1.0ml。第1管中加入等量抗鸡新城疫病毒特异性血清，第2管中加入等量抗鸡传染性支气管炎病毒特异性血清。置室温中和1小时（中间摇1次），此时的疫苗病毒含量为0.1羽份/0.1ml，即10^{-1}。对第1管继续进行10倍系列稀释，取3个适宜稀释度，各尿囊腔内接种10～11日龄SPF鸡胚5枚，每胚0.1ml，置37℃孵育144小时，根据接种后24～144小时内死胚及144小时时存活的鸡胚中出现失水、蜷缩、发育小（接种胎儿比对照最轻胎儿重量低2g以上）等特异性病变鸡胚的总和计算EID_{50}，每羽份应不低于$10^{3.5}$ EID_{50}，传染性支气管炎部分判为合格。对第2管继续进行10倍系列稀释，取3个适宜稀释度，各尿囊腔内接种10～11日龄SPF鸡胚5枚，每胚0.1ml，置37℃孵育120小时，接种后48小时以内死亡的鸡胚不计，随时取出48～120小时内死亡的鸡胚，收获鸡胚液，同稀释度的鸡胚液等量混合，至120小时取出活胚，逐个收获胚液，分别测定血凝价，1∶160（微量法1∶128）以上判为感染，计算EID_{50}，鸡新城疫部分每羽份应不低于$10^{6.0}$ EID_{50}。

（2）用鸡检验　鸡新城疫部分，用30～60日龄SPF鸡15只，10只各滴鼻接种疫苗0.01羽份，另5只作对照。接种14日后，每只鸡各肌肉注射鸡新城疫病毒强毒北京株（CVCC AV1611）0.5ml（$10^{4.0}$ ELD_{50}），观察14日。对照鸡应全部死亡，免疫鸡应至少保护9只。鸡传染性支气管炎部分，用21日龄SPF鸡10只，每只滴鼻或气管接种疫苗1羽份，接种后14～21日采血，分离血清，至少抽检5只鸡，分别测定其中和抗体效价（见附注），应不低于1∶8。

【剩余水分测定】 按附录3204进行测定，应符合规定。

【真空度测定】 按附录3103进行测定，应符合规定。

【作用与用途】 用于预防鸡新城疫和鸡传染性支气管炎。

【用法与用量】 滴鼻或饮水接种。适用于21日龄以上的鸡。按瓶签注明羽份，用生理盐水、注射用水或水质良好的冷开水稀释疫苗。

滴鼻接种　每只1滴（约0.03ml）。

饮水接种　剂量加倍。其饮水量根据鸡龄大小而定，一般20～30日龄10～20ml、成鸡20～30ml。

【注意事项】 （1）稀释后，应放冷暗处，限4小时内用完。

（2）饮水接种时，忌用金属容器，饮用前应至少停水2～4小时。

（3）用过的疫苗瓶、器具和未用完的疫苗等应进行无害化处理。

【规格】 （1）100羽份/瓶　（2）250羽份/瓶　（3）500羽份/瓶　（4）1000羽份/瓶　（5）2000羽份/瓶

【贮藏与有效期】 －15℃以下保存，有效期为18个月。

附注：中和抗体效价测定方法和判定标准

将待测鸡血清作8倍稀释，与100 EID_{50}/0.1ml的病毒液等体积混合，摇匀，于20～25℃中和1小时，接种SPF鸡胚6枚，每胚0.2ml，同时设病毒对照和正常对照，在37℃继续孵育，观察至144小时。试验组应至少5只健活，病毒对照组应至少50%出现典型病变或死亡，正常对照组应全部健活。

CVP3/2015/HYM/020

鸡新城疫活疫苗

Ji Xinchengyi Huoyimiao

Newcastle Disease Vaccine, Live

本品系用鸡新城疫病毒低毒力弱毒HB1株（CVCC AV1613）、F株（CVCC AV1614）、La Sota株（CVCC AV1615）、N79株或Clone30株接种SPF鸡胚培养，收获感染鸡胚液，加适宜稳定剂，经冷冻真空干燥制成。用于预防鸡新城疫。

【性状】 海绵状疏松团块，易与瓶壁脱离，加稀释液后迅速溶解。

【无菌检验】 按附录3306进行检验，应无细菌生长。如有菌生长，应进行杂菌计数和病原性鉴定（附录3307）以及禽沙门氏菌检验（附录3303），应符合规定。每羽份疫苗含非病原菌应不超过1个。

【支原体检验】 按附录3308进行检验，应无支原体生长。

【外源病毒检验】 按附录3305进行检验，应无外源病毒污染。

【鉴别检验】 将疫苗用生理盐水稀释至$10^{5.0}$ EID_{50}/0.1ml，与等量抗鸡新城疫病毒特异性血清混合，置室温作用60分钟后，尿囊腔接种9～11日龄SPF鸡胚10枚，每胚0.1ml，37℃孵育120小时。在24～120小时内应不引起特异性死亡，且至少存活8枚，对每枚鸡胚液作红细胞凝集试验（附录3403），应为阴性。

【安全检验】 用2～7日龄SPF鸡20只，10只各滴鼻接种疫苗0.05ml（含10羽份）；另10只不接种，作为对照。同条件分别饲养，观察10日，应无不良反应。如果有非特异性死亡，免疫组和对照组均应不超过1只。

【效力检验】 下列方法任择其一。

（1）用鸡胚检验　按瓶签注明羽份，将疫苗用生理盐水稀释至1羽份/0.1ml，再进行10倍系列稀释，取3个适宜稀释度，分别尿囊腔接种10日龄SPF鸡胚5枚，每胚0.1ml，置37℃继续孵育120小时。48小时内死亡的鸡胚弃去不计，在48～120小时内死亡的鸡胚，随时取出，收获鸡胚尿囊液，将同一稀释度的鸡胚尿囊液等量混合，分别测定红细胞凝集价。至120小时，取出所有活胚，逐个收获鸡胚尿囊液，分别测定红细胞凝集价。凝集价不低于1：160（微量法1：128）者判为感染，计算EID_{50}。每羽份病毒含量应该不低于$10^{6.0}EID_{50}$。

（2）用鸡检验　用30～60日龄SPF鸡15只，10只各滴鼻接种疫苗0.01羽份，另5只作对照。接种14日后，每只鸡各肌肉注射鸡新城疫病毒强毒北京株（CVCC AV1611）0.5ml（$10^{4.0}$ ELD_{50}），观察14日。对照鸡应全部死亡，免疫鸡应至少保护9只。

【剩余水分测定】 按附录3204进行测定，应符合规定。

【真空度测定】 按附录3103进行测定，应符合规定。

【作用与用途】 用于预防鸡新城疫。

【用法与用量】 滴鼻、点眼、饮水或喷雾接种均可。按瓶签注明羽份，用生理盐水或适宜的稀释液稀释。滴鼻或点眼，每只0.05ml；饮水或喷雾，剂量加倍。

【注意事项】 （1）有鸡支原体感染的鸡群，禁用喷雾接种。

（2）稀释后，应放冷暗处，限4小时内用完。

（3）饮水接种时，饮水中应不含氯等消毒剂，饮水要清洁，忌用金属容器。

（4）用过的疫苗瓶、器具和未用完的疫苗等应进行无害化处理。

【规格】 （1）100羽份/瓶 （2）250羽份/瓶 （3）500羽份/瓶 （4）1000羽份/瓶 （5）2000羽份/瓶

【贮藏与有效期】 −15℃以下保存，有效期为24个月。

CVP3/2015/HYM/021

牦牛副伤寒活疫苗

Maoniu Fushanghan Huoyimiao

Yak Paratyphoid Vaccine, Live

本品系用都柏林沙门氏菌S8002-550株接种适宜培养基培养，收获培养物，加适宜稳定剂，经冷冻真空干燥制成。用于预防牦牛副伤寒。

【性状】 海绵状疏松团块，易与瓶壁脱离，加稀释液后迅速溶解。

【纯粹检验】 按附录3306进行检验，应纯粹。

【活菌计数】 按瓶签注明头份，用普通琼脂平板培养进行活菌计数（附录3405）。每头份活菌数应不少于1.5×10^9 CFU。

【安全检验】 按瓶签注明头份，将疫苗用普通肉汤稀释，皮下注射体重300～400g豚鼠2只，各1.0ml（含8.0×10^9 CFU活菌），观察15日，应存活。

【效力检验】 将疫苗用普通肉汤或氢氧化铝胶生理盐水稀释为5.0×10^8 CFU/ml。用体重250～300g豚鼠7只，4只各皮下注射1.0ml，另3只作对照。接种15日后，每只豚鼠皮下注射2MLD（约1.6×10^8 CFU）都柏林沙门氏菌强毒菌液，观察15日，对照豚鼠应全部死亡，免疫豚鼠应至少保护3只。

【剩余水分测定】 按附录3204进行测定，应符合规定。

【真空度测定】 按附录3103进行测定，应符合规定。

【作用与用途】 用于预防牦牛副伤寒。免疫期为12个月。

【用法与用量】 臀部或颈部浅层肌肉注射。按瓶签注明头份，用20%氢氧化铝胶生理盐水稀释成1头份/ml，每年5～7月份接种，犊牛1.0ml，成年牛或青年牛2.0ml。

【注意事项】 （1）现用现稀释，稀释后放阴凉处，限6小时内用完。

（2）接种后，有些牛出现轻微的体温升高、减食、乏力等症状，1～2日后可自行恢复；极个别牛在注射后20～120分钟可出现流涎、颤抖、喘息、卧地等过敏反应症状，轻微者可自行恢复，较重者应及时注射肾上腺素。

（3）接种时，应作局部消毒处理。

（4）用过的疫苗瓶、器具和未用完的疫苗等应进行无害化处理。

【规格】 （1）50头份/瓶 （2）100头份/瓶

【贮藏与有效期】 2～8℃保存，有效期为12个月。

CVP3/2015/HYM/022

绵羊痘活疫苗

Mianyangdou Huoyimiao

Sheep Pox Vaccine, Live

本品系用绵羊痘病毒鸡胚化弱毒株（CVCC AV44）接种绵羊，采集含毒组织，制成乳剂或接种易感细胞，收获培养物，加适宜稳定剂，经冷冻真空干燥制成。用于预防绵羊痘。

【性状】 海绵状疏松团块，易与瓶壁脱离，加稀释液后迅速溶解。

【无菌检验】 按附录3306进行检验，应无菌生长。组织活疫苗如果有菌生长，应作杂菌计数和病原性鉴定（附录3307）。每头份非病原菌应不超过100个。

【支原体检验】 按附录3308进行检验，应无支原体生长。

【外源病毒检验】 按附录3305进行检验，应无外源病毒污染。

【鉴别检验】 将疫苗用汉氏液作100倍稀释，与等量抗绵羊痘病毒特异性血清混合，置37℃水浴中和1小时。皮内注射绵羊2只，各2点，每点0.5ml，观察15日，应不发痘；或接种绵羊睾丸单层细胞培养，观察6日，应不出现CPE。

【安全检验】 按瓶签注明头份，将疫苗用灭菌生理盐水稀释成4头份/1.0ml，胸腹部皮内注射1～4岁绵羊3只，各2点，每点0.5ml，观察21日。应至少有2只羊在注射部位出现直径为0.5～4.0cm淡红色或无色的不全经过型痘肿，持续期为10日左右，逐渐消退。发痘羊间或可有轻度体温反应，但精神、食欲应正常。如果个别羊痘肿表层出现直径小于0.5cm的薄痂而无其他异常，也判为安全。如果有1只羊出现痘肿直径大于4.0cm，或出现紫红色、严重水肿、化脓、结痂或呈全身性发痘等反应，判不安全。

【效力检验】 按瓶签注明头份，将疫苗用灭菌生理盐水稀释成0.02头份/ml，胸腹部皮内注射1～4岁绵羊3只，每只2点，每点0.5ml，观察14日，应至少有2只羊在注射部位出现直径为0.5～3.0cm微红色或无色痘肿反应，在接种4～10日且持续4日以上，逐渐消退。发痘羊间或有轻微体温反应，但精神、食欲应正常。如果出现痘肿反应的羊少于2只，应判为不合格。

【剩余水分测定】 按附录3204进行测定，应符合规定。

【真空度测定】 按附录3103进行测定，应符合规定。

【作用与用途】 用于预防绵羊痘。接种后6日产生免疫力。免疫期为12个月。

【用法与用量】 尾内侧或股内侧皮内注射。按瓶签注明头份，用生理盐水（或注射用水）稀释为每头份0.5ml，不论羊只大小，每只0.5ml。3月龄以内的哺乳羔羊，在断乳后应再接种1次。

【注意事项】 （1）可用于不同品系的绵羊，也可用于孕羊。但给怀孕羊注射时，应避免抓羊引起的机械性流产。

（2）发生绵羊痘或受绵羊痘威胁的羊群均可接种本疫苗；在绵羊痘流行的羊群中，可用本疫苗给未发痘羊紧急接种。

（3）在非疫区使用时，须对本地区不同品种的绵羊先做小区试验，证明安全后方可全面使用。

（4）疫苗开启后，限当日用完。

（5）接种时，应作局部消毒处理。

（6）用过的疫苗瓶、器具和未用完的疫苗等应进行无害化处理。

【规格】 （1）25头份/瓶 （2）50头份/瓶 （3）100头份/瓶

【贮藏与有效期】 2～8℃保存，组织苗有效期为18个月，细胞苗有效期为12个月；−15℃以下保存，有效期为24个月。

附注：

1 检验与生产用的绵羊须同一来源，同一规格。

2 发痘的几点说明

2.1 “持续期”系指痘肿自出现0.5cm时起，到渐进发展至（或超过）1.0cm左右，然后又逐渐消退回缩为0.5cm时的间隔时间。

2.2 “不全经过型”系指痘肿在发生、发展直至消退的全过程中，皮肤无明显红色，无严重水肿，以及不出现水疱、化脓、结痂等系列反应。

2.3 痘肿可允许有一过性短期水肿（即触之发软，但无表面渗出液或水疱，皮下松软正常），但不得发展到痘肿周围出现水肿或浸润。否则，应认为是严重反应，判为不安全。

CVP3/2015/HYM/023

禽多杀性巴氏杆菌病活疫苗（B26-T1200株）

Qin Duoshaxingbashiganjunbing Huoyimiao (B26-T1200 Zhu)

Avian *Pasteurella multocida* Vaccine, Live (Strain B26-T1200)

本品系用禽源多杀性巴氏杆菌B26-T1200株接种适宜培养基培养，收获培养物，加适宜稳定剂，经冷冻真空干燥制成。用于预防禽多杀性巴氏杆菌病（即禽霍乱）。

【性状】 海绵状疏松团块，易与瓶壁脱离，加稀释液后迅速溶解。

【纯粹检验】 按附录3306进行检验，应纯粹。

【鉴别检验】 将疫苗作适当稀释，接种含0.1%裂解血细胞全血及4%健康动物血清的马丁琼脂平板上，36～37℃培养16～20小时。肉眼观察，菌落表面光滑，呈灰白色；在低倍显微镜45度折光下观察，菌落结构细致，边缘整齐，橘红色，边缘呈浅蓝色虹彩。

【活菌计数】 按瓶签注明羽份，按附录3405进行检验。每羽份活菌应不少于3.0×10^7 CFU。

【安全检验】 按瓶签注明羽份，将疫苗用20%氢氧化铝胶生理盐水稀释为100羽份/ml。用2～4月龄SPF鸡4只，各皮下或肌肉注射1.0ml，观察14日，应全部健活。

【效力检验】 按瓶签注明羽份，将疫苗用20%氢氧化铝胶生理盐水稀释为1羽份/ml。用2～4月龄SPF鸡10只，8只各肌肉注射1.0ml，另2只作对照。接种14日后，每只鸡各肌肉注射1MLD的多杀性巴氏杆菌C48-1株（CVCC 44801）强毒菌液，观察14日。对照鸡应全部死亡，免疫鸡应至少保护6只。

【剩余水分测定】 按附录3204进行测定，应符合规定。

【真空度测定】 按附录3103进行测定，应符合规定。

【作用与用途】 用于预防2月龄以上鸡、1月龄以上鸭的多杀性巴氏杆菌病（即禽霍乱）。免疫期为4个月。

【用法与用量】 皮下或肌肉注射。用20%氢氧化铝胶生理盐水作适当稀释，鸡每只接种0.5ml

（含1羽份），鸭每只接种0.5ml（含3羽份）。

【注意事项】（1）接种时，应作局部消毒处理。

（2）用过的疫苗瓶、器具和未用完的疫苗等应进行无害化处理。

【规格】（1）50羽份/瓶 （2）100羽份/瓶 （3）250羽份/瓶 （4）500羽份/瓶 （5）1000羽份/瓶 （6）2000羽份/瓶

【贮藏与有效期】 2～8℃保存，有效期为12个月。

CVP3/2015/HYM/024

禽多杀性巴氏杆菌病活疫苗（G190E40株）

Qin Duoshaxingbashiganjunbing Huoyimiao (G190E40 Zhu)

Avian *Pasteurella multocida* Vaccine, Live (Strain G190E40)

本品系用禽源多杀性巴氏杆菌G190E40株接种适宜培养基培养，收获培养物，加适宜稳定剂，经冷冻真空干燥制成。用于预防禽多杀性巴氏杆菌病（即禽霍乱）。

【性状】 海绵状疏松团块，易与瓶壁脱离，加稀释液后迅速溶解。

【纯粹检验】 按附录3306进行检验，应纯粹。

【鉴别检验】 将疫苗作适当稀释，接种含0.1%裂解血细胞全血及4%健康动物血清的改良马丁琼脂平板上，37℃培养16～22小时，肉眼观察，菌落表面光滑，微蓝色。在低倍显微镜45度折光下观察，菌落结构细致，边缘整齐，呈灰蓝色，无荧光。

【活菌计数】 按瓶签注明羽份，按附录3405进行检验。每羽份活菌应不少于2.0×10^7 CFU。

【安全检验】 按瓶签注明羽份，将疫苗用20%氢氧化铝胶生理盐水稀释为100羽份/ml。用3～4月龄SPF鸡4只，各肌肉注射1.0ml，观察14日，应全部健活。

【效力检验】 按瓶签注明羽份，将疫苗用20%氢氧化铝胶生理盐水稀释为1羽份/ml。用3～6月龄SPF鸡10只，5只各肌肉注射1.0ml，另5只作对照。接种14日后，每只鸡各肌肉注射1MLD的禽多杀性巴氏杆菌C48-1株（CVCC 44801）强毒菌液，观察14日。对照鸡应全部死亡，免疫鸡应至少保护4只。

【剩余水分测定】 按附录3204进行测定，应符合规定。

【真空度测定】 按附录3103进行测定，应符合规定。

【作用与用途】 用于预防3月龄以上的鸡、鸭、鹅多杀性巴氏杆菌病（即禽霍乱）。免疫期为3.5个月。

【用法与用量】 肌肉注射。用20%氢氧化铝胶生理盐水稀释，鸡每只接种0.5ml（含1羽份），鸭每只接种0.5ml（含3羽份），鹅每只接种0.5ml（含5羽份）。

【注意事项】（1）接种时，应作局部消毒处理。

（2）用过的疫苗瓶、器具和未用完的疫苗等应进行无害化处理。

【规格】（1）100羽份/瓶 （2）250羽份/瓶 （3）500羽份/瓶 （4）1000羽份/瓶 （5）2000羽份/瓶

【贮藏与有效期】 2～8℃保存，有效期为12个月。

CVP3/2015/HYM/025

沙门氏菌马流产活疫苗（C355株）

Shamenshijun Maliuchan Huoyimiao (C355 Zhu)

***Salmonella abortus-equi* Vaccine, Live (Strain C355)**

本品系用马流产沙门氏菌C355株（CVCC 79355）接种适宜培养基培养，收获培养物，加适宜稳定剂，经冷冻真空干燥制成。用于预防沙门氏菌引起的马流产。

【性状】 疏松团块，易与瓶壁脱离，加稀释液后迅速溶解。

【纯粹检验】 按附录3306进行检验，应纯粹。

【鉴别检验】 将本品接入含1%醋酸铊的普通肉汤中，37℃培养24小时，应呈均匀混浊生长。

【活菌计数】 按瓶签注明头份，将疫苗用马丁肉汤或普通肉汤稀释，接种马丁琼脂平板，进行活菌计数（附录3405）。每头份活菌数应不少于1.0×10^{10}CFU。

【安全检验】 按瓶签注明头份，将疫苗用马丁肉汤或普通肉汤稀释，腹腔注射体重18～20g小鼠10只，每只0.2ml（含活菌1.5×10^{8}CFU），观察14日，应至少存活8只。

【效力检验】 用体重18～20g小鼠15只，10只各腹腔注射0.2ml（含活菌1.5×10^{8}CFU），另5只作对照。接种21日后，每只小鼠各腹腔注射马流产沙门氏菌C77-1株（CVCC 79001）普通肉汤24小时培养物0.2～0.3ml（4～5MLD），观察14日。对照鼠应全部死亡，免疫鼠应至少保护8只。

【剩余水分测定】 按附录3204进行测定，应符合规定。

【真空度测定】 按附录3103进行测定，应符合规定。

【作用与用途】 用于预防马流产沙门氏菌引起的马流产。

【用法与用量】 臀部肌肉注射。主要用于受胎1个月以上的怀孕马，也可用于未受孕母马和公马。临用时，按瓶签注明头份，用20%氢氧化铝胶生理盐水或生理盐水稀释为每头份1.0ml，每年接种2次，间隔约4个月，怀孕马的接种时间可安排在当年9～10月和次年1～2月各接种1次，每次每匹接种1头份。

【注意事项】 （1）应现用现稀释，稀释后放阴凉处，限4小时内用完。

（2）在保存及运输过程中，禁忌阳光照射和高热。

（3）接种时，应作局部消毒处理。

（4）用过的疫苗瓶、器具和未用完的疫苗等应进行无害化处理。

【规格】 （1）10头份/瓶 （2）20头份/瓶

【贮藏与有效期】 2～8℃保存，有效期为12个月。

CVP3/2015/HYM/026

沙门氏菌马流产活疫苗（C39株）

Shamenshijun Maliuchan Huoyimiao (C39 Zhu)

***Salmonella abortus-equi* Vaccine, Live (Strain C39)**

本品系用马流产沙门氏菌C39株接种适宜培养基培养，收获培养物加适宜稳定剂，经冷冻真空干燥制成。用于预防沙门氏菌引起的马流产。

【性状】 疏松团块，易与瓶壁脱离，加稀释液后迅速溶解。

【纯粹检验】 按附录3306进行检验，应纯粹。

【活菌计数】 按瓶签注明头份，将疫苗用普通肉汤稀释，接种普通琼脂平板，进行活菌计数（附录3405）。每头份活菌数应不少于5.0×10^{9} CFU。

【安全检验】 用体重16～18g小鼠10只，腹腔注射，观察10日，应符合以下标准：

用5只小鼠，各注射活菌2.0×10^{5} CFU，应全部存活。

用5只小鼠，各注射活菌2.0×10^{6} CFU，应至少存活3只。

【效力检验】 用体重18～20g小鼠15只，10只各腹腔注射活菌2.0×10^{6} CFU，另5只作对照。接种21日后，每只小鼠各腹腔注射马流产沙门氏菌C77-1株（CVCC 79001）强毒菌液0.2ml（含活菌10^{8} CFU），观察15日。对照鼠应至少死亡4只，免疫鼠应至少保护8只。

【剩余水分测定】 按附录3204进行测定，应符合规定。

【真空度测定】 按附录3103进行测定，应符合规定。

【作用与用途】 用于预防马流产沙门氏菌引起的马流产。成年马每年接种1次，免疫期为12个月。

【用法与用量】 颈部皮下注射。按瓶签注明头份，用生理盐水稀释，成年马2.0ml（1头份），于每年8～9月份母马配种结束后接种；幼驹于出生后1个月接种，剂量减半，断乳后，再接种1次。

【注意事项】 （1）运输时需冷藏。

（2）接种时，应作局部消毒处理。

（3）用过的疫苗瓶、器具和未用完的疫苗等应进行无害化处理。

【规格】 （1）10头份/瓶 （2）20头份/瓶

【贮藏与有效期】 2～8℃保存，有效期为6个月；–20℃以下保存，有效期为24个月。

CVP3/2015/HYM/027

山羊痘活疫苗

Shanyangdou Huoyimiao

Goat Pox Vaccine, Live

本品系用山羊痘病毒弱毒株（CVCC AV41）接种绵羊羔睾丸细胞培养，收获病毒培养物，加适宜稳定剂，经冷冻真空干燥制成。用于预防山羊痘及绵羊痘。

【性状】 海绵状疏松团块，易与瓶壁脱离，加稀释液后迅速溶解。

【无菌检验】 按附录3306进行检验，应无菌生长。

【支原体检验】 按附录3308进行检验，应无支原体生长。

【外源病毒检验】 按附录3305进行检验，应无外源病毒污染。

【鉴别检验】 将疫苗用0.5%乳欧液或0.5%乳汉液作100倍稀释，与等量抗山羊痘病毒特异性血清混合，置37℃水浴作用60分钟后，接种绵羊羔睾丸单层细胞，观察6日，应不出现CPE。

【安全检验】 按瓶签注明头份，将疫苗用灭菌生理盐水稀释成每1.0ml含4头份，胸腹部皮内注射山羊3只，每只2点，每点0.5ml，观察15日。应至少有2只羊出现直径为0.5～4.0cm微红色或无色痘肿反应，持续4日以上，逐渐消退，间或可有轻度体温反应，但精神、食欲应正常。若任何痘肿直径大于4.0cm，或出现紫红色、严重水肿、化脓、结痂，或呈全身性发痘等反应，判疫苗不合格。

【效力检验】 下列方法任择其一。

（1）用羊检验 按瓶签注明头份，将疫苗用灭菌生理盐水稀释成每1.0ml含0.02头份，胸腹部皮内注射山羊3只，每只2点，每点0.5ml，观察15日。在接种后5～7日应至少有2只山羊出现直径为0.5～3.0cm微红色或无色痘肿反应，且持续4日以上，逐渐消退，发痘羊间或可有轻度体温反应，但精神、食欲应正常。

（2）病毒含量测定 按瓶签注明头份，将疫苗用0.5%乳欧液或0.5%乳汉液稀释成每1.0ml含1头份，再作10倍系列稀释，取3个适宜的稀释度，接种96孔细胞板，每稀释度接种5孔，每孔0.1ml，接种后每孔加入每毫升50万～100万绵羊羔睾丸细胞悬液0.1ml，37℃、5%CO_2培养箱培养3～5日，每日观察CPE，第5日判定。根据出现CPE的细胞孔数计算$TCID_{50}$，每头份疫苗病毒含量应不低于$10^{3.5}$ $TCID_{50}$。

【剩余水分测定】 按附录3204进行测定，应符合规定。

【真空度测定】 按附录3103进行测定，应符合规定。

【作用与用途】 用于预防山羊痘及绵羊痘。接种后4～5日产生免疫力，免疫期为12个月。

【用法与用量】 尾根内侧或股内侧皮内注射。按瓶签注明头份，用生理盐水（或注射用水）稀释为每头份0.5ml，不论羊只大小，每只0.5ml。

【注意事项】 （1）可用于不同品系和不同年龄的山羊及绵羊。

（2）孕羊慎用，如需使用，注射时，应避免抓羊引起的机械性流产。

（3）在有羊痘流行的羊群中，可对未发痘的健康羊进行紧急接种。

（4）疫苗开启后，限当日用完。

（5）接种时，应作局部消毒处理。

（6）用过的疫苗瓶、器具和未用完的疫苗等应进行无害化处理。

【规格】 （1）25头份/瓶 （2）50头份/瓶 （3）100头份/瓶

【贮藏与有效期】 2～8℃保存，有效期为18个月；－15℃以下保存，有效期为24个月。

附注：

1 检验用山羊，应为1～4岁、符合实验动物标准并从未患过山羊痘、也未接种过羊痘疫苗的山羊。

2 安全和效力检验时，原则上3只羊只做1批疫苗的一种检验。不得在同只山羊体上做安全检验与效力检验。

CVP3/2015/HYM/028

水貂犬瘟热活疫苗

Shuidiao Quanwenre Huoyimiao

Mink Distemper Vaccine, Live

本品系用水貂犬瘟热病毒CDV_3株接种SPF鸡胚成纤维细胞（CEF）培养，收获细胞培养液制成。用于预防水貂犬瘟热。

【性状】 澄清液体。

【装量检查】 按附录3104进行检验，应符合规定。

【无菌检验】 按附录3306进行检验，应无菌生长。

【支原体检验】 按附录3308进行检验，应无支原体生长。

【外源病毒检验】 （1）用鸡胚检验　用营养液将疫苗作100倍稀释，加入等量的1∶10稀释的水貂犬瘟热病毒特异性抗血清混合，37℃作用30分钟后，经尿囊腔和绒毛尿囊膜途径分别接种9～11日龄SPF鸡胚各10枚，每胚0.1ml，置37℃培养，观察7日。胚胎应发育正常；绒毛尿囊膜应无病变；取鸡胚尿囊液与红细胞悬液进行凝集试验，应为阴性。

（2）用水貂检验　用2～10月龄健康水貂（水貂犬瘟热病毒中和抗体效价不超过1∶4；水貂阿留申病毒检测为阴性；水貂细小病毒HI抗体效价不超过1∶4）3只，各皮下注射、滴鼻接种疫苗5.0ml（其中皮下注射4.0ml、滴鼻1.0ml），间隔10日，按上述方法再加强接种1次。水貂精神、食欲、体温应正常。第2次接种21日后，采血，分离血清，用对流免疫电泳法测定血清中水貂阿留申病毒抗体、用血凝抑制试验测定水貂细小病毒抗体效价。水貂阿留申病毒抗体均应为阴性，水貂细小病毒HI抗体效价均应不超过1∶4，水貂犬瘟热病毒血清中和抗体效价均应不低于1∶46。

【鉴别检验】 用1∶100稀释的疫苗与1∶10稀释的水貂犬瘟热病毒特异性血清等量混合，37℃作用30分钟后，同步接种4瓶（孔）鸡胚成纤维细胞，同时设病毒对照，置33～34℃培养，连续观察5日，病毒对照组应全部出现CPE；试验组应不出现CPE。

【安全检验】 用2～10月龄的健康水貂（中和抗体效价不超过1∶4）5只，每只皮下接种疫苗5.0ml，观察21日。精神、食欲、体温与粪便均应正常。

【效力检验】 下列方法任择其一。

（1）病毒含量测定　用营养液将疫苗作10倍系列稀释，取10^{-2}～10^{-5}4个稀释度，各同步接种4瓶CEF，每瓶1.0ml，置33～34℃培养，连续观察5日，出现露珠状细胞病变者判为感染，计算$TCID_{50}$，每1.0ml病毒含量应不低于$10^{3.0}$ $TCID_{50}$。

（2）血清学方法　用2～10月龄健康水貂（中和抗体效价不超过1∶4）5只，各皮下注射疫苗1.0ml，同时设对照水貂3只。21日后，分别采血，分离血清，用犬瘟热病毒抗原检测血清中和抗体效价。对照水貂血清中和抗体效价均应不超过1∶4，免疫水貂血清中和抗体效价均应不低于1∶46。

【作用与用途】 用于预防水貂犬瘟热，免疫期为6个月。

【用法与用量】 皮下注射。仔貂断乳21日后、种貂配种前30～60日接种，每只1.0ml。

【注意事项】 （1）本品应防热，避光，在冷冻条件下运输。

（2）疫苗瓶破裂或解冻后混浊变黄者不得使用。

（3）注射前须将本品在室温下解冻并摇匀。

（4）疫苗解冻后，限当日内用完。

（5）用过的疫苗瓶、器具和未用完的疫苗等应进行无害化处理。

【规格】 （1）30ml/瓶　（2）90ml/瓶

【贮藏与有效期】 –20℃以下保存，有效期为6个月。

CVP3/2015/HYM/029

伪狂犬病活疫苗

Weikuangquanbing Huoyimiao

Pseudorabies Vaccine, Live

本品系用伪狂犬病病毒（Bartha-K61弱毒株）接种SPF鸡胚成纤维细胞培养，收获培养物，加适宜稳定剂，经冷冻真空干燥制成。用于预防猪、牛和绵羊伪狂犬病。

【性状】 海绵状疏松团块，易与瓶壁脱离，加稀释液后迅速溶解。

【无菌检验】 按附录3306进行检验，应无菌生长。

【支原体检验】 按附录3308进行检验，应无支原体生长。

【外源病毒检验】 按附录3305进行检验，应无外源病毒污染。

【安全检验】 按瓶签注明头份，将疫苗用PBS稀释为每5.0ml含14头份，肌肉注射6～18月龄、无伪狂犬病病毒中和抗体的绵羊2只，各5.0ml，观察14日，应无临床反应。

【效力检验】 下列方法任择其一。

（1）免疫攻毒法 按瓶签注明头份，将疫苗用PBS稀释为每1.0ml含0.2头份。用6～18月龄、无伪狂犬病病毒中和抗体的绵羊7只，4只各肌肉注射1.0ml，另3只作对照。接种14日后，每只绵羊各肌肉注射强毒1.0ml（含$10^{3.0}$ LD_{50}），观察14日。对照羊应至少2只发病死亡，免疫羊应全部保护。

（2）病毒含量测定 按瓶签注明头份，将疫苗用PBS作10倍系列稀释，取适宜稀释度，每个稀释度各接种4瓶（或孔）鸡胚成纤维细胞，各0.1ml，补充维持液0.9ml/瓶（或0.1ml/孔）。置37℃、5%CO_2培养箱培养1～5日，观察并记录CPE，计算$TCID_{50}$，每头份病毒含量应不低于$5.0\times10^{3.0}$ $TCID_{50}$。

【剩余水分测定】 按附录3204进行测定，应符合规定。

【真空度测定】 按附录3103进行测定，应符合规定。

【作用与用途】 用于预防猪、牛和绵羊伪狂犬病。接种后第6日产生免疫力，免疫期为12个月。

【用法与用量】 肌肉注射。按瓶签注明头份，用PBS稀释为每毫升含1头份。

猪 妊娠母猪及成年猪，每头2.0ml；3月龄以上仔猪及架子猪，每头1.0ml；乳猪，第1次接种0.5ml，断乳后再接种1.0ml。

牛 1岁以上牛，每头3.0ml；5～12月龄牛，每头2.0ml；2～4月龄犊牛，第1次接种1.0ml，断乳后再接种2.0ml。

绵羊 4月龄以上，每头1.0ml。

【注意事项】 （1）疫苗开启后，限当日用完。

（2）接种时，应作局部消毒处理。

（3）妊娠母猪于分娩前21～28日注射为宜，其所生仔猪的母源抗体可持续21～28日，此后的乳猪或断乳猪仍需接种；未用本疫苗接种的母猪，其所生仔猪，可在生后7日内接种，并在断乳后再接种1次。

（4）用于疫区及受到疫病威胁的地区，在疫区、疫点内，除已发病的家畜外，对无临床表现的家畜亦可进行紧急接种。

（5）用过的疫苗瓶、器具和未用完的疫苗等应进行无害化处理。

【规格】 （1）10头份/瓶 （2）20头份/瓶 （3）50头份/瓶 （4）100头份/瓶

【贮藏与有效期】 2～8℃保存，有效期为9个月；–20℃以下保存，有效期为18个月。

CVP3/2015/HYM/030

无荚膜炭疽芽孢疫苗

Wujiamo Tanju Yabaoyimiao

Anthrax Spore Vaccine, Live (Noncapsulated Strain)

本品系用炭疽杆菌无荚膜菌株（CVCC 40205）接种适宜培养基培养，形成芽孢后，收获培养物，加灭菌的甘油溶液制成甘油苗或加氢氧化铝胶制成氢氧化铝胶苗。用于预防马、牛、绵羊和猪的炭疽。

【性状】 上层为澄清液体，下层有少量沉淀，振摇后呈均匀混悬液。

【装量检查】 按附录3104进行检验，应符合规定。

【纯粹检验】 按附录3306进行检验，应纯粹。

【荚膜检查】 用体重18～22g小鼠2只，各皮下注射疫苗0.5ml，死后剖检，取脾脏或肝脏，涂片、染色、镜检，菌体应无荚膜。

【运动性检查】 取pH7.2～7.4马丁肉汤或普通肉汤1管，接种疫苗0.2ml，置 37℃培养18～24小时，作悬滴检查，菌体应无运动性。

【芽孢计数】 将疫苗用注射用水稀释，接种普通琼脂平板进行芽孢计数（附录3405）。疫苗每毫升的活芽孢数，甘油苗应为$1.5 \times 10^7 \sim 2.5 \times 10^7$ CFU，氢氧化铝胶苗应为$2.5 \times 10^7 \sim 3.5 \times 10^7$ CFU。

【安全检验】 用体重1.5～2.0kg兔4只，各皮下注射疫苗1.0ml，观察10日，应全部存活。如果有1只死亡，可重检1次，但应加绵羊1只，皮下注射疫苗10ml，如果绵羊健活，兔仍有1只死亡，亦判为合格。

【苯酚残留量测定】 按附录3201进行测定，应符合规定。

【作用与用途】 用于预防马、牛、绵羊和猪的炭疽。免疫期为12个月。

【用法与用量】 皮下注射。1岁以上牛、马，每头（匹）1.0ml；1岁以下牛、马，每头（匹）0.5ml；绵羊、猪，每只0.5ml。

【注意事项】 （1）使用前，应将疫苗恢复至室温，并充分摇匀。

（2）山羊忌用，马慎用。

（3）本品宜秋季使用，在牲畜春乏或气候骤变时，不应使用。

（4）接种时，应作局部消毒处理。

（5）用过的疫苗瓶、器具和未用完的疫苗等应进行无害化处理。

【规格】 （1）100ml/瓶 （2）250ml/瓶

【贮藏与有效期】 2～8℃保存，有效期为24个月。

CVP3/2015/HYM/031

小鹅瘟活疫苗（GD株）

Xiao' ewen Huoyimiao (GD Zhu)

Gosling Plague Vaccine, Live (Strain GD)

本品系用小鹅瘟病毒鸭胚化弱毒GD株接种鸭胚培养，收获感染鸭胚尿囊液，加适宜稳定剂，经冷冻真空干燥制成。用于预防小鹅瘟。

【性状】 海绵状疏松团块，易与瓶壁脱离，加稀释液后迅速溶解。

【无菌检验】 按附录3306进行检验，应无菌生长。

【支原体检验】 按附录3308进行检验，应无支原体生长。

【外源病毒检验】 （1）鸭胚检查法：将疫苗用生理盐水稀释至10羽份/0.1ml，与等量抗小鹅瘟病毒特异血清混合，室温作用60分钟，然后经尿囊腔接种10枚8日龄鸭胚，经尿囊膜途径接种12～14日龄鸭胚10枚，每胚接种0.2ml，同时设生理盐水对照组，经尿囊腔接种5枚8日龄鸭胚，经尿囊膜接种12～14日龄鸭胚5枚，每胚0.2ml，置37℃培养观察10日。弃去接种后24小时内死胚。疫苗中和组与生理盐水对照组胎儿应发育正常，绒毛尿囊膜应无病变，鸭胚液血凝试验应为阴性。

（2）细胞检查法：取2个已长成良好鸭胚成纤维细胞单层的（培养24小时左右）细胞培养瓶（面积不小于25cm²），接种中和后的疫苗0.2ml（2～20羽份），同时设正常鸭胚成纤维细胞对照一瓶，培养5～7日，观察细胞，应不出现CPE。观察结束时，取培养的细胞，弃去培养液，用PBS洗涤细胞面3次，加入0.1%（*V*/*V*）鸡红细胞悬液覆盖细胞面，置2～8℃ 60分钟后，用PBS轻轻洗涤细胞1～2次，在显微镜下检查红细胞吸附情况。应不出现由外源病毒所致的红细胞吸附现象。

（3）禽网状内皮增生症病毒检验 间接免疫荧光试验（IFA）见附录3304。

【鉴别检验】 将疫苗用灭菌生理盐水作适当稀释（如100 ELD_{50}/0.3ml）后，与等量抗小鹅瘟病毒特异性血清混合，置室温下作用60分钟，经尿囊腔接种8日龄鸭胚10枚，各0.3ml。同时设未中和疫苗（与等量生理盐水混合）和灭菌生理盐水对照，同法各接种鸭胚5枚，每胚接种0.3ml。观察240小时，未中与疫苗对照组鸭胚应全部死亡，中和组与生理盐水对照组鸭胚应不发生死亡。

用鸡、鸭、鹅红细胞对疫苗病毒液进行凝集试验，应为阴性。

【安全检验】 （1）按瓶签注明羽份，将疫苗用灭菌生理盐水稀释成每1.0ml含10羽份，肌肉注射4～12月龄的母鹅4只，各1.0ml，观察14日，应不出现因疫苗引起的局部或全身不良反应。

（2）按瓶签注明羽份，将疫苗用灭菌生理盐水稀释成每1.0ml含10羽份，肌肉注射3～6日龄雏鹅10只，各0.5ml，观察10日，应全部健活。

【效力检验】 下列方法任择其一。

（1）用鸭胚检验 按瓶签注明羽份，将疫苗进行适当稀释后，继续进行10倍系列稀释，取3个适宜稀释度，分别经尿囊腔内接种8日龄鸭胚5枚，每胚0.3ml，观察10日，记录72～240小时内的死亡鸭胚，计算ELD_{50}。每羽份疫苗的病毒含量应不少于$10^{3.0}$ ELD_{50}。

（2）用鹅检验 用4～12月龄鹅4只，分别采血10ml，分离血清，混合，备用。然后，各肌肉注射1羽份疫苗，21～28日后，采血，分离血清，混合。将接种前、后的血清分别与小鹅瘟病毒GD株在鸭胚上进行中和试验。两次ELD_{50}值的对数值之差应不低于2.0。

【剩余水分测定】 按附录3204进行测定，应符合规定。

【真空度测定】 按附录3103进行测定，应符合规定。

【作用与用途】 用于预防小鹅瘟。供产蛋前的母鹅注射，接种后21～270日内所产种蛋孵出的小鹅具有抵抗小鹅瘟的免疫力。

【用法与用量】 肌肉注射。按瓶签注明羽份，用生理盐水稀释，在母鹅产蛋前20～30日接种，每只1.0ml（含1羽份）。

【注意事项】 （1）本品禁止用于雏鹅。

（2）疫苗稀释后，应放冷暗处保存，限4小时内用完。

（3）接种时，应作局部消毒处理。

（4）用过的疫苗瓶、器具和未用完的疫苗等应进行无害化处理。

【规格】 （1）50羽份/瓶 （2）100羽份/瓶 （3）200羽份/瓶

【贮藏与有效期】 —15℃以下保存，有效期为12个月。

CVP3/2015/HYM/032

鸭瘟活疫苗

Yawen Huoyimiao

Duck Plague Vaccine, Live

本品系用鸭瘟病毒鸡胚化弱毒株（CVCC AV1222）接种SPF鸡胚或鸡胚成纤维细胞，收获感染的鸡胚液、胎儿及绒毛尿囊膜混合研磨或收获病毒细胞培养物，加适宜稳定剂，经冷冻真空干燥制成。用于预防鸭瘟。

【性状】 海绵状疏松团块，易与瓶壁脱离，加稀释液后迅速溶解。

【无菌检验】 按附录3306进行检验，应无菌生长。组织苗如果有菌生长，应进行杂菌计数和病原性鉴定（附录3307）以及禽沙门氏菌检验（附录3303），应符合规定，每羽份非病原菌应不超过1个。

【支原体检验】 按附录3308进行检验，应无支原体生长。

【外源病毒检验】 将疫苗用灭菌生理盐水稀释至每0.5～1.0ml 含1000 ELD_{50}，肌肉注射9～12周龄 SPF鸡20只，14日后，点眼、滴鼻接种10羽份，肌肉注射100羽份疫苗，第二次免疫后21日，再按第二次接种相同方法和剂量再重复接种1次。在56日内，不应有疫苗引起的局部或全身症状和呼吸道症状或死亡。观察期结束时，按附录3305进行血清抗体检测，除本疫苗所产生的特异性抗体外，不应有其他病原的抗体存在。

【鉴别检验】 将疫苗用灭菌生理盐水稀释至100 ELD_{50}/0.1ml，与等量抗鸭瘟病毒特异性血清混合，置室温作用60分钟后，经绒毛尿囊膜接种9～10日龄SPF鸡胚10枚，每胚0.2ml。同时设病毒对照鸡胚5枚，每胚接种未中和的疫苗病毒液0.1ml（含100 ELD_{50}），置37℃孵育168小时。病毒对照组的鸡胚应全部死亡，中和组的鸡胚应不发生死亡。

【安全检验】 用2～12月龄易感鸭5只，各肌肉注射疫苗1.0ml（含10羽份），观察14日，应不出现因疫苗引起的任何局部或全身不良反应。如果有轻微反应，应在14日内恢复。

【效力检验】 下列方法任择其一。

（1）用鸡胚检验 按瓶签注明羽份，将疫苗用生理盐水稀释成每0.2ml含1羽份，再继续作10

倍系列稀释，取3个适宜稀释度，各绒毛尿囊膜接种9～10日龄SPF鸡胚5枚，每胚0.2ml，置37℃培养168小时，24小时以内死亡的鸡胚弃去不计，根据24～168小时的死胚计算ELD_{50}。每羽份应不低于$10^{3.0}$ ELD_{50}。

（2）用鸭检验　用2～12月龄易感鸭7只，其中4只各肌肉注射疫苗1.0ml（含1/50羽份），另3只作对照。接种14日后，每只鸭各肌肉注射鸭瘟病毒强毒（CVCC AV1221）1.0ml（含$10^{3.0}$MLD），观察14日。对照鸭应全部发病，且至少死亡2只，免疫鸭应全部健活，如果有反应，应在2～3日内恢复。

【剩余水分测定】 按附录3204进行测定，应符合规定。

【真空度测定】 按附录3103进行测定，应符合规定。

【作用与用途】 用于预防鸭瘟。接种后3～4日产生免疫力，2月龄以上鸭的免疫期为9个月。对初生鸭也可接种，免疫期为1个月。

【用法与用量】 肌肉注射。按瓶签注明羽份，用生理盐水稀释，成鸭1.0ml，雏鸭腿肌注射0.25ml，均含1羽份。

【注意事项】 （1）稀释后应放阴凉处，限4小时内用完。

（2）接种时，应作局部消毒处理。

（3）用过的疫苗瓶、器具和未用完的疫苗等应进行无害化处理。

【规格】 （1）100羽份/瓶　（2）250羽份/瓶　（3）500羽份/瓶　（4）1000羽份/瓶　（5）2000羽份/瓶

【贮藏与有效期】 －15℃以下保存，有效期为24个月。

CVP3/2015/HYM/033

羊败血性链球菌病活疫苗

Yang Baixuexinglianqiujunbing Huoyimiao

Ovine/Caprine Streptococcosis Septicemia Vaccine, Live

本品系用马链球菌兽疫亚种羊源F60株（CVCC 553）接种适宜培养基培养，收获培养物，加适宜稳定剂，经冷冻真空干燥制成。用于预防羊败血性链球菌病。

【性状】 海绵状疏松团块，易与瓶壁脱离，加稀释液后迅速溶解。

【纯粹检验】 用血液琼脂斜面培养基，按附录3306进行检验，应纯粹。

【活菌计数】 按瓶签注明头份进行活菌计数。注射用苗，每头份活菌应不少于2.0×10^{6} CFU；气雾用苗，每头份活菌应不少于3.0×10^{7} CFU。

【安全检验】 按瓶签注明头份，将疫苗用缓冲肉汤稀释。下列方法任择其一。

（1）用兔检验　皮下注射体重1.5～2.0kg的兔2只，每只20头份。观察21日，应全部健活。

（2）用绵羊检验　皮下注射6月龄左右的绵羊2只，每只200头份。观察21日，应全部健活。

【效力检验】 将疫苗用灭菌生理盐水稀释成每1.0ml含活菌5.0×10^{5} CFU。用1～2岁绵羊7只，其中4只各尾根皮下注射疫苗1.0ml，另3只不注射疫苗留作对照。接种21日后，每只绵羊各静脉注射1MLD的羊链球菌强毒菌液，观察21日。对照羊全部死亡时，免疫羊应至少保护3只；对照羊死亡2只时，免疫羊应全部保护。

【剩余水分测定】 按附录3204进行测定，应符合规定。

【真空度测定】 按附录3103进行测定，应符合规定。

【作用与用途】 用于预防绵羊和山羊败血性链球菌病。免疫期为12个月。

【用法与用量】 尾根皮下（不得在其他部位）注射。按瓶签注明头份，用生理盐水稀释，6月龄以上羊，每只1.0ml（1头份）。

【注意事项】 （1）须采取冷藏运输。

（2）稀释后，限6小时内用完。

（3）瘦弱羊和病羊不能使用。

（4）接种时，应作局部消毒处理。注射后如有严重反应，可用抗生素治疗。

（5）不宜肌肉注射。

（6）用过的疫苗瓶、器具和未用完的疫苗等应进行无害化处理。

【规格】 （1）200头份/瓶 （2）250头份/瓶 （3）300头份/瓶

【贮藏与有效期】 2～8℃保存，有效期为24个月。

CVP3/2015/HYM/034

猪败血性链球菌病活疫苗（ST171株）

Zhu Baixuexinglianqiujunbing Huoyimiao (ST171 Zhu)

Swine Streptococcosis Septicemia Vaccine, Live (Strain ST171)

本品系用猪源兽疫链球菌ST171株，接种适宜培养基培养，收获培养物，加入适宜稳定剂，经冷冻真空干燥制成。用于预防由兰氏C群兽疫链球菌引起的猪败血性链球菌病。

【性状】 海绵状疏松团块，易与瓶壁脱离，加稀释液后迅速溶解。

【纯粹检验】 将疫苗用缓冲肉汤或马丁肉汤稀释，在血琼脂平板上划线，并接种马丁肉汤中，培养24小时后，血琼脂平板上菌落应为黏稠、胶状，周围有β溶血环，应无杂菌生长。马丁肉汤中培养的菌液应均匀混浊，不形成菌膜，涂片镜检为革兰氏阳性球菌，呈单个、成对或短链排列。

【活菌计数】 按瓶签注明头份，用缓冲肉汤或马丁肉汤稀释，用含10%鲜血（或血清）马丁琼脂平板，按附录3405进行活菌计数。注射用疫苗，每头份含活菌应不低于5.0×10^7 CFU；口服用疫苗，每头份含活菌应不低于2.0×10^8 CFU。

【安全检验】 （1）用小鼠检验 用体重18～22g小鼠5只，各皮下注射0.2ml，含1/50个使用剂量，观察14日，应全部健活。

（2）用猪检验 用2～4月龄健康易感猪2头，各皮下注射100个使用剂量，观察14～21日，除体温可升高超过基础体温1℃（但应不超过3日）和减食1～2日外，应无其他临床症状。

【效力检验】 按瓶签注明头份，用20%氢氧化铝胶生理盐水稀释疫苗，皮下注射2～4月龄健康易感猪4头，每头1/2个使用剂量，14日后，连同条件相同的对照猪4头，各静脉注射致死量的猪源兽疫链球菌强毒菌液，观察14～21日。对照猪全部死亡，免疫猪应至少保护3头；或对照猪死亡3头，免疫猪应全部保护。

【剩余水分测定】 按附录3204进行测定，应符合规定。

【真空度测定】 按附录3103进行测定，应符合规定。

【作用与用途】 用于预防由兰氏C群兽疫链球菌引起的猪败血性链球菌病。免疫期为6个月。

【用法与用量】 皮下注射或口服。按瓶签注明头份，加入20%氢氧化铝胶生理盐水或生理盐水作适当稀释，每头皮下注射1头份或口服4头份。

【注意事项】 （1）须冷藏运输。

（2）疫苗稀释后，限4小时内用完。

（3）注射时，应作局部消毒处理。

（4）口服时拌入凉饲料中饲喂，口服前应停食、停水3～4小时。

（5）接种前后，不宜服用抗生素。

（6）用过的疫苗瓶、器具和未用完的疫苗等应进行无害化处理。

【规格】 （1）10头份/瓶 （2）20头份/瓶 （3）50头份/瓶 （4）100头份/瓶

【贮藏与有效期】 −15℃以下保存，有效期为18个月；2～8℃保存，有效期为12个月。

CVP3/2015/HYM/035

猪丹毒活疫苗

Zhudandu Huoyimiao

Swine Erysipelas Vaccine, Live

本品系用猪丹毒杆菌弱毒GC42或G4T10株（CVCC 1318或CVCC 1319）接种适宜培养基培养，收获培养物，加适宜稳定剂，经冷冻真空干燥制成。用于预防猪丹毒。

【性状】 海绵状疏松团块，易与瓶壁脱离，加稀释液后迅速溶解。

【纯粹检验】 用马丁琼脂培养基，按附录3306进行检验，应纯粹。

【鉴别检验】 用明胶培养基穿刺培养，置15～18℃，观察3～5日。G4T10株应有细而短的分支，GC42株应呈线状生长。

【活菌计数】 按瓶签注明头份，将疫苗用马丁肉汤稀释后，用含10%健康动物血清的马丁琼脂或其他适宜的琼脂培养基平板培养，按附录3405进行活菌计数。每头份疫苗中含G4T10活菌应不低于5.0×10^8 CFU，GC42活菌应不低于7.0×10^8 CFU。

【安全检验】 下列方法任择其一。

（1）用小鼠检验 按瓶签注明头份，将疫苗用20%氢氧化铝胶生理盐水稀释，皮下注射体重20～22g小鼠10只，各2头份，观察14日。注射GC42疫苗的小鼠应全部健活；注射G4T10疫苗的小鼠应至少8只健活。否则，可用小鼠按上述方法重检1次，如果仍不符合规定，可用猪检验1次。

（2）用猪检验 按瓶签注明头份，将疫苗用20%氢氧化铝胶生理盐水稀释，皮下注射1～3月龄、体重20kg以上的断奶猪5头，每头30头份。注射后每日上、下午观察并测体温，共观察10日。应不出现猪丹毒症状，允许个别猪有体温反应，但稽留时间应不超过1日，精神、食欲均应正常。

【效力检验】 下列方法任择其一。

（1）用小鼠检验 按瓶签注明头份，将疫苗用20%氢氧化铝胶生理盐水稀释成0.1头份/ml，皮下注射体重16～18g小鼠10只，各0.2ml（含1/50头份），另取6只同条件小鼠，不接种作为对照。接种14日后，免疫组小鼠和3只对照组小鼠各皮下注射1000MLD的猪丹毒杆菌1型和2型（各1株）强毒菌的混合菌液，另3只对照小鼠各皮下注射1MLD的上述混合菌液，观察10日。注射1000MLD的对照小鼠应全部死亡，注射1MLD的对照小鼠应至少死亡2只，免疫小鼠应至少保护8只。

（2）用猪检验　按瓶签注明头份，将疫苗用20%氢氧化铝胶生理盐水稀释成每1.0ml含1/50头份。用断奶1个月后、体重20kg以上的猪10头，5头各皮下注射疫苗1.0ml，另5头不注射疫苗留作对照。接种14日后，免疫猪和对照猪各静脉注射1MLD的猪丹毒杆菌1型和2型（各1株）强毒混合菌液。观察14日，当对照猪全部死亡时，免疫猪应至少保护4头；当对照猪至少发病4头，且至少死亡2头时，免疫猪应全部健活。

【剩余水分测定】 按附录3204进行测定，应符合规定。

【真空度测定】 按附录3103进行测定，应符合规定。

【作用与用途】 用于预防猪丹毒。供断奶后的猪使用，免疫期为6个月。

【用法与用量】 皮下注射。按瓶签注明头份，用20%氢氧化铝胶生理盐水稀释成1头份/ml，每头1.0ml。GC42株疫苗可用于口服，口服时，剂量加倍。

【注意事项】 （1）疫苗稀释后应保存在冷暗处，限4小时内用完。

（2）注射时，应作局部消毒处理。

（3）口服时，在接种前应停食4小时，用冷水稀释疫苗，拌入少量新鲜凉饲料中，让猪自由采食。

（4）用过的疫苗瓶、器具和未用完的疫苗等应进行无害化处理。

【规格】 （1）10头份/瓶　（2）20头份/瓶　（3）50头份/瓶　（4）100头份/瓶

【贮藏与有效期】 2～8℃保存，有效期为9个月；－15℃以下保存，有效期为12个月。

CVP3/2015/HYM/036

猪多杀性巴氏杆菌病活疫苗（679-230株）

Zhu Duoshaxingbashiganjunbing Huoyimiao (679-230 Zhu)

Swine *Pasteurella multocida* Vaccine, Live (Strain 679-230)

本品系用荚膜B群多杀性巴氏杆菌679-230株（CVCC 428）接种适宜培养基培养，收获培养物，加适宜稳定剂，经冷冻真空干燥制成。用于预防猪多杀性巴氏杆菌病（即猪肺疫）。

【性状】 海绵状疏松团块，易与瓶壁脱离，加稀释液后迅速溶解。

【纯粹检验】 用马丁琼脂培养基，按附录3306进行检验，应纯粹。

【活菌计数】 按瓶签注明头份，将疫苗用马丁肉汤稀释，用含0.1%裂解血细胞全血及4%健康动物血清的马丁琼脂平板进行活菌计数（附录3405），每头份含活菌应不少于3.0×10^{8} CFU。

【安全检验】 下列方法任择其二。

（1）用小鼠检验　用体重18～22g小鼠5只，各皮下注射用生理盐水稀释的疫苗0.2ml（含1/30头份）。观察10日，应全部健活。

（2）用豚鼠检验　用体重300～400g豚鼠2只，各皮下或肌肉注射用生理盐水稀释的疫苗2.0ml（含15 头份）。观察10日，应全部健活。

（3）用猪检验　用体重15～30kg猪2头，各口服用纯化水稀释的疫苗10ml（含100头份）。观察10日，应全部健活。

【效力检验】 按瓶签注明头份进行稀释。用小鼠检验时，用20%氢氧化铝胶生理盐水稀释；用猪检验时，用纯化水稀释。下列方法任择其一。

（1）用小鼠检验　用体重16～18g小鼠10只，各皮下注射疫苗0.2ml（含1/150头份）。注射后14日，连同对照鼠3只，各皮下注射多杀性巴氏杆菌C44-1株（CVCC 44401）强毒菌液30～40MLD，另用对照鼠3只，各皮下注射多杀性巴氏杆菌C44-1株（CVCC 44401）强毒菌液1MLD，观察10日。注射30～40MLD的对照小鼠应全部死亡，注射1MLD的对照小鼠应至少死亡2只，免疫小鼠应至少保护8只。

（2）用猪检验　用体重15～30kg猪7头，4头各口服疫苗5.0ml（含1/2头份），另3头作对照。接种14日后，7头猪各皮下注射1～2MLD多杀性巴氏杆菌C44-1株（CVCC 44401）强毒菌液，观察10日。对照猪全部死亡时，免疫猪应至少保护3头；对照猪死亡2头时，免疫猪应全部保护。

【剩余水分测定】　按附录3204进行测定，应符合规定。

【真空度测定】　按附录3103进行测定，应符合规定。

【作用与用途】　用于预防猪多杀性巴氏杆菌病（即猪肺疫）。免疫期为10个月。

【用法与用量】　口服。按瓶签注明头份，用冷开水稀释疫苗，按每头1头份，混于少量的饲料内服用。

【注意事项】　（1）疫苗稀释后，限4小时内用完。

（2）用过的疫苗瓶、器具和未用完的疫苗等应进行无害化处理。

【规格】　（1）10头份/瓶　（2）20头份/瓶　（3）50头份/瓶　（4）100头份/瓶

【贮藏与有效期】　2～8℃保存，有效期为12个月。

CVP3/2015/HYM/037

猪多杀性巴氏杆菌病活疫苗（C20株）

Zhu Duoshaxingbashiganjunbing Huoyimiao (C20 Zhu)

Swine *Pasteurella multocida* Vaccine, Live (Strain C20)

本品系用荚膜B群多杀性巴氏杆菌C20株接种适宜培养基培养，收获培养物，加适宜稳定剂，经冷冻真空干燥制成。用于预防猪多杀性巴氏杆菌病（即猪肺疫）。

【性状】　海绵状疏松团块，易与瓶壁脱离，加稀释液后迅速溶解。

【纯粹检验】　用马丁琼脂培养基，按附录3306进行检验，应纯粹。

【活菌计数】　按瓶签注明头份，将疫苗用马丁肉汤稀释，用含0.1%裂解血细胞全血及4%健康动物血清的马丁琼脂平板进行活菌计数（附录3405），每头份含活菌应不少于5.0×10^{8} CFU。

【安全检验】　用体重2.0～2.5kg兔2只，各皮下注射用生理盐水稀释的疫苗1.0ml（含1/200头份）；或用体重15～30kg猪2头，各口服用纯化水稀释的疫苗10ml（含100头份）。观察10日，应全部健活。

【效力检验】　按瓶签注明头份进行稀释。用小鼠检验时，用20%氢氧化铝胶生理盐水稀释；用猪检验时，用纯化水稀释。下列方法任择其一。

（1）用小鼠检验　用体重16～18g小鼠13只，10只各皮下注射疫苗0.2ml（含1/250头份），另3只作对照。注射14日后，每只小鼠各皮下注射多杀性巴氏杆菌C44-1株（CVCC 44401）强毒菌液0.2ml（含活菌60～80 CFU），观察10日。对照小鼠应全部死亡，免疫小鼠应至少保护8只。

（2）用猪检验　用体重15～30kg猪7头，4头各口服疫苗5.0ml（含1/5头份），另3头作对照。接种14日后，7头猪各皮下注射多杀性巴氏杆菌C44-1株（CVCC 44401株）强毒菌液1～2MLD，观察10日。对照猪全部死亡时，免疫猪应至少保护3头；对照猪死亡2头时，免疫猪应全部保护。

【剩余水分测定】 按附录3204进行测定，应符合规定。

【真空度测定】 按附录3103进行测定，应符合规定。

【作用与用途】 用于预防猪多杀性巴氏杆菌病（即猪肺疫）。免疫期为6个月。

【用法与用量】 口服。按瓶签注明头份，用冷开水稀释，按每头1头份，混于少量的饲料内服用。

【注意事项】 （1）疫苗稀释后，限4小时内用完。

（2）用过的疫苗瓶、器具和未用完的疫苗等应进行无害化处理。

【规格】 （1）10头份/瓶 （2）20头份/瓶 （3）50头份/瓶 （4）100头份/瓶

【贮藏与有效期】 2～8℃保存，有效期为12个月。

CVP3/2015/HYM/038

猪多杀性巴氏杆菌病活疫苗（EO630株）

Zhu Duoshaxingbashiganjunbing Huoyimiao (EO630 Zhu)

Swine *Pasteurella multocida* Vaccine, Live (Strain EO630)

本品系用荚膜B群多杀性巴氏杆菌EO630株（CVCC 1765）接种适宜培养基培养，收获培养物，加适宜稳定剂，经冷冻真空干燥制成。用于预防猪多杀性巴氏杆菌病（即猪肺疫）。

【性状】 海绵状疏松团块，易与瓶壁脱离，加稀释液后迅速溶解。

【纯粹检验】 用马丁琼脂培养基，按附录3306进行检验，应纯粹。

【活菌计数】 按瓶签注明头份，将疫苗用马丁汤稀释，用含0.1%裂解血细胞全血及4%健康动物血清的马丁琼脂平板进行活菌计数（附录3405），每头份含活菌应不少于3.0×10^8 CFU。

【安全检验】 用体重1.5～2.0kg兔2只，各皮下注射用20%氢氧化铝胶生理盐水稀释的疫苗1.0ml（含10头份），观察10日，应全部健活。

【效力检验】 按瓶签注明头份，将疫苗用20%氢氧化铝胶生理盐水稀释后进行检验，下列方法任择其一。

（1）用小鼠检验 用体重16～18g小鼠10只，各皮下注射疫苗0.2ml（含1/30头份）。接种14日后，连同对照小鼠3只，各皮下注射多杀性巴氏杆菌C44-8株（CVCC 44408）强毒菌液2MLD，另用对照小鼠3只，各皮下注射1MLD，观察10日。攻击2MLD的对照小鼠应全部死亡，攻击1MLD的对照小鼠应至少死亡2只，免疫小鼠应至少保护8只。

（2）用兔检验 用体重1.5～2.0kg兔6只，4只各皮下注射疫苗1.0ml（含1/3头份），另2只作对照。接种14日后，每只兔各皮下注射多杀性巴氏杆菌C44-8株（CVCC 44408）强毒菌液80～100 CFU活菌，观察10日。对照兔应全部死亡，免疫兔应至少保护2只。

（3）用猪检验 用断奶1个月后、体重约20kg猪8头，5头各皮下注射疫苗1.0ml（含1头份），另3头作对照。接种14日后，每头猪各皮下注射多杀性巴氏杆菌C44-1株（CVCC 44401）强毒菌液1MLD，观察10日。对照猪全部死亡时，免疫猪应至少保护4头；对照猪死亡2头时，免疫猪应全部保护。

【剩余水分测定】 按附录3204进行测定，应符合规定。

【真空度测定】 按附录3103进行测定，应符合规定。

【作用与用途】 用于预防猪多杀性巴氏杆菌病（即猪肺疫）。免疫期为6个月。

【用法与用量】 皮下或肌肉注射。按瓶签注明头份，用20%氢氧化铝胶生理盐水稀释为每头份1.0ml，每头注射1.0ml。

【注意事项】 （1）稀释后，限4小时内用完。

（2）接种时，应作局部消毒处理。

（3）用过的疫苗瓶、器具和未用完的疫苗等应进行无害化处理。

【规格】 （1）10头份/瓶 （2）20头份/瓶 （3）50头份/瓶 （4）100头份/瓶

【贮藏与有效期】 2～8℃保存，有效期为6个月；－15℃以下保存，有效期为12个月。

CVP3/2015/HYM/039

猪瘟活疫苗（兔源）

Zhuwen Huoyimiao (Tu Yuan)

Classical Swine Fever Vaccine, Live (Rabbit Origin)

本品系用猪瘟病毒兔化弱毒株（CVCC AV1412）接种兔或乳兔，收获感染兔的脾脏及淋巴结或乳兔的肌肉及实质脏器，制成乳剂，加适宜稳定剂，经冷冻真空干燥制成。用于预防猪瘟。

【性状】 海绵状疏松团块，易与瓶壁脱离，加稀释液后迅速溶解。

【无菌检验】 按附录3306进行检验，应无菌生长。如果有菌生长，应进行杂菌计数和病原性鉴定（附录3307）。每头份非病原菌应不超过75个。

【支原体检验】 按附录3308进行检验，应无支原体生长。

【外源病毒检验】 （1）用兔检验 将疫苗用灭菌生理盐水稀释为10头份/ml，8000g离心10分钟，取上清液耳静脉注射接种1.5～2.0kg兔4只，每只1.0ml（含 10头份），观察14日，应健活。

（2）其他检验 按附录3305进行检验，应无外源病毒污染。

【鉴别检验】 将疫苗用灭菌生理盐水稀释成每毫升含有100个兔MID的病毒悬液，与等量抗猪瘟病毒特异性血清充分混合，置10～15℃作用60分钟，其间振摇2～3次。同时设病毒对照和生理盐水对照。中和结束后，分别耳静脉注射兔2只，每只1.0ml，按效力检验项（1）进行观察和判定。除病毒对照组应出现热反应外，其余2组在接种后120小时内应不出现热反应。

【安全检验】 （1）用小动物检验 按瓶签注明头份，将疫苗用灭菌生理盐水稀释成5头份/ml，皮下注射体重18～22g小鼠5只，各0.2ml，肌肉注射体重350～400g豚鼠2只，各1.0ml，观察10日。应全部健活。

（2）用猪检验 选用无猪瘟病毒中和抗体（检测方法见附注）的断奶猪，接种前观察5～7日，每日上、下午各测体温一次。挑选体温、精神、食欲正常的使用。每批疫苗按瓶签注明头份用灭菌生理盐水稀释成6头份/ml，肌肉注射猪4头，每头5.0ml（含30头份）。接种后，每日上、下午各观察并测体温1次，观察21日。体温、精神、食欲与接种前相比没有明显变化；或体温升高超过0.5℃，但不超过1℃，稽留不超过4个温次；或减食不超过1日。如果有1头猪体温升高1℃以上，但不超过1.5℃，稽留不超过2个温次，疫苗也可判为合格。如果有1头猪的反应超过上述标准；或出现可疑的其他体温反应和其他异常现象时，可用4头猪重检1次。重检的猪仍出现同样反应，疫苗应判为不合格。也可在猪高温期采血复归猪2头，每头肌肉注射可疑猪原血5.0ml，测温观察16日。如果均无反应，疫苗可判合格。如果第1次检验结果已经确证疫苗不安全，则不应进行重检。

【效力检验】 下列方法任择其一。

（1）用兔检验　按瓶签注明头份，将疫苗用灭菌生理盐水稀释成1/150头份/ml，耳静脉注射体重1.5～3.0kg兔2只，每只1.0ml。接种后，上、下午各测体温1次，48小时后，每隔6小时测体温1次，根据体温反应和攻毒结果进行综合判定。

接种疫苗后，兔的体温反应标准如下：

定型热反应（＋＋）　潜伏期48～96小时，体温上升呈明显曲线，至少有3个温次升高1℃以上，并稽留18～36小时。如稽留42小时以上，则必须攻毒（接种新鲜脾淋毒或冻干毒），攻毒后如果无反应，可判为定型热。

轻热反应（＋）　潜伏期48～96小时，体温上升呈明显曲线，至少有2个温次升高0.5℃以上，并稽留12～36小时。

可疑反应（±）　潜伏期48～96小时，体温曲线起伏不定，稽留不到12小时；或潜伏期在24小时以上，不足48小时及超过96小时至120小时出现热反应。

体温反应呈二次高峰，有一次高峰符合定型热反应（＋＋）或轻热反应（＋）标准者，均须攻毒。攻毒后无反应时，该兔的热反应可判为定型热或轻热反应。

无反应（—）　体温正常。

结果判定　接种疫苗后，当2只兔均呈定型热反应（＋＋），或1只兔呈定型热反应（＋＋）、另1只兔呈轻热反应（＋）时，疫苗判为合格。

接种疫苗后，当1只兔呈定型热反应（＋＋）或轻热反应（＋），另1只兔呈可疑反应（±）；或2只兔均呈轻热反应（＋）时，可在接种后7～10日攻毒。

攻毒时，加对照兔2只，攻毒剂量为50～100倍乳剂。每只兔耳静脉注射1.0ml。

攻毒后的体温反应标准如下：

热反应（＋）　潜伏期24～72小时，体温上升呈明显曲线，升高1℃以上，稽留12～36小时。

可疑反应（±）　潜伏期不到24小时或72小时以上，体温曲线起伏不定，稽留不到12小时或超过36小时而不下降。

无反应（—）　体温正常。

攻毒后，当2只对照兔均呈定型热反应（＋＋），或1只兔呈定型热反应（＋＋），另1只兔呈轻热反应（＋），而2只接种疫苗兔均无反应（—），疫苗判合格。

接种疫苗后，如果有1只兔呈定型热（＋＋）或轻热反应（＋），另1只兔呈可疑反应（±）或无热反应（—），可对可疑反应兔或无反应兔采用扑杀剖检或采心血分离病毒的方法，判明是否隐性感染；或接种疫苗后，2只兔均呈轻热反应，亦可对其中1只兔分离病毒。方法是：接种疫苗后96～120小时，将兔扑杀，采取脾脏，用生理盐水制成50倍稀释的乳剂（脾脏乳剂应无菌），或采取心血（全血），耳静脉注射2只兔，每只1.0ml。凡有1只兔潜伏期24～72小时出现定型热反应（＋＋），疫苗可判为合格。

接种疫苗后，由于出现其他反应情况而无法判定时，可重检。用兔作效力检验，应不超过3次。

（2）用猪检验　将疫苗用生理盐水稀释成每1/150头份/ml，肌肉注射无猪瘟病毒中和抗体的猪4头，每头1.0ml，接种后10～14日，连同对照猪3头，各注射猪瘟病毒石门系血毒1.0ml（不低于$10^{5.0}$MLD），观察16日。对照猪应全部发病，且至少死亡2头，免疫猪应全部健活或稍有体温反应，但无猪瘟临床症状。

【剩余水分测定】 按附录3204进行测定，应符合规定。

【真空度测定】 按附录3103进行测定，应符合规定。

【作用与用途】 用于预防猪瘟。接种后4日产生免疫力。断奶后无母源抗体仔猪的免疫期，脾淋苗为18个月，乳兔苗为12个月。

【用法与用量】 肌肉或皮下注射。按瓶签注明头份，用生理盐水稀释成1头份/ml，每头1.0ml。

在没有猪瘟流行的地区，断奶后无母源抗体的仔猪，接种1次即可。有疫情威胁时，仔猪可在21～30日龄和65日龄左右时各接种1次。

断奶前仔猪可接种4头份疫苗，以防母源抗体干扰而导致免疫效果降低。

【注意事项】 （1）应在8℃以下的冷藏条件下运输。

（2）使用单位收到冷藏包装的疫苗后，如保存环境超过8℃而在25℃以下时，从接到疫苗时算起，限10日内用完。

（3）接种时，应作局部消毒处理。

（4）接种后应注意观察，如出现过敏反应，应及时注射肾上腺素治疗。

（5）稀释后，如气温在15℃以下，6小时内用完，如气温在15～27℃，则应在3小时内用完。

（6）用过的疫苗瓶、器具和未用完的疫苗等应进行无害化处理。

【规格】 （1）5头份/瓶 （2）10头份/瓶 （3）20头份/瓶 （4）50头份/瓶 （5）100头份/瓶

【贮藏与有效期】 －15℃以下保存，有效期为12个月。

附注：猪瘟病毒中和试验方法

1 先测定猪瘟病毒兔化弱毒（抗原）对兔的最小感染量（MID）。试验时，将抗原用灭菌生理盐水稀释成100个兔MID/ml，作为工作抗原（如果抗原对兔的MID为$10^{-5.0}$/ml，则将抗原稀释成1000倍使用）。

2 将被检猪血清分别用灭菌生理盐水作2倍稀释，与含有100个兔MID/ml的工作抗原等量混合，摇匀后，置10～15℃中和2小时，其间振摇2～3次。同时设含有相同工作抗原量加等量生理盐水（不加血清）的对照组，与被检组在同样条件下处理。

3 中和完毕，被检组各注射兔1～2只，对照组注射兔2只，每只兔耳静脉注射1.0ml，观察体温反应，并判定结果。

4 结果判定 体温反应标准同效力检验项。当对照组2只兔均呈定型热反应（＋＋），或1只兔呈定型热反应（＋＋）、另1只兔呈轻热反应（＋）时，方能判定结果。被检组如果用1只兔，须呈定型热反应；如果用2只兔，每只兔应呈定型热或轻热反应，被检血清判为阴性。

5 注意 如被检组用2只兔，其中1只兔无反应或呈可疑反应时，可采血复归或对2只兔进行攻毒。如被检血清出现阳性反应或复归兔仍为可疑反应时，则该头被检猪不得用于猪瘟疫苗的安全（或效力）检验。被检组用1只兔时，不得复归或攻毒。用中和试验方法选择易感猪，无论是否同窝猪，均须逐头检测。

CVP3/2015/HYM/040

猪瘟活疫苗（细胞源）

Zhuwen Huoyimiao (Xibao Yuan)

Classical Swine Fever Vaccine, Live (Tissue Culture Origin)

本品系用猪瘟兔化弱毒株（CVCC AV1412）接种易感细胞培养，收获培养物，加适宜稳定剂，经冷冻真空干燥制成。用于预防猪瘟。

【性状】 海绵状疏松团块，易与瓶壁脱离，加稀释液后迅速溶解。

【无菌检验】 按附录3306进行检验，应无菌生长。

【支原体检验】 按附录3308进行检验，应无支原体生长。

【外源病毒检验】 按附录3305进行检验，应无外源病毒污染。

【鉴别检验】 将疫苗用灭菌生理盐水稀释成每毫升含有100个兔MID的病毒悬液，与等量抗猪瘟病毒特异性血清充分混合，置10～15℃作用60分钟，其间振摇2～3次。同时设病毒对照和生理盐水对照。中和结束后，分别耳静脉注射兔2只，每只1.0ml，按【效力检验】项（1）进行观察和判定。除病毒对照组应出现热反应外，其余2组在接种后120小时内应不出现热反应。

【安全检验】 选用无猪瘟病毒中和抗体（检测方法见附注）的断奶猪，接种前观察5～7日，每日上、下午各测体温一次。挑选体温、精神、食欲正常的使用。每批疫苗按瓶签注明头份用灭菌生理盐水稀释成6头份/ml，肌肉注射猪4头，每头5.0ml（含30头份）。接种后，每日上、下午各观察并测体温1次，观察21日。体温、精神、食欲与接种前相比没有明显变化；或体温升高超过0.5℃，但不超过1℃，稽留不超过4个温次；或减食不超过1日。如果有1头猪体温升高1℃以上，但不超过1.5℃，稽留不超过2个温次，疫苗也可判为合格。如果有1头猪的反应超过上述标准；或出现可疑的其他体温反应和其他异常现象时，可用4头猪重检1次。重检的猪仍出现同样反应，疫苗应判为不合格。也可在猪高温期采血复归猪2头，每头肌肉注射可疑猪原血5.0ml，测温观察16日。如果均无反应，疫苗可判合格。如果第1次检验结果已经确证疫苗不安全，则不应进行重检。

【效力检验】 下列方法任择其一。

（1）用兔检验　按瓶签注明头份，将疫苗用灭菌生理盐水稀释成1/750头份/ml，耳静脉注射1.5～3.0kg兔2只，各1.0ml。接种后，上、下午各测体温1次，48小时后，每隔6小时测体温1次，根据体温反应和攻毒结果进行综合判定。

接种疫苗后，兔的体温反应标准如下：

定型热反应（＋＋）　潜伏期48～96小时，体温上升呈明显曲线，至少有3个温次升高1℃以上，并稽留18～36小时。如稽留42小时以上，则必须攻毒（接种新鲜脾淋毒或冻干毒），攻毒后如果无反应，可判为定型热。

轻热反应（＋）　潜伏期48～96小时，体温上升呈明显曲线，至少有2个温次升高0.5℃以上，并稽留12～36小时。

可疑反应（±）　潜伏期48～96小时，体温曲线起伏不定，稽留不到12小时；或潜伏期在24小时以上，不足48小时及超过96小时至120小时出现热反应。

体温反应呈二次高峰，有一次高峰符合定型热反应（＋＋）或轻热反应（＋）标准者，均须攻毒。攻毒后无反应时，该兔的热反应可判为定型热或轻热反应。

无反应（－） 体温正常。

结果判定 接种疫苗后，当2只兔均呈定型热反应（＋＋），或1只兔呈定型热反应（＋＋）、另1只兔呈轻热反应（＋）时，疫苗判为合格。

接种疫苗后，当1只兔呈定型热反应（＋＋）或轻热反应（＋），另1只兔呈可疑反应（±）；或2只兔均呈轻热反应（＋）时，可在接种后7～10日攻毒。

攻毒时，加对照兔2只，攻毒剂量为50～100倍乳剂。每只兔耳静脉注射1.0ml。

攻毒后的体温反应标准如下：

热反应（＋） 潜伏期24～72小时，体温上升呈明显曲线，升高1℃以上，稽留12～36小时。

可疑反应（±） 潜伏期不到24小时或72小时以上，体温曲线起伏不定，稽留不到12小时或超过36小时而不下降。

无反应（－） 体温正常。

攻毒后，当2只对照兔均呈定型热反应（＋＋），或1只兔呈定型热反应（＋＋），另1只兔呈轻热反应（＋），而2只接种疫苗兔均无反应（－），疫苗判合格。

接种疫苗后，如果有1只兔呈定型热（＋＋）或轻热反应（＋），另1只兔呈可疑反应（±）或无热反应（－），可对可疑反应兔或无反应兔采用扑杀剖检或采心血分离病毒的方法，判明是否隐性感染；或接种疫苗后，2只兔均呈轻热反应（＋），亦可对其中1只兔分离病毒。方法是：接种疫苗后96～120小时，将兔扑杀，采取脾脏，用生理盐水制成50倍稀释的乳剂（脾脏乳剂应无菌），或采取心血（全血），耳静脉注射2只兔，每只1.0ml。凡有1只兔潜伏期24～72小时出现定型热反应（＋＋），疫苗可判为合格。

接种疫苗后，由于出现其他反应情况而无法判定时，可重检。用兔做效力检验，应不超过3次。

（2）用猪检验 按瓶签注明头份，将疫苗用灭菌生理盐水稀释成1/300头份/ml，肌肉注射无猪瘟病毒中和抗体的猪2头，每头1.0ml。接种后10～14日，连同对照猪3头，各注射猪瘟病毒石门系血毒1.0ml（不低于$10^{5.0}$MLD），观察16日。对照猪应全部发病，且至少死亡2头，免疫猪应全部健活或稍有体温反应，但无猪瘟临床症状。

【剩余水分测定】 按附录3204进行测定，应符合规定。

【真空度测定】 按附录3103进行测定，应符合规定。

【作用与用途】 用于预防猪瘟。接种后4日产生免疫力。断奶后无母源抗体仔猪的免疫期为12个月。

【用法与用量】 肌肉或皮下注射。按瓶签注明头份，用生理盐水稀释成1头份/ml，每头1.0ml。

在没有猪瘟流行的地区，断奶后无母源抗体的仔猪，接种1次即可。有疫情威胁时，仔猪可在21～30日龄和65日龄左右时各接种1次。

断奶前仔猪可接种4头份疫苗，以防母源抗体干扰而导致免疫效果降低。

【注意事项】 （1）应在8℃以下的冷藏条件下运输。

（2）使用单位收到冷藏包装的疫苗后，如保存环境超过8℃而在25℃以下时，从接到疫苗时算起，限10日内用完。

（3）接种时，应作局部消毒处理。

（4）接种后应注意观察，如出现过敏反应，应及时注射肾上腺素治疗。

（5）稀释后，如气温在15℃以下，6小时内用完，如气温在15～27℃，则应在3小时内用完。

（6）用过的疫苗瓶、器具和未用完的疫苗等应进行无害化处理。

【规格】 （1）10头份/瓶 （2）20头份/瓶 （3）50头份/瓶 （4）100头份/瓶

【贮藏与有效期】 －15℃以下保存，有效期为18个月。

CVP3/2015/HYM/041

猪瘟、猪丹毒、猪多杀性巴氏杆菌病三联活疫苗

Zhuwen, Zhudandu, Zhuduoshaxingbashiganjunbing Sanlian Huoyimiao

Combined Classical Swine Fever, Swine Erysipelas and *Pasteurella multocida* Vaccine, Live

本品系用猪瘟兔化弱毒株接种乳兔或易感细胞，收获含毒乳兔组织或病毒培养物，以适当比例和猪丹毒杆菌（G4T10株或GC42株）弱毒菌液、猪源多杀性巴氏杆菌（EO630株）弱毒菌液混合，加适宜稳定剂，经冷冻真空干燥制成。用于预防猪瘟、猪丹毒和猪多杀性巴氏杆菌病（即猪肺疫）。

【性状】 海绵状疏松团块，易与瓶壁脱离，加稀释液后迅速溶解。

【纯粹检验】 按附录3306进行检验，细胞毒配制的疫苗应纯粹。用组织毒配制的疫苗，如果有杂菌生长，应进行杂菌计数和病原性鉴定（附录3307），每头份非病原菌应不超过75个。

【活菌计数】 对猪丹毒杆菌和猪多杀性巴氏杆菌进行活菌计数（附录3405）。按瓶签注明头份将疫苗稀释，接种含0.1%裂解血细胞全血及10%健康动物血清马丁琼脂平板中。每头份疫苗中，猪丹毒杆菌G4T10株应不少于5.0×10^8 CFU活菌，GC42株应不少于7.0×10^8 CFU活菌，多杀性巴氏杆菌EO630株应不少于3.0×10^8 CFU活菌。

【安全检验】 按瓶签注明头份，将疫苗用灭菌生理盐水稀释，接种小鼠、兔、豚鼠和无猪瘟母源抗体的猪，应符合以下各项要求：

（1）用小鼠检验　用体重18～22g（30～35日龄）小鼠5只，各皮下注射疫苗0.5ml（含1头份）；

（2）用兔检验 用体重1.5～2.0kg兔2只，各肌肉注射疫苗1.0ml（含2 头份）；

（3）用豚鼠检验　用体重300～400g豚鼠2只，各肌肉注射疫苗1.0ml（含2头份）。（本项检验只适用于乳兔组织毒配制的疫苗。）

观察10日，除用G4T10株配制的疫苗允许有1只小鼠死亡外，其他动物应全部健活。否则，可应用加倍数量小鼠重检一次，重检后，应符合规定。

（4）用猪检验　用无猪瘟病毒中和抗体（检测方法见附注）的断奶猪，接种前观察5～7日，每日上、下午各测体温一次。挑选体温、精神、食欲正常的猪使用。每批疫苗按瓶签注明头份用灭菌生理盐水稀释成6头份/ml，肌肉注射猪4头，每头5.0ml（含30头份）。接种后，每日上、下午各观察并测体温1次，观察21日。体温、精神、食欲与接种前相比没有明显变化；或体温升高超过0.5℃，但不超过1℃，稽留不超过4个温次；或减食不超过1日。如果有1头猪体温升高1℃以上，但不超过1.5℃，稽留不超过2个温次，疫苗也可判为合格。如果有1头猪的反应超过上述标准，或出现可疑的其他体温反应和其他异常现象时，可用4头猪重检1次。重检的猪仍出现同样反应，疫苗应判为不合格。也可在猪高温期采血复归猪2头，每头肌肉注射可疑猪原血5.0ml，测温观察16日。如果均无反应，疫苗可判合格。如果第1次检验结果已经确证疫苗不安全，则不应进行重检。

【效力检验】 （1）猪瘟部分 下列方法任择其一。

用兔检验　兔源疫苗按瓶签注明头份，将疫苗用灭菌生理盐水稀释成1/150头份/ml（兔源）或1/750头份/ml（细胞源），耳静脉注射体重1.5～3.0kg兔2只，每只1.0ml。接种后，上、下午各测体

温1次，48小时后，每隔6小时测体温1次，根据体温反应和攻毒结果进行综合判定。

接种疫苗后，兔的体温反应标准如下：

定型热反应（++） 潜伏期48～96小时，体温上升呈明显曲线，至少有3个温次升高1℃以上，并稽留18～36小时。如稽留42小时以上，则必须攻毒（接种新鲜脾淋毒或冻干毒），攻毒后如果无反应，可判为定型热。

轻热反应（+） 潜伏期48～96小时，体温上升呈明显曲线，至少有2个温次升高0.5℃以上，并稽留12～36小时。

可疑反应（±） 潜伏期48～96小时，体温曲线起伏不定，稽留不到12小时；或潜伏期在24小时以上，不足48小时及超过96小时至120小时出现热反应。

体温反应呈二次高峰，有一次高峰符合定型热反应（++）或轻热反应（+）标准者，均须攻毒。攻毒后无反应时，该兔的热反应可判为定型热或轻热反应。

无反应（—） 体温正常。

结果判定 接种疫苗后，当2只兔均呈定型热反应（++），或1只兔呈定型热反应（++）、另1只兔呈轻热反应（+）时，疫苗判为合格。

接种疫苗后，当1只兔呈定型热反应（++）或轻热反应（+），另1只兔呈可疑反应（±）；或2只兔均呈轻热反应（+）时，可在接种后7～10日攻毒。

攻毒时，加对照兔2只，攻毒剂量为50～100倍乳剂。每只兔耳静脉注射1.0ml。

攻毒后的体温反应标准如下：

热反应（+） 潜伏期24～72小时，体温上升呈明显曲线，升高1℃以上，稽留12～36小时。

可疑反应（±） 潜伏期不到24小时或72小时以上，体温曲线起伏不定，稽留不到12小时或超过36小时而不下降。

无反应（—） 体温正常。

攻毒后，当2只对照兔均呈定型热反应（++），或1只兔呈定型热反应（++），另1只兔呈轻热反应（+），而2只接种疫苗兔均无反应（—），疫苗判合格。

接种疫苗后，如果有1只兔呈定型热（++）或轻热反应（+），另1只兔呈可疑反应（±）或无热反应（—），可对可疑反应兔或无反应兔采用扑杀剖检或采心血分离病毒的方法，判明是否隐性感染；或接种疫苗后，2只兔均呈轻热反应，亦可对其中1只兔分离病毒。方法是：接种疫苗后96～120小时，将兔扑杀，采取脾脏，用生理盐水制成50倍稀释的乳剂（脾脏乳剂应无菌），或采取心血（全血），耳静脉注射2只兔，每只1.0ml。凡有1只兔潜伏期24～72小时出现定型热反应（++），疫苗可判为合格。

接种疫苗后，由于出现其他反应情况而无法判定时，可重检。用兔做效力检验，应不超过3次。

用猪检验 将疫苗用生理盐水稀释成每1/150头份/ml（兔源）或1/300头份/ml（细胞源），肌肉注射无猪瘟中和抗体的猪4头（兔源）或2头（细胞源），每头1.0ml，接种后10～14日，连同对照猪3头，各注射猪瘟病毒石门系血毒1.0ml（不低于$10^{5.0}$MLD），观察16日。对照猪应全部发病，且至少死亡2头，免疫猪应全部健活或稍有体温反应，但无猪瘟临床症状。

（2）猪丹毒部分 下列方法任择其一。

用小鼠检验 按瓶签注明头份，将疫苗用20%氢氧化铝胶生理盐水稀释成0.1头份/ml，皮下注射体重16～18g小鼠10只，各0.2ml（含1/50头份），另取6只同条件小鼠，不接种作为对照。接种14日后，免疫组小鼠和3只对照组小鼠各皮下注射1000MLD的猪丹毒杆菌1型和2型（各1

株）强毒菌的混合菌液，另3只对照小鼠各皮下注射1MLD的上述混合菌液，观察10日。注射1000MLD的对照小鼠应全部死亡，注射1MLD的对照小鼠应至少死亡2只，免疫小鼠应至少保护8只。

用猪检验　按瓶签注明头份，将疫苗用20%氢氧化铝胶生理盐水稀释成每1.0ml含1/50头份。用断奶1个月后、体重20kg以上的猪10头，5头各皮下注射疫苗1.0ml，另5头不注射疫苗留作对照。接种14日后，免疫猪和对照猪各静脉注射1MLD的猪丹毒杆菌1型和2型（各1株）强毒混合菌液。观察14日，当对照猪全部死亡时，免疫猪应至少保护4头；当对照猪至少发病4头，且至少死亡2头时，免疫猪应全部健活。

（3）猪肺疫部分　按瓶签注明头份，将疫苗用20%氢氧化铝胶生理盐水稀释后进行检验，下列方法任择其一。

用小鼠检验　用体重16～18g小鼠10只，各皮下注射疫苗0.2ml（含1/30头份）。接种14日后，连同对照小鼠3只，各皮下注射多杀性巴氏杆菌C44-8株（CVCC 44408）强毒菌液2MLD，另用对照小鼠3只，各皮下注射1MLD，观察10日。攻击2MLD的对照小鼠应全部死亡，攻击1MLD的对照小鼠应至少死亡2只，免疫小鼠应至少保护8只。

用兔检验　用体重1.5～2.0kg兔6只，4只各皮下注射疫苗1.0ml（含1/3头份），另2只作对照。接种14日后，每只兔各皮下注射多杀性巴氏杆菌C44-8株（CVCC 44408）强毒菌液80～100 CFU活菌，观察10日。对照兔应全部死亡，免疫兔应至少保护2只。

用猪检验　用断奶1个月后、体重约20kg猪8头，5头各皮下注射疫苗1.0ml（含1头份），另3头作对照。接种14日后，每头猪各皮下注射多杀性巴氏杆菌C44-1株（CVCC 44401）强毒菌液1MLD，观察10日。对照猪全部死亡时，免疫猪应至少保护4头；对照猪死亡2头时，免疫猪应全部保护。

【剩余水分测定】　按附录3204进行测定，应符合规定。

【真空度测定】　按附录3103进行测定，应符合规定。

【作用与用途】　用于预防猪瘟、猪丹毒、猪多杀性巴氏杆菌病（即猪肺疫）。猪瘟免疫期为12个月，猪丹毒和猪肺疫免疫期为6个月。

【用法与用量】　肌肉注射。按瓶签注明头份，用生理盐水稀释成1头份/ml。断奶半个月以上猪，每头1.0ml；断奶半个月以内的仔猪，每头1.0ml，但应在断奶后2个月左右再接种1次。

【注意事项】　（1）疫苗应冷藏保存与运输。

（2）初生仔猪，体弱、有病猪均不应接种。

（3）接种前7日、后10日内均不应喂含任何抗生素的饲料。

（4）稀释后，限4小时内用完。

（5）接种时，应作局部消毒处理。

（6）接种后可能出现过敏反应，应注意观察，必要时注射肾上腺素等脱敏措施抢救。

（7）用过的疫苗瓶、器具和未用完的疫苗等应进行无害化处理。

【规格】　（1）10头份/瓶　（2）20头份/瓶　（3）50头份/瓶　（4）100头份/瓶

【贮藏与有效期】　2～8℃保存，有效期为6个月；－15℃以下保存，有效期为12个月。

CVP3/2015/HYM/042

猪乙型脑炎活疫苗

Zhu Yixingnaoyan Huoyimiao

Swine Epidemic Encephalitis Vaccine, Live

本品系用乙型脑炎病毒SA14-14-2株接种地鼠肾原代细胞培养，收获病毒培养液，加适宜稳定剂，经冷冻真空干燥制成。用于预防猪乙型脑炎。

【性状】 海绵状疏松团块，易与瓶壁脱离，加稀释液后迅速溶解。

【无菌检验】 按附录3306进行检验，应无细菌生长。

【支原体检验】 按附录3308进行检验，应无支原体生长。

【外源病毒检验】 按附录3305进行检验，应无外源病毒污染。

【鉴别检验】 用PBS（0.015mol/L，pH 7.4～7.6）将本品稀释为$2.0\times10^{2.0}$ $TCID_{50}$/0.1ml，与乙型脑炎特异性抗血清等量混合，在37℃下中和90分钟后，接种地鼠肾原代细胞，置37℃培养。同时设不中和疫苗的对照组，置同条件下培养。观察7日，判定结果。对照组细胞应出现特征性的细胞病变，中和组细胞应无细胞病变。

【病毒含量测定】 用PBS（0.015mol/L，pH 7.4～7.6）将本品作10倍系列稀释，取10^{-5}、10^{-6}、10^{-7}3个稀释度，分别接种地鼠肾原代细胞培养物，每个稀释度接种4瓶，同时设同批对照细胞4瓶，置36～37℃培养7日，观察细胞病变，并计算$TCID_{50}$。每头份病毒含量应不低于$10^{5.7}$ $TCID_{50}$。

【安全检验】 以下检验项目中，（1）项为必检项目，（2）、（3）和（4）项任择其一。

（1）用乳猪检验　用4～8日龄健康易感（猪乙型脑炎HI效价不超过1：4）乳猪4头，各肌肉注射疫苗2.0ml（含10头份），观察21日，应无因接种疫苗而出现的局部或全身不良反应。

（2）脑内致病力试验　用体重12～14g清洁级小鼠10只，各脑内接种疫苗0.03ml（含0.15头份）。接种后72小时内出现的非特异性死亡小鼠应不超过2只。其余小鼠继续观察至接种后14日，应全部健活。

（3）皮下感染入脑试验　用体重10～12g清洁级小鼠10只，各皮下注射疫苗0.1ml（含0.5头份），同时右侧脑内空刺，观察14日，应全部健活。

（4）毒性试验　用体重12～14g清洁级小鼠4只，各腹腔注射疫苗0.5ml（含2.5头份），观察30分钟，应无异常反应，继续观察至接种后3日，应全部健活。

【剩余水分测定】 按附录3204进行测定，应符合规定。

【真空度测定】 按附录3103进行测定，应符合规定。

【作用与用途】 用于预防猪乙型脑炎。免疫期为12个月。

【用法与用量】 肌肉注射。按瓶签注明头份，用专用稀释液稀释成每头份1.0ml。每头注射1.0ml。6～7月龄后备种母猪和种公猪配种前20～30日肌注1.0ml，以后每年春季加强免疫1次。经产母猪和成年种公猪，每年春季免疫1次，肌注1.0ml。在乙型脑炎流行区，仔猪和其他猪群也应接种。

【注意事项】 （1）疫苗须冷藏保存与运输。

（2）疫苗应现用现配，稀释液使用前最好置2～8℃预冷。

（3）疫苗接种最好选择在4～5月份（蚊蝇孳生季节前）。

（4）接种猪要求健康无病，注射器具要严格消毒。

（5）用过的疫苗瓶、器具和未用完的疫苗等应进行无害化处理。

【规格】 （1）5头份/瓶 （2）10头份/瓶 （3）20头份/瓶 （4）50头份/瓶 （5）100头份/瓶

【贮藏与有效期】 2～8℃保存，有效期为9个月；－15℃以下保存，有效期为18个月。

CVP3/2015/HYM/043

仔猪副伤寒活疫苗

Zizhu Fushanghan Huoyimiao

Paratyphus Vaccine for Piglets, Live

本品系用猪霍乱沙门氏菌C500弱毒株（CVCC 79500）接种适宜培养基培养，收获培养物，加适宜稳定剂，经冷冻真空干燥制成。用于预防仔猪副伤寒。

【性状】 海绵状疏松团块，易与瓶壁脱离，加稀释液后迅速溶解。

【纯粹检验】 按附录3306进行检验，应纯粹。

【活菌计数】 按瓶签注明头份，用普通琼脂平板进行活菌计数（附录3405）。每头份含活菌数应不少于3.0×10^9 CFU。

【安全检验】 按瓶签注明头份，将疫苗用普通肉汤或蛋白胨水稀释，皮下注射体重1.5～2.0kg兔2只，各1.0ml（含2 头份），观察21日，应存活。

【剩余水分测定】 按附录3204进行测定，应符合规定。

【真空度测定】 按附录3103进行测定，应符合规定。

【作用与用途】 用于预防仔猪副伤寒。

【用法与用量】 口服或耳后浅层肌肉注射。适用于1月龄以上哺乳或断乳健康仔猪。按瓶签注明头份口服或注射，但瓶签注明限于口服者不得注射。

口服　按瓶签注明头份，临用前用冷开水稀释为每头份5.0～10.0ml，给猪灌服，或稀释后均匀地拌入少量新鲜冷饲料中，让猪自行采食。

注射　按瓶签注明头份，用20%氢氧化铝胶生理盐水稀释为每头1.0ml。

【注意事项】 （1）疫苗稀释后，限4小时内用完。用时要随时振摇均匀。

（2）体弱有病的猪不宜接种。

（3）对经常发生仔猪副伤寒的猪场和地区，为了提高免疫效果，可在断乳前、后各接种1次，间隔21～28日。

（4）口服时，最好在喂食前服用，以使每头猪都能吃到。

（5）注射时，应作局部消毒处理。

（6）注射接种时，有些猪反应较大，有的仔猪会出现体温升高、发抖、呕吐和减食等症状，一般1～2日后可自行恢复，重者可注射肾上腺素抢救。口服接种时，无上述反应或反应轻微。

（7）用过的疫苗瓶、器具和未用完的疫苗等应进行无害化处理。

【规格】 （1）10头份/瓶 （2）20头份/瓶 （3）50头份/瓶 （4）100头份/瓶

【贮藏与有效期】 2～8℃保存，有效期为9个月；－15℃以下保存，有效期为12个月。

抗　　体

CVP3/2015/KT/001

破伤风抗毒素

Poshangfeng Kangdusu

Tetanus Antitoxin

本品系用破伤风类毒素对马进行基础免疫后，再用产毒素能力强的破伤风梭状芽孢杆菌制备的免疫原进行加强免疫，采血，分离血清，加适当防腐剂后，经处理制成精制抗毒素。用于预防和治疗家畜破伤风。

【性状】 清亮液体。长期贮存后，可有微量能摇散的沉淀。

【装量检查】 按附录3104进行检验，分别检查每一样品的装量。再以测得的每一被检样品的实际装量乘以效价测定的结果，即为每瓶抗毒素单位数。每瓶所含抗毒素单位数均应不低于瓶签标示量的120%。

【无菌检验】 按附录3306进行检验，应无菌生长。

【安全检验】 用体重350～400g豚鼠2只，各皮下注射10ml（分两侧注射，各5.0ml），观察10～14日，应全部健活，不应有局部反应和体重下降。

【效价测定】 （1）将破伤风试验毒素用50%甘油生理盐水稀释，存置1个月后，用小鼠测定L+/10的含量。使用时，以1%蛋白胨水稀释，使每毫升含5个L+/10。

（2）将破伤风抗毒素国家标准品用灭菌生理盐水稀释成每毫升含0.5 IU。

（3）抗毒素稀释　将待测抗毒素用灭菌生理盐水稀释成不同稀释度，取各个稀释度的抗毒素1.0ml，分别盛于小管中，标明样品号数及稀释度（每稀释1个滴度，换1次吸管）。

（4）抗毒素和试验毒素混合　向盛有待测抗毒素（不同稀释度）的小管中各加入稀释好的试验毒素1.0ml（含5个L+/10），充分振摇，加塞密封。另取1管，加稀释好的抗毒素国家标准品1.0ml（含0.5 IU），再加入稀释好的试验毒素（含5个L+/10）1.0 ml作为对照。将上述各管置37.5℃结合45～60分钟。

（5）注射小鼠　毒素、抗毒素结合完毕后，每个稀释度皮下注射体重17～19g小鼠2只，各0.4ml，对照管用同条件小鼠2只，各皮下注射0.4ml。小鼠应分开饲养，观察发病情况。

（6）结果判定　对照小鼠应在72～120小时内全部死亡，与对照小鼠同时死亡或之后死亡的本抗毒素的最高稀释度的一半即为本抗毒素的IU。

每毫升抗毒素效价应不少于2400 IU。

【汞类防腐剂残留量测定】 按附录3202进行测定，应符合规定。

【作用与用途】 用于预防和治疗家畜破伤风。

【用法与用量】 皮下、肌肉或静脉注射。用量见下表：

动物	预防	治疗
3岁以上大动物	6000 ~ 12 000 IU	60 000 ~ 300 000 IU
3岁以下大动物	3000 ~ 6000 IU	50 000 ~ 100 000 IU
羊、猪、犬	1200 ~ 3000 IU	5000 ~ 20 000 IU

【注意事项】 （1）应防止冻结。如有沉淀，用前应摇匀。

（2）注射时，应作局部消毒处理。

（3）用过的疫苗瓶、器具和未用完的抗体等应进行无害化处理。

（4）注射后，个别家畜可能出现过敏反应，应注意观察，必要时，采取注射肾上腺素等脱敏措施抢救。

【规格】 （1）1500 IU/安瓿 （2）10 000 IU/安瓿

【贮藏与有效期】 2 ~ 8℃保存，有效期为24个月。

诊 断 制 品

CVP3/2015/ZDZP/001

鼻疽补体结合试验抗原、阳性血清与阴性血清

Biju Butijieheshiyan Kangyuan, Yangxingxueqing Yu Yinxingxueqing

Malleus Antigen, Positive Sera and Negative Sera for Complement Fixation Test

抗原系用鼻疽伯氏菌（CVCC 67001、CVCC 67002）接种甘油琼脂培养基培养，收获培养物，浸泡，收集上清，经冷冻真空干燥制成；阳性血清系用鼻疽伯氏菌抗原接种马，采血，分离血清制成；阴性血清系用健康马血清制成。用于补体结合试验诊断马属动物鼻疽。

抗　　原

【性状】 澄清液体。

【无菌检验】 按附录3306进行检验，应无菌生长。

【效价测定】 （1）抗原稀释　吸取抗原少许，用生理盐水作1：10、1：50、1：75、1：100、1：150、1：200、1：300、1：400和1：500稀释。

（2）阳性血清稀释　用生理盐水将马鼻疽阳性血清2份分别作1：10、1：25、1：50、1：75和1：100稀释。试验前置58～59℃水浴30分钟。

（3）补体　用豚鼠新鲜补体或冻干补体，按冻干补体中的方法进行效价测定。按补体效价稀释使用。

（4）溶血素　按溶血素中的方法进行效价测定。按溶血素效价的2倍使用。例如：溶血素效价为1：2000时，使用1：1000倍的稀释液。

（5）绵羊红细胞悬液　按附录红细胞悬液制备法配制成2.5%绵羊红细胞悬液。

（6）按表1进行补体结合试验，测定抗原效价。

（7）按表2和表3所举的范例记录2份阳性血清对各稀释度被检抗原的反应结果。

对2份阳性血清的各个稀释度均发生抑制溶血最强的抗原最高稀释度即为抗原效价。抗原效价应不低于1：100。按表2和表3范例，抗原效价可判为1：150。

【特异性检验】 取1份鼻疽阴性马血清，作1：5和1：10稀释，置58～59℃水浴30分钟，与1份被检抗原进行补体结合试验，应为阴性，且抗原应无抗补体作用。

表1　抗原效价测定术式　　单位：ml

成分	抗原稀释度								对照		
	1：10	1：50	1：75	1：100	1：150	1：200	1：300	1：400	补体	溶血素	红细胞
抗原量	0.5	0.5	0.5	0.5	0.5	0.5	0.5	0.5	0.5	0.5	0.5
各稀释度阳性血清量	0.5	0.5	0.5	0.5	0.5	0.5	0.5	0.5			0.5

（续）

成分	抗原稀释度								对照		
	1：10	1：50	1：75	1：100	1：150	1：200	1：300	1：400	补体	溶血素	红细胞
补体量	0.5	0.5	0.5	0.5	0.5	0.5	0.5	0.5	0.5	0.5	
生理盐水										0.5	0.5
37℃水浴20分钟											
溶血素量	0.5	0.5	0.5	0.5	0.5	0.5	0.5	0.5	0.5	0.5	0.5
2.5%红细胞悬液	0.5	0.5	0.5	0.5	0.5	0.5	0.5	0.5	0.5	0.5	0.5
37℃水浴20分钟											

表2　各稀释度的被检抗原对第1份阳性血清各个稀释度的反应结果（范例）

第1份阳性血清的稀释度	抗原稀释度								
	1：10	1：50	1：75	1：100	1：150	1：200	1：300	1：400	1：500
	补体结合反应结果（溶血百分比）								
1：10	0	0	0	0	0	0	10	20	40
1：25	0	0	0	0	0	0	10	30	60
1：50	10	0	0	0	0	10	20	40	60
1：75	20	20	10	10	0	10	40	60	100
1：100	40	40	20	20	10	40	100	100	100

表3　各稀释度的被检抗原对第2份阳性血清各个稀释度的反应结果（范例）

第2份阳性血清的稀释度	抗原稀释度								
	1：10	1：50	1：75	1：100	1：150	1：200	1：300	1：400	1：500
	补体结合反应结果（溶血百分比）								
1：10	10	0	0	0	0	10	20	50	90
1：25	30	20	10	10	0	10	20	60	90
1：50	30	20	20	20	10	40	40	80	100
1：75	50	40	40	40	30	80	80	100	100
1：100	70	60	50	40	40	100	100	100	100

【作用与用途】 用于补体结合试验诊断马属动物鼻疽。

【用法与判定】 （1）抗原　按抗原效价稀释使用。

（2）被检血清与对照用阴性血清和阳性血清　均作1：10稀释，置56～59℃水浴30分钟。

（3）补体　用豚鼠新鲜补体或冻干补体。按冻干补体中的方法进行效价测定。按补体效价稀释使用。

（4）溶血素　按溶血素中的方法进行效价测定。按溶血素效价的2倍使用。例如：溶血素效价为1：2000时，使用1：1000倍的稀释液。

（5）绵羊红细胞悬液　按附录红细胞悬液制备法配制成2.5%绵羊红细胞悬液。

准备好上述各成分后，按表4进行补体结合试验。

表4　被检血清补体结合试验术式　　单位：ml

成分	被检血清试验管	被检血清对照管	对照管				
			阴性血清	阳性血清	抗原	溶血素	红细胞
被检血清	0.5	0.5	0.5	0.5			0.5
抗原	0.5		0.5	0.5	0.5		0.5
补体	0.5	0.5	0.5	0.5	0.5	0.5	
生理盐水		0.5			0.5	1.0	0.5
置37℃水浴20分钟							
溶血素	0.5	0.5	0.5	0.5	0.5	0.5	
2.5%绵羊红细胞悬液	0.5	0.5	0.5	0.5	0.5	0.5	
置37℃水浴20分钟							
结果	待定	完全溶血	完全溶血	不溶血	完全溶血	完全溶血	不溶血

判定标准

阳性反应　++++　0~10%溶血

　　　　　+++　11%~40%溶血

可疑反应　++　41%~70%溶血

　　　　　+　71%~90%溶血

阴性反应　—　91%~100%溶血

【注意事项】　本品用水（或生理盐水）稀释后限当日用完。

【规格】　1ml/瓶

【贮藏与有效期】　2~8℃保存，有效期为36个月。

阳 性 血 清

【性状】　疏松团块，易与瓶壁脱离，加稀释液后迅速溶解。

【无菌检验】　按附录3306进行检验，应无菌生长。

【效价测定】　按马鼻疽补体结合试验方法进行，1：5稀释时应无抗补体作用。与按抗原效价稀释使用的抗原作补体结合试验，1：10稀释时应完全抑制溶血，而1：100稀释时仅有20%~80%抑制溶血为合格。

【规格】　5ml/瓶

【贮藏与有效期】　8℃以下保存，有效期为120个月。

阴 性 血 清

【性状】　疏松团块，易与瓶壁脱离，加稀释液后迅速溶解。

【无菌检验】　按附录3306进行检验，应无菌生长。

【效价测定】　按马鼻疽补体结合试验方法进行，1：5、1：10稀释时应不发生任何抑制溶血现象。

【规格】　5ml/瓶

【贮藏与有效期】　8℃以下保存，有效期为120个月。

CVP3/2015/ZDZP/002

鼻 疽 菌 素

Biju Junsu

Mallein

本品系用鼻疽伯氏菌（CVCC 67001、CVCC 67002）接种适宜培养基培养，将培养物灭活、滤过除菌，提纯后，经冷冻真空干燥制成。用于诊断马属动物鼻疽。

【性状】 疏松团块，易与瓶壁脱离，加稀释液后迅速溶解为澄清液体。

【无菌检验】 按附录3306进行检验，应无菌生长。

【安全检验】 按瓶签注明头份，用灭菌生理盐水将本品稀释成10头份/ml，皮下注射体重18～22g小鼠5只，0.5ml/只，观察10日，应全部健活。

【效价测定】 （1）致敏原制备 取1～2株光滑型鼻疽伯氏菌强毒，分别接种4%甘油琼脂扁瓶中，置37℃培养48小时后，每瓶加入灭菌生理盐水20ml，洗下培养物，混合，经121℃灭活1小时，置2～8℃保存备用。

（2）豚鼠致敏 用体重450～600g的白色豚鼠8只，各腹腔注射致敏原1.0ml。注射后14～20日，在豚鼠臀部拔去一小块被毛，次日皮内注射用灭菌生理盐水稀释成1.0mg/ml的标准鼻疽菌素0.1ml，注射后24～48小时观察反应。凡注射部位有红肿，直径在7.0mm以上者，方可用于效价测定。

（3）测定 选致敏合格豚鼠4只，于检验前一日在腹部两侧去毛，每个注射点去毛面积约$3cm^2$。

用灭菌生理盐水将被检菌素稀释成10头份/ml，将标准菌素稀释成1.0mg/ml。

将稀释后的被检菌素和标准菌素采取轮换方式在每只豚鼠身上各皮内注射1个部位，注射量为0.1ml。注射后24小时，用游标卡尺测量被检菌素和标准菌素在4只豚鼠身上各注射部位的肿胀面积，计算肿胀面积平均值的比值（如果24小时的反应不规律，可观察48小时，但是注射部位红肿反应的直径应在7.0mm以上，方可判定）。被检菌素和标准菌素平均反应面积的比值应为0.9～1.1。

【特异性检验】 下列方法任择其一。

（1）用马检验 用灭菌生理盐水将被检菌素稀释成10头份/ml，将标准菌素稀释成1.0mg/ml。用10匹马作点眼和颈侧皮内注射（颈中部上1/3处）。点眼量为2～3滴，滴于眼结膜囊内；皮内注射量为0.1ml。然后分2组检验：第1组，5匹马，左眼和左颈侧用标准菌素，右眼和右颈侧用被检菌素；第2组，5匹马，左眼和左颈侧用被检菌素，右眼和右颈侧用标准菌素。

点眼后在3、6、9、24小时检查，均应无反应，或仅有结膜轻微充血及流泪。皮内注射后72小时判定结果，注射前后皮皱厚度差应不大于2.0mm。

（2）用豚鼠检验 用灭菌生理盐水将被检菌素稀释成10头份/ml，将标准菌素稀释成1.0mg/ml。用体重350～450g的白色豚鼠作胸腹侧皮内注射。根据被检菌素的批数来确定豚鼠数，如果仅检1批菌素，最少用4只豚鼠，各样品注射部位采取轮换方式。注射后24～48小时判定，均应无任何红肿等非特异性反应。

【剩余水分测定】 按附录3204进行测定，应符合规定。

【作用与用途】 用于诊断马属动物鼻疽。

【用法与判定】 点眼法 用生理盐水将提纯鼻疽菌素稀释成10头份/ml，眼结膜囊内点眼3～4滴（约0.3ml），经3、6、9和24小时判定，判定标准如下。

强阳性反应＋＋＋ 眼反应特别明显，上下眼睑互相胶着，出现大量脓液。

阳性反应＋＋ 眼睑浮肿，眼睛呈半开状态，出现中等量的脓性眼眦。

弱阳性反应＋ 眼结膜发炎，浮肿明显，并含有少量的脓性眼眦，或在灰白色黏液性眼眦中混有脓性眼眦。

可疑反应± 眼结膜潮红，有弥漫性浮肿和灰白色黏液性（非脓性）眼眦。

阴性反应－ 点眼后没有反应或结膜轻微充血及流泪。

阴性和可疑反应的马、驴、骡，经过5～6日后重检。重检时，在第1次点眼的同一眼睛内滴入鼻疽菌素3～4滴，经3、6、9、24小时后，分别按前述标准判定结果。

皮内注射法

（1）注射部位及术前处理 在颈侧中部上1/3处的健康皮肤剪毛（或提前1日剃毛），直径约为10cm，用卡尺测量术部中央皮皱厚度，作好记录。注射前局部消毒。

（2）注射方法和剂量 用生理盐水将提纯鼻疽菌素稀释成10头份/ml，皮内注射0.1ml。注射部位应出现小包，如有疑问，应另选15cm以外的部位或对侧重新注射。

（3）判定 注射后72小时判定，仔细观察注射部位有无热、痛、肿胀等炎性反应，并用卡尺测量皮皱厚度，做好详细记录。判定标准如下。

阳性反应＋ 局部有明显的炎性反应，皮皱厚度差不低于4.0mm。

可疑反应± 局部炎性反应不明显，皮皱厚度差为2.1～3.9mm。

阴性反应－ 局部无炎性反应，皮皱厚度差不超过2.0mm。

如局部确有一定程度的炎性反应，即使皮皱厚度差在2.0mm以下，仍应判为可疑反应。

对可疑反应的动物，可于72小时判定后，即刻在另一侧用同一批菌素同一剂量进行第2次皮内注射，注射后72小时判定。

【注意事项】 （1）本品用水（或生理盐水）稀释后，限当日用完。

（2）采用点眼法时，应先检查动物眼睛，确保无眼病，以免影响判定结果。

【规格】 （1）20 头份/瓶 （2）50 头份/瓶 （3）100 头份/瓶

【贮藏与有效期】 2～8℃保存，有效期为120个月。

CVP3/2015/ZDZP/003

布氏菌病补体结合试验抗原、阳性血清与阴性血清

Bushijunbing Butijieheshiyan Kangyuan, Yangxingxueqing Yu Yinxingxueqing

Brucella **Antigen, Positive Sera and Negative Sera for Complement Fixation Test**

抗原系用布氏菌S2株（CVCC 70502）或S2和A99株（CVCC 70502和CVCC 70203）接种适宜培养基培养，收获菌体，经加热灭活、离心后悬浮于0.5%苯酚生理盐水中，在108℃高压裂解处理后，置冷暗处浸泡，离心，取上清液滤过制成；阳性血清系用灭活的布氏菌菌液接种绵羊或兔，采血，分离血清，经冷冻真空干燥制成；阴性血清系用健康牛、绵羊或兔，采血，分离血清，经冷冻真空干燥制成。用于补体结合试验诊断布氏菌病。

抗　　原

【性状】 澄清液体。

【无菌检验】 按附录3306进行检验，应无菌生长。

【效价测定】 （1）抗原 稀释成1∶10、1∶50、1∶75、1∶100、1∶150、1∶200、1∶300、1∶400。

（2）血清　阳性血清稀释成1∶10、1∶25、1∶50、1∶75、1∶100，阴性血清仅做1∶10稀释，均水浴（牛血清、绵羊血清58～59℃，兔血清62～63℃）30分钟。

（3）补体　按冻干补体中的方法进行效价测定。按补体效价稀释使用。

（4）溶血素　按溶血素中的方法进行效价测定。按溶血素效价的2倍使用。例如：溶血素效价为1∶2000时，使用1∶1000倍的稀释液。

（5）绵羊红细胞悬液　按附录红细胞悬液制备法配制成2.5%绵羊红细胞悬液。

准备上述各种成分后，按表1进行试验。第2次水浴完毕，取出观察，按附录标准溶血比色液配制法配制标准溶血比色液进行判定。按表2的范例记录结果。

与阳性血清各稀释度发生抑制溶血最强的抗原最高稀释度，即为抗原效价。抗原效价不低于1∶100为合格。本例中抗原效价为1∶150。

表1　布氏菌病补体结合试验抗原效价滴定术式　　单位：ml

成　分	抗原稀释度								补体对照	溶血素对照	红细胞对照
	1∶10	1∶50	1∶75	1∶100	1∶150	1∶200	1∶300	1∶400			
抗原量	0.5	0.5	0.5	0.5	0.5	0.5	0.5	0.5	0.5	—	—
各血清稀释液用量	0.5	0.5	0.5	0.5	0.5	0.5	0.5	0.5	—	—	—
补体	0.5	0.5	0.5	0.5	0.5	0.5	0.5	0.5	0.5	0.5	—
生理盐水	—	—	—	—	—	—	—	—	0.5	1.0	1.5
37℃水浴20 分钟											
溶血素	0.5	0.5	0.5	0.5	0.5	0.5	0.5	0.5	0.5	0.5	0.5
2.5%绵羊红细胞悬液	0.5	0.5	0.5	0.5	0.5	0.5	0.5	0.5	0.5	0.5	0.5
37℃水浴20 分钟											

表2　布氏菌病补体结合试验抗原效价滴定结果（范例）

血清类型	血清稀释度	抗原稀释度							
		1∶10	1∶50	1∶75	1∶100	1∶150	1∶200	1∶300	1∶400
阳性血清	1∶10	100	0	0	0	0	0	0	0
	1∶25	100	0	0	0	0	0	0	0
	1∶50	100	10	0	0	0	0	0	10
	1∶75	100	50	20	0	0	0	20	30
	1∶100	100	80	50	20	10	20	80	80
阴性血清	1∶10	100	100	100	100	100	100	100	100

注：表中数字为溶血百分比。

【特异性检验】 用生理盐水稀释本品，分别与阴性血清2份进行补体结合试验，应完全溶血。

【作用与用途】 用于补体结合试验诊断布氏菌病。

【用法与判定】 （1）抗原　按瓶签注明效价的75%稀释使用。

（2）被检血清与对照用阴性血清和阳性血清　作10倍稀释，置56～59℃水浴30分钟。

（3）补体　用豚鼠新鲜补体或冻干补体。按冻干补体中的方法进行效价测定。按补体效价稀释使用。

（4）溶血素　按溶血素中的方法进行效价测定按溶血素效价的2倍使用。例如：溶血素效价为1：2000时，使用1：1000倍的稀释液。

（5）绵羊红细胞悬液　按附录红细胞悬液制备法配制成2.5%绵羊红细胞悬液。

准备好上述各成分后，按下表3进行补体结合试验。

表3　布氏菌病补体结合试验的主试验　　单位：ml

成　分	被检血清		对照管							
			阳性血清		阴性血清		抗原	溶血素	补体	红细胞
血清	0.5	0.5	0.5	0.5	0.5	0.5	0	0	0	0
稀释液	0	0.5	0	0.5	0	0.5	0.5	1.5	1.0	1.5
抗原	0.5	0	0.5	0	0.5	0	0.5	0	0	0
补体	0.5	0.5	0.5	0.5	0.5	0.5	0.5	0	0.5	0
37℃水浴20分钟										
溶血素	0.5	0.5	0.5	0.5	0.5	0.5	0.5	0.5	0.5	0.5
2.5%绵羊红细胞悬液	0.5	0.5	0.5	0.5	0.5	0.5	0.5	0.5	0.5	0.5
37℃水浴20分钟										
判定结果举例	++++	−	++++	−	−	−	−	++++	++++	++++

判定　不加抗原的阳性血清对照管，不加或加抗原的阴性血清对照管，抗原对照管呈完全溶血反应。溶血素对照管，补体对照管呈完全抑制溶血。

对照正确无误，即可对被检血清进行判定。

判定标准　0～40%溶血为阳性；50%～90%溶血为可疑；100%溶血为阴性。

【注意事项】　抗原实际使用浓度应比测出的效价高25%，即如测出效价为1：100，使用时作1：75稀释。

【规格】　（1）1ml/瓶　（2）3ml/瓶　（3）5ml/瓶

【贮藏与有效期】　2～8℃保存，有效期为18个月。

阳 性 血 清

【性状】　疏松团块，易与瓶壁脱离，加稀释液后迅速溶解。

【无菌检验】　按附录3306进行检验，应无菌生长。

【效价测定】　1：5稀释的血清，应无抗补体作用。与按抗原效价稀释使用的抗原作补体结合试验时，1：10稀释的血清应完全抑制溶血，1：100稀释的血清应为20%～80%抑制溶血。

【剩余水分测定】　按附录3204进行测定，应符合规定。

【规格】　（1）1ml/瓶　（2）2ml/瓶

【贮藏与有效期】　8℃以下保存，有效期为120个月。

阴 性 血 清

【性状】、**【无菌检验】**、**【剩余水分测定】**、**【规格】**、**【贮藏与有效期】**　同阳性血清。

【效价测定】　1：10稀释阴性血清，与按抗原效价稀释使用的抗原反应，应为阴性反应。

CVP3/2015/ZDZP/004

布氏菌病虎红平板凝集试验抗原

Bushijunbing Huhong Pingbanningjishiyan Kangyuan

***Brucella* Antigen for Rose-Bengal Plate Agglutination Test**

本品系用布氏菌S2株（CVCC 70502）或S2和A99株（CVCC 70502和CVCC 70203）接种适宜培养基培养，收获菌体，经加热灭活、离心后用虎红染液染色，悬浮于乳酸缓冲液中制成。用于虎红平板凝集试验诊断布氏菌病。

【性状】 外观 均匀悬浮液，久置后，上部澄清，底部有少量沉淀。

pH值 为3.60～3.70。

【无菌检验】 按附录3306进行检验，应无菌生长。

【效价测定】 取被检抗原0.03ml，分别与等量布氏菌病凝集试验阳性血清国家标准品（1000 IU/ml）的1∶10、1∶20、1∶45、1∶55稀释度作平板凝集试验，同时用抗原参考品作对照，于4分钟内观察反应结果。当标准血清1∶45稀释时，肉眼应观察到凝集，当标准血清1∶55稀释时，肉眼应观察不到凝集，并且与参照抗原的反应一致。

【特异性检验】 取被检抗原和抗原参考品，分别与阴性血清5～10份进行平板凝集试验，应无凝集反应。

【缓冲能力测定】 取被检抗原，与等量阴性血清混合，用pH计测定，pH值应为3.9～4.0。

【作用与用途】 用于虎红平板凝集试验诊断布氏菌病。

【用法与判定】 取被检血清0.03ml与抗原0.03ml相混合，4分钟内观察结果。凡出现＋以上反应者判为阳性。对出现阳性反应的动物，须进一步作补体结合试验或其他诊断试验。凝集反应判定标准见附注。

【注意事项】 （1）使用前应充分摇匀，出现污染或有摇不散的凝块时不得使用。

（2）抗原和血清应在室温中放置30～60分钟后，再进行试验。

【规格】 （1）5ml/瓶 （2）10ml/瓶 （3）20ml/瓶

【贮藏与有效期】 2～8℃保存，有效期为12个月。

附注：凝集反应结果判定

＋＋＋＋ 出现大的凝集片或颗粒，液体完全透明。

＋＋＋ 有明显的凝集颗粒，液体几乎完全透明。

＋＋ 有较明显的凝集颗粒，液体稍透明。

＋ 稍能见到凝集，液体混浊。

－ 无凝集，液体均匀混浊。

CVP3/2015/ZDZP/005

布氏菌病全乳环状反应抗原

Bushijunbing Quanru Huanzhuangfanying Kangyuan

***Brucella* Antigen for Whole-Milk Ring Test**

抗原系用布氏菌A99株（CVCC 70203）接种适宜培养基培养，收获菌体，染色，经加热灭活、离心后标化制成。用于全乳环状反应试验诊断家畜布氏菌病。

【性状】 均匀混悬液，久置后，上部澄清，底部有少量沉淀。

【无菌检验】 按附录3306进行检验，应无菌生长。

【效价测定】 用0.5%苯酚生理盐水将被检抗原和抗原参考品分别作1：20稀释，阳性血清国家标准品作1：300、1：400、1：500、1：600、1：700稀释。取稀释的被检抗原和参照抗原各0.5ml，分别与不同稀释度的血清等量混合做凝集试验，两种抗原的凝集价均应为对最终1：1000稀释阳性血清（++）。

【特异性检验】 取被检抗原和参照抗原，分别与阴性血清做凝集试验（血清稀释度从1：25开始，2倍系列稀释至1：200）。应均无凝集反应。

【作用与用途】 用于全乳环状反应试验诊断家畜布氏菌病。

【用法与判定】 （1）取牛的新鲜全乳1.0ml于小试管内，加入本品1滴（约0.05ml），充分混匀，置37℃ 1小时后取出，判定结果。

（2）判定

强阳性反应　+++　乳柱上层乳脂形成明显红色环带，乳柱白色，临界分明。

阳性反应　++　乳脂层呈红色，但不显著，乳柱略带颜色。

弱阳性反应　+　乳脂层环带颜色，乳柱不褪色。

疑似反应　±　乳脂层环带颜色不明显，分界不清，乳柱不褪色。

阴性反应　—　乳柱上层无任何变化，乳柱颜色均匀。

【注意事项】 凡腐败、变酸、冻结、脱脂以及患有乳房炎的牛的乳不得用于本试验。

【规格】 （1）5ml/瓶　（2）10ml/瓶　（3）20ml/瓶

【贮藏与有效期】 2～8℃保存，有效期为18个月。

附注：抗原检验凝集试验

++++　菌体完全凝集和沉淀，液体100%清亮。

+++　菌体几乎完全凝集和沉淀，液体75%清亮。

++　有显著的凝集和沉淀，液体50%清亮。

+　有清楚可见的凝集和沉淀，液体25%清亮。

—　无凝集和沉淀，液体均匀混浊。

CVP3/2015/ZDZP/006

布氏菌病试管凝集试验抗原、阳性血清与阴性血清

Bushijunbing Shiguanningjishiyan Kangyuan, Yangxingxueqing Yu Yinxingxueqing

***Brucella* Antigen, Positive Sera and Negative Sera for Tube Agglutination Test**

抗原系用布氏菌S2株（CVCC 70502）或S2和A99株（CVCC 70502和CVCC 70203）接种适宜培养基培养，收获培养物，经灭活、离心后悬浮于0.5%苯酚生理盐水中制成。用于试管凝集试验诊断布氏菌病。

抗　原

【性状】 均匀悬浮液，久置后为透明清亮液体，底部有少量菌体沉淀。

【无菌检验】 按附录3306进行检验，应无菌生长。

【效价测定】 取本品和抗原参考品，分别与阳性血清国家标准品的1：600、1：800、1：1000、1：1200、1：1400 5个稀释度进行凝集试验，两种抗原的凝集价均应为对最终1：1000稀释阳性血清（++）。

【特异性检验】 取本品和参照抗原，分别与布氏菌阴性血清进行凝集试验（血清稀释度由1：25作2倍系列稀释至1：200），任何稀释度均应无凝集反应。

【作用与用途】 用于试管凝集试验诊断布氏菌病。

【用法与判定】 （1）抗原使用时作1：20稀释，被检血清分别作1：12.5、1：25、1：50、1：100、1：200稀释，同时设阴性血清和阳性血清对照。

（2）抗原和血清各加0.5ml于试管中，置37℃作用24小时，观察凝集试验结果。

（3）结果判定：牛、马、鹿、骆驼血清1：100（++）为阳性，1：50（++）为可疑。猪、羊、犬1：50（++）为阳性，1：25（++）为可疑。

对试验结果为“可疑”的动物，应于3～4周后重新采血检验，仍为可疑时，判为阳性。

凝集反应判定标准见附注。

【注意事项】 （1）不适用于粗糙型布氏菌感染的诊断。

（2）出现污染或有摇不散的凝块时，不得使用。

（3）用0.5%苯酚生理盐水稀释，限当日用完。

（4）使用时应充分摇匀。

【规格】 （1）10ml/瓶 （2）20ml/瓶

【贮藏与有效期】 2～8℃保存，有效期为18个月。期满后测定效价，如符合规定，可继续使用6个月。

阳 性 血 清

【性状】 疏松团块，易与瓶壁脱离，加稀释液后迅速溶解。

【无菌检验】 按附录3306进行检验，应无菌生长。

【效价测定】 血清与布氏菌病试管凝集试验抗原的凝集价应不低于1：800；在1：25稀释时，应不发生前滞现象。

【剩余水分测定】 按附录3204进行测定，应符合规定。

【规格】 （1）1ml/瓶 （2）2ml/瓶 （3）5ml/瓶

【贮藏与有效期】 8℃以下保存，有效期为120个月。

阴 性 血 清

【性状】、**【无菌检验】**、**【剩余水分测定】**、**【规格】** 同阳性血清。

【效价测定】 与布氏菌病试管凝集试验抗原应无凝集反应。

【贮藏与有效期】 8℃以下保存，有效期为120个月。

附注：凝集反应判定标准

++++ 菌体完全凝集和沉淀，液体100%清亮。

+++ 菌体几乎完全凝集和沉淀，液体75%清亮。

++ 有显著的凝集和沉淀，液体50%清亮。

+ 有清楚可见的凝集和沉淀，液体25%清亮。

– 无凝集和沉淀，液体均匀混浊。

CVP3/2015/ZDZP/007

产气荚膜梭菌定型血清

Chanqijiamosuojun Dingxing Xueqing

Antisera for Serotyping of *Clostridium Perfringens*

本品系用A、B、C、D型产气荚膜梭菌类毒素和毒素分别多次接种绵羊后，采血，分离血清，加适宜防腐剂制成。用于中和试验诊断产气荚膜梭菌病与产气荚膜梭菌定型。

【性状】 澄清液体，久置后，瓶底有微量沉淀。

【无菌检验】 按附录3306进行检验，应无菌生长。

【安全检验】 用体重16～20g小鼠5只，各静脉注射血清0.5ml；另用体重250～450g豚鼠2只，各皮下注射血清5.0ml。观察10日，应全部健活。

【效价测定】 用体重16～20g小鼠，进行血清毒素中和试验，应符合下列标准：

（1）A型血清0.1ml，能中和A型毒素 10MLD以上，但不能中和B、C、D型毒素。

（2）B型血清0.1ml，能中和B型毒素100MLD以上，同时也能中和A、C、D型毒素。

（3）C型血清0.1ml，能中和C型毒素100MLD以上，同时也能中和A、B型毒素，但不能中和D型毒素。

（4）D型血清0.1ml，能中和D型毒素100MLD以上，同时也能中和A型毒素，但不能中和B、C型毒素。

【汞类防腐剂残留量测定】 按附录3202进行测定，应符合规定。

【作用与用途】 用于中和试验诊断产气荚膜梭菌病与产气荚膜梭菌定型。

【用法与用量】 供定型时，用各型血清1.0ml，分别加入1.0ml的待检毒素（含20～100个小鼠MLD），置37℃作用40分钟，然后静脉注射小鼠0.2ml，观察24小时，按下表判定结果。供诊断用时，取死亡动物肠内容物加适量生理盐水混合均匀，离心沉淀，用赛氏滤器过滤（无条件时，可不滤过），取滤液或离心上清液1份，加血清1份，混合均匀，置37℃作用40分钟，然后静脉注射小白鼠0.2～0.4ml，或静脉注射兔1.0～2.0ml，同时设置注射致死量滤液或上清的小鼠或兔作为对照，观察24小时，按下表判定结果。

表　中和试验结果判定

毒素型	血清型			
	A	B	C	D
A	+	+	+	+
B	−	+	+	−
C	−	+	+	−
D	−	+	−	+

注：+表示中和，小鼠或兔存活；− 表示不能中和，小鼠或兔死亡。

C型血清中和B型毒素的能力较弱。

【规格】 20ml/瓶

【贮藏与有效期】 2～8℃保存，有效期为36个月。

CVP3/2015/ZDZP/008

传染性牛鼻气管炎中和试验抗原、阳性血清与阴性血清

Chuanranxingniubiqiguanyan Zhongheshiyan Kangyuan, Yangxingxueqing Yu Yinxingxueqing

Infectious Bovine Rhinotracheitis Virus Antigen, Positive Sera and Negative Sera for Neutralization Test

抗原系用传染性牛鼻气管炎病毒Nu/67株（CVCC AV20）接种敏感细胞培养，收获培养物加适宜稳定剂，经冷冻真空干燥制成；阳性血清系用上述抗原接种健康犊牛，采血，分离血清制成；阴性血清系用健康牛采血，分离血清制成。用于血清中和试验检测传染性牛鼻气管炎（IBR）病毒抗体。

抗　原

【性状】 海绵状疏松团块，易与瓶壁脱离，加稀释液后迅速溶解。

【无菌检验】 按附录3306进行检验，应无菌生长。

【支原体检验】 按附录3308进行检验，应无支原体生长。

【效价测定】 将被检抗原用0.5%乳汉液（pH7.1～7.2）作10倍系列稀释，取10^{-5}、10^{-6}、10^{-7}3个稀释度的抗原，接种96孔细胞板，每稀释度接种5孔，每孔0.1ml，接种后每孔再加入每毫升50万牛肾或牛睾丸继代细胞0.2ml，同时设立细胞对照，置37℃、5%CO_2培养箱培养5～7日，每日观察CPE，细胞对照不应出现CPE。根据出现CPE的被检抗原组细胞孔数计算$TCID_{50}$。每0.1ml病毒含量应不少

于$10^{6.0}$ $TCID_{50}$。

【特异性检验】 将被检抗原用乳汉液作100倍稀释，与等量抗传染性牛鼻气管炎病毒特异性血清混合，置37℃中和1小时，接种48孔细胞培养板，共10孔，每孔0.2ml，每孔再加入每毫升50万牛肾或牛睾丸次代细胞悬液0.3ml，置37℃、5%CO_2培养箱培养5～7日观察，应不出现CPE。

【剩余水分测定】 按附录3204进行测定，应符合规定。

【真空度测定】 按附录3103进行测定，应符合规定。

【作用与用途】 用于血清中和试验检测传染性牛鼻气管炎（IBR）病毒抗体。

【用法与判定】 使用前，将抗原用乳汉液稀释成每0.1ml或0.05ml约含100 $TCID_{50}$。试验时，取稀释后的抗原与被检血清（测定抗体效价时，将血清做2倍系列稀释）等量混合，置37℃中和1小时，再接种细胞，每份样品接种4小瓶或4个细胞孔，同时设阳性和阴性血清、正常细胞、被检血清毒性、抗原效价验证等对照，定时观察细胞病变，于72小时最终判定结果。当各项对照成立，被检血清能使50%以上细胞瓶（孔）不出现细胞病变时，判为阳性。

【规格】 （1）0.5ml/瓶 （2）1ml/瓶

【贮藏与有效期】 2～8℃保存，有效期为9个月；－15℃以下保存，有效期为36个月。

阳 性 血 清

【性状】 澄清液体。

【无菌检验】 按附录3306进行检验，应无菌生长。

【效价测定】 将被检血清用无血清MEM作2倍系列稀释，取1：64～1：2048稀释度接种96孔细胞培养板，每稀释度接种5孔，每孔0.1ml，每孔加入每0.1ml含100 $TCID_{50}$ IBRV中和试验抗原的抗原液0.1ml，同时设不加病毒的血清对照、细胞及100 $TCID_{50}$病毒对照，37℃作用1小时，每孔加入每毫升100万牛肾或牛睾丸次代细胞悬液0.1ml，置37℃、5%CO_2培养箱培养5～7日，每日观察CPE，病毒对照孔应出现CPE，不加病毒的血清对照及细胞对照不应出现CPE。根据不出现CPE的血清中和组细胞孔数按Reed-Muench法计算血清中和效价。中和抗体效价应不低于1：256。

【规格】 2ml/瓶

【贮藏与有效期】 －15℃以下保存，有效期为36个月。

阴 性 血 清

【性状】、**【无菌检验】**、**【规格】**、**【贮藏与有效期】** 同阳性血清。

【特异性测定】 将被检血清接种48孔细胞培养板，共10孔，每孔0.1ml，每孔再加入每0.1ml含100 $TCID_{50}$ IBR中和试验抗原液0.1ml，同时设立不加病毒血清对照、细胞及100 $TCID_{50}$病毒对照，37℃作用1小时，每孔加入每毫升100万牛肾或牛睾丸次代细胞悬液0.1ml，置37℃、5%CO_2培养箱培养5～7日，每日观察CPE，不加病毒血清对照及细胞对照不应出现CPE，所有病毒对照及血清中和孔均应出现CPE。

CVP3/2015/ZDZP/009

冻 干 补 体

Donggan Buti

Lyophilized Complement

本品系用健康豚鼠采血，分离血清，经冷冻真空干燥制成。用于补体结合试验。

【性状】 疏松团块，易与瓶壁脱离，加稀释液后迅速溶解。

【效价测定】 （1）补体　将待检补体用生理盐水稀释成1：10。

（2）溶血素　按溶血素中的方法进行效价测定。按溶血素效价的2倍使用。例如：溶血素效价为1：2000时，使用1：1000倍的稀释液。

（3）绵羊红细胞悬液　按附录红细胞悬液制备法配制成2.5%绵羊红细胞悬液。

准备好上述各成分后，按下表进行补体效价测定。

表　补体效价测定术式　　单位：ml

成　分	试管列号													
	1	2	3	4	5	6	7	8	9	10	11	12	13	14
1：20补体	0.10	0.13	0.16	0.19	0.22	0.25	0.28	0.31	0.34	0.37	0.40	0.43		
生理盐水	1.40	1.37	1.34	1.31	1.28	1.25	1.22	1.19	1.16	1.13	1.10	1.07	1.50	2.00
37℃水浴20 分钟														
溶血素	0.50	0.50	0.50	0.50	0.50	0.50	0.50	0.50	0.50	0.50	0.50	0.50	0.50	
2.5%绵羊红细胞悬液	0.50	0.50	0.50	0.50	0.50	0.50	0.50	0.50	0.50	0.50	0.50	0.50	0.50	0.50
37℃水浴20 分钟														

效价测定 按以下公式进行计算，补体效价不低于1：25为合格。

补体效价＝1：（0.5/能使红细胞完全溶解的最小补体量）×补体稀释倍数

【剩余水分测定】 按附录3204进行测定，应符合规定。

【作用与用途】 用于补体结合试验。

【用法与用量】 按瓶签注明装量加入生理盐水，充分溶解后，再按【效价测定】项测定补体效价，决定其使用量。

【注意事项】 （1）应防止阳光照射和37℃以上温度影响。

（2）应在室温条件下操作。

（3）稀释后，限当日用完。

【规格】 （1）1ml/瓶　（2）2ml/瓶　（3）4ml/瓶

【贮藏与有效期】 2～8℃冷藏或－15℃以下冷冻保存，有效期为24个月。

CVP3/2015/ZDZP/010

鸡白痢、鸡伤寒多价染色平板凝集试验抗原、阳性血清与阴性血清

Jibaili, Jishanghan Duojia Ranse Pingbanningjishiyan Kangyuan, Yangxingxueqing Yu Yinxingxueqing

***Salmonella pullorum* and *Salmonella gallinarum* Polyvalent Antigen, Positive Sera and Negative Sera for Plate Blood Agglutination Test**

抗原系用标准型鸡白痢沙门氏菌C79-1株（CVCC 79201）和变异型鸡白痢沙门氏菌C79-7株（CVCC 79207）分别接种适宜培养基培养，收获培养物，混合后用含甲醛溶液的磷酸盐缓冲盐水制成菌液，乙醇处理，加结晶紫乙醇溶液和甘油制成；阳性血清系用标准型和变异型鸡白痢沙门氏菌灭活抗原分别接种健康羊或兔，采血，分离血清，标化后制成，或经冷冻真空干燥制成冻干血清；阴性血清系用兔采血，分离血清，标化后制成，或经冷冻真空干燥制成冻干血清。用于全血平板凝集试验诊断鸡白痢和鸡伤寒。

抗　　原

【性状】 混悬液。静置后，菌体下沉，振摇后呈均匀混悬液。将本品滴于平板，在2分钟内应不出现自凝现象。

【无菌检验】 按附录3306进行检验，应无菌生长。

【效价测定】 在平板上分两处各滴抗原1滴，每滴为0.05ml。然后分别滴加标准型血清和变异型血清标准品各0.05ml（均含0.5 IU），混合。在2分钟之内出现不低于50%凝集者为合格。

【特异性检验】 在平板上滴加抗原1滴，再滴加阴性血清1滴，混合后，应无凝集反应。

【作用与用途】 用于全血平板凝集试验诊断鸡白痢和鸡伤寒。

【用法与判定】 适用于产蛋母鸡及3月龄以上鸡。用滴管吸取抗原，垂直滴于玻板上1滴（相当于0.05ml），然后用针头刺破鸡的肱静脉或冠尖，取血0.05ml（相当于内径7.5～8.0mm金属丝环的2满环血液），与抗原混合均匀，并涂散成直径约2.0cm的液面，2分钟内判定结果。发生50%（++）以上凝集，为阳性；不发生凝集，为阴性；介于上述两者之间，为可疑。

同时应设强阳性、弱阳性、阴性血清对照（各1滴），分别滴加抗原1滴混匀，在2分钟内，强阳性血清应出现100%凝集，弱阳性血清应出现50%凝集，阴性血清应不凝集。

【注意事项】 试验应在20℃以上环境中进行。

【规格】 （1）5ml/瓶　（2）10ml/瓶　（3）15ml/瓶

【贮藏与有效期】 2～8℃保存，有效期为36个月。

阳 性 血 清

【性状】 澄清液体，久置后，有少量沉淀；冻干血清为疏松团块。

【无菌检验】 按附录3306进行检验，应无菌生长。

【效价测定】 用弱阳性血清（每1.0ml含10 IU）与抗原进行平板凝集试验，应出现不低于50%凝集反应（++）；用强阳性血清（每1.0ml 含500 IU）与抗原进行平板凝集试验，应出现100%凝

集（++++）。

【规格】 液体血清：（1）2ml/瓶 （2）5ml/瓶 （3）10ml/瓶

冻干血清：1ml/瓶

【贮藏与有效期】 液体血清：2～8℃保存，有效期为12个月。冻干血清：2～8℃保存，有效期为48个月；－15℃以下保存，有效期为96个月。

阴 性 血 清

【性状】 澄清液体，久置后，有少量沉淀；冻干血清为疏松团块。

【无菌检验】 按附录3306进行检验，应无菌生长。

【效价测定】 将原血清与鸡白痢鸡伤寒凝集抗原作平板凝集试验，应无凝集反应。

【规格】 （1）2ml/瓶 （2）5ml/瓶 （3）10ml/瓶

【贮藏与有效期】 2～8℃保存，有效期为24个月。

CVP3/2015/ZDZP/011

鸡毒支原体虎红血清平板凝集试验抗原、阳性血清与阴性血清

Jiduzhiyuanti Huhong Xueqingpingbanningjishiyan Kangyuan, Yangxingxueqing Yu Yinxingxueqing

Mycoplasma gallisepticum **Antigen (Rose-Bengal), Positive Sera and Negative Sera for Plate Agglutination Test**

抗原系用鸡毒支原体S_6菌株（CVCC 353），接种适宜培养基培养，收获培养物，经离心、洗涤、悬浮、超声裂解、虎红染色制成；阳性血清系用鸡毒支原体培养物接种SPF鸡，采血，分离血清制成；阴性血清系用SPF鸡采血，分离血清制成。用于血清平板凝集试验诊断鸡毒支原体感染。

抗　　原

【性状】 均匀混悬液。静置后，菌体下沉，上部澄清，振摇后，又恢复混悬状态，应不出现凝集团块或颗粒。将抗原滴在检测板上，应为均质，无肉眼可见的颗粒，无自凝现象。

【无菌检验】 按附录3306进行检验，应无菌生长。

【效价测定】 取抗鸡毒支原体参考血清0.025ml（100 IU/ml）与等量被检抗原混合作血清平板凝集试验，摇动反应板，应在30秒内出现初凝，2分钟末时出现阳性反应。

【特异性检验】 取被检抗原分别与阴性血清和磷酸缓冲盐水作平板凝集试验，均应不出现凝集。

【作用与用途】 用于血清平板凝集试验诊断鸡毒支原体感染。

【用法与判定】 在洁净白陶瓷板或玻璃板上，分别滴抗原和待检血清各2滴（约0.025ml），充分混合，摇动反应板，2分钟时判定结果：出现明显凝集颗粒或凝集块，背景清亮者判为阳性；不出现凝集者判为阴性；介于二者之间判为可疑。每次检验均应设阳、阴性血清对照。在2分钟内，阳性血清应出现明显的凝集反应，阴性血清应不出现凝集反应。

【注意事项】 （1）平板凝集试验应在18℃以上条件下进行。

（2）抗原使用前应充分摇匀。

（3）被检血清切忌冻结。

（4）试验所用一切器材应清洁无污。

【规格】 （1）2ml/瓶 （2）5ml/瓶

【贮藏与有效期】 2～8℃保存，有效期为36个月。

阳 性 血 清

【性状】 澄清液体。

【无菌检验】 按附录3306进行检验，应无菌生长。

【效价测定】 将血清作1：16稀释，与等量抗原作玻片凝集试验。于2分钟内呈现＋＋以上的凝集。

【规格】 （1）1ml/瓶 （2）2ml/瓶

【贮藏与有效期】 2～8℃保存，有效期为30个月。

阴 性 血 清

【性状】 澄清液体。

【无菌检验】 按附录3306进行检验，应无菌生长。

【效价测定】 对血清平板凝集试验抗原应为阴性反应。

【规格】 （1）1ml/瓶 （2）2ml/瓶

【贮藏与有效期】 2～8℃保存，有效期为24个月。

CVP3/2015/ZDZP/012

鸡毒支原体结晶紫血清平板凝集试验抗原、阳性血清与阴性血清

Jiduzhiyuanti Jiejingzi Xueqingpingbanningjishiyan Kangyuan, Yangxingxueqing Yu Yinxingxueqing

Mycoplasma gallisepticum **Antigen (Crystal Violet), Positive Sera and Negative Sera for Plate Agglutination Test**

抗原系用鸡毒支原体S6株（CVCC 353）接种适宜培养基培养，收获培养物，离心，收集菌体，加结晶紫染色后，用枸橼酸钠磷酸盐缓冲液配制而成；阳性血清系用鸡毒支原体培养物接种SPF鸡，采血，分离血清制成；阴性血清系用SPF鸡采血，分离血清制成。用于血清平板凝集试验诊断鸡毒支原体感染。

抗 原

【性状】 均匀混悬液。静置后，菌体下沉，振摇后，呈均匀混悬液。将抗原滴在检测板上，应为均质，无肉眼可见的颗粒，无自凝现象。

【无菌检验】 按附录3306进行检验，应无菌生长。

【效价测定】 取抗鸡毒支原体参考血清0.025ml（100 IU/ml）与等量被检抗原混合作平板凝集试验，应在30秒内开始出现凝集，在2分钟时，应出现＋＋（50%凝集）或＋＋以上凝集。

【特异性检验】 取被检抗原与阴性血清作平板凝集试验，应无凝集反应。

【作用与用途】 用于血清平板凝集试验诊断鸡毒支原体感染。

【用法与判定】 适用于2月龄以上鸡。在反应板上滴加抗原2滴（约0.025ml），然后滴入等量被检血清，与抗原充分混合，涂成直径约1.5～2cm的液面，摇动玻板，在2分钟时判定结果：发生＋＋以上凝集，为阳性；不发生凝集，为阴性；介于二者之间，为可疑反应。每次检测均应设阳性血清、阴性血清对照。在2分钟内，阳性血清应出现＋＋以上的凝集，阴性血清不凝集。

【注意事项】 （1）试验应在20℃左右条件下进行。

（2）使用时抗原必须充分摇匀。

（3）试验所用的一切器材应清洁无污。

【规格】 （1）2ml/瓶 （2）5ml/瓶

【贮藏与有效期】 2～8℃保存，有效期为30个月。

阳性血清

【性状】 澄清液体。

【无菌检验】 按附录3306进行检验，应无菌生长。

【效价测定】 将血清作1：16稀释，与等量抗原作玻片凝集试验。于2分钟内呈现＋＋以上的凝集。

【规格】 （1）1ml/瓶 （2）2ml/瓶

【贮藏与有效期】 2～8℃保存，有效期为30个月。

阴性血清

【性状】 澄清液体。

【无菌检验】 按附录3306进行检验，应无菌生长。

【效价测定】 对血清平板凝集试验抗原应为阴性反应。

【规格】 （1）1ml/瓶 （2）2ml/瓶

【贮藏与有效期】 2～8℃保存，有效期为30个月。

CVP3/2015/ZDZP/013

口蹄疫病毒非结构蛋白3ABC ELISA抗体检测试剂盒

Koutiyibingdu Feijiegoudanbai 3ABC ELISA Kangti Jianceshijihe

Foot and Mouth Disease Virus Nonstructural Protein 3ABC ELISA Antibody Detection kit

本品系用大肠杆菌表达的口蹄疫病毒非结构蛋白3ABC，经纯化、复性后作为抗原，包被ELISA板，与八种制剂，包括稀释液、抗体、缓冲液、终止液和洗涤液等制成。用于检测牛、羊、猪血清中的口蹄疫病毒非结构蛋白3ABC抗体，区分病毒感染动物和灭活疫苗免疫动物。

【性状】 应密封完好、无破损、无渗漏。96孔抗原包被ELISA板，血清稀释液，牛、羊和猪的阳性血清，牛、羊和猪的阴性血清，兔抗牛、羊和猪IgG酶结合物，底物溶液A，底物溶液B，终止液，25倍浓缩PBST洗液等组分齐全。

【无菌检验】 按附录3306对阳性血清、阴性血清和血清稀释液进行检验，均应无菌生长。

【效价检验】 抽取一批生产的试剂盒1件，按试剂盒说明书操作，检测阳性、阴性血清，阳性血清OD_{450nm}值不低于0.6，阴性血清OD_{450nm}值不超过0.2，为合格。

【特异性检验】 按【用法与判定】进行，检测非免疫非感染正常牛、羊和猪血清、口蹄疫灭活疫苗免疫牛、羊和猪血清20份，结果应95%以上为阴性。

【敏感性检验】 按【用法与判定】进行，检测口蹄疫病毒感染牛、羊和猪1～5个月的血清20份，结果应100%为阳性。

【作用与用途】 用于检测牛、羊、猪的口蹄疫病毒非结构蛋白3ABC抗体。可用于病毒感染动物和灭活疫苗免疫动物的鉴别诊断。

【用法与判定】 将试剂盒配备的25倍浓缩PBST用去离子水或蒸馏水作1：25倍稀释后，进行如下操作：

（1）待检血清样品和阳性、阴性对照血清用血清稀释液1：21倍稀释（120μl血清稀释液加血清6μl），每孔加入100μl，阴、阳性对照血清样品平行加两孔，用封口膜封口，37℃结合30分钟。

（2）取掉封口膜，每孔加满洗涤液，洗涤5次，最后1次拍干。

（3）用血清稀释液按1：100倍稀释酶标二抗，每孔加入100μl，用封口膜封口，37℃结合30分钟。

（4）取掉封口膜，每孔加满洗涤液，洗涤5次，最后1次拍干。

（5）将底物A按1：50倍（体积比）稀释于底物B中（1.0ml底物B中加入20μl的底物A），吹打混匀，每孔加入100μl，封口膜封口，37℃避光作用10～15分钟。

（6）每孔加入100μl终止液。

（7）轻轻摇振混匀，测定波长450 nm吸光值（OD_{450nm}值）。

（8）阳性对照平均OD值应高于0.6；阴性对照平均OD值应小于0.2。

（9）结果计算：样品效价为=（OD样品－OD阴性）÷（OD阳性－OD阴性）。

（10）判定：若效价小于0.2，为阴性；效价在0.2～0.3之间为可疑；效价高于0.3为阳性。可疑样品应进行复测，复测为可疑或者阳性时，应判为阳性。

	1	2	3	4	5	6	7	8	9	10	11	12
A	阴性											
B	阴性											
C	阳性											
D	阳性											
E												
F												
G												
H												

96孔酶标板布局图

【注意事项】 （1）严格遵守生物安全规定。

（2）来自疫区和实验室的所有感染动物的血清，应在相应生物安全条件下进行。

（3）确保酶标板密封，严防酶标板受潮。

（4）严格按试剂盒使用说明操作，特别注意控制标明的时间。

（5）试验废料、废水等应进行无害化处理。

【规格】 2个96孔板/盒

【贮藏与有效期】 2～8℃保存，有效期为6个月。

CVP3/2015/ZDZP/014

口蹄疫病毒亚洲1型抗体液相阻断ELISA检测试剂盒

Koutiyibingdu Yazhouyixing Kangti Yexiangzuduan ELISA Jianceshijihe

Liquid-phase Blocking ELISA Kit for Detecting Food and Mouth Disease Virus Type Asia 1 Antibodies

本品系采用亚洲1型口蹄疫病毒，经二乙烯亚胺灭活，蔗糖密度梯度离心纯化，制备兔抗血清和豚鼠抗血清，用兔抗血清包被ELISA板，并配以灭活病毒抗原、豚鼠抗血清、兔抗豚鼠IgG—辣根过氧化物酶结合物、豚鼠抗血清稀释液、底物溶液、洗涤液和终止液等制成。用于检测猪、牛、羊等偶蹄动物血清中口蹄疫亚洲1型病毒抗体。

【性状】 密封完好、无破损、无渗漏。包被ELISA板、口蹄疫亚洲1型病毒抗原、口蹄疫亚洲1型豚鼠抗血清、兔抗豚鼠IgG—辣根过氧化物酶结合物、3%双氧水、口蹄疫亚洲1型阳性对照血清、口蹄疫亚洲1型阴性对照血清、25倍浓缩洗涤液、豚鼠抗血清稀释液、终止液、底物缓冲液、邻苯二胺片剂等组分齐全。

【无菌检验】 按附录3306对口蹄疫亚洲1型病毒抗原、口蹄疫亚洲1型阳性对照血清、口蹄疫亚洲1型阴性对照血清和豚鼠抗血清稀释液进行检验，均应无菌生长。

【效价检验】 按【用法与判定】项进行检验，口蹄疫亚洲1型阳性对照抗体效价应在1：1024±1滴度以内，口蹄疫亚洲1型阴性对照血清抗体效价应不超过1：8。

【特异性检验】 按【用法与判定】项检测口蹄疫亚洲1型、A型、C型、O型和猪水泡病病毒感染牛或猪阳性血清，与口蹄疫亚洲1型病毒阳性血清应呈阳性反应，与口蹄疫其他型血清和猪水疱病阳性血清应呈阴性反应。

【敏感性检验】 将口蹄疫亚洲1型阳性质控血清作1：16、1：32…，直至1：2048。按【用法与判定】项进行检验，1：16～1：512对应稀释孔应均为阳性，1：2048稀释孔应为阴性。

【作用与用途】 用于检测牛、羊和猪等偶蹄动物血清中口蹄疫亚洲1型病毒抗体，适用于动物疫苗免疫抗体检测。

【用法与判定】

1 试剂配制（临用前配制）

1.1 洗涤液 取25倍浓缩洗涤液（PBST）1份，加去离子水或蒸馏水24份混合，即为工作浓度洗涤液。

1.2 包被缓冲液（0.05mol/L $Na_2CO_3/NaHCO_3$，pH9.6） 取碳酸盐缓冲液胶囊1粒，溶于100ml去离子水中，充分溶解。贴标签，置2～8℃保存，30天内使用完。

1.3 底物溶液 先将试剂盒的底物缓冲液片溶于100ml去离子水中，然后，取该溶液50ml，加入邻苯二胺（OPD）1片。充分溶解，定量（5.0ml/瓶）分装，—20℃以下避光保存。使用时的配比为每1.0ml溶液加入试剂盒内3%双氧水（H_2O_2）10μl。

1.4 其他试剂 口蹄疫亚洲1型病毒抗原、豚鼠抗血清和兔抗豚鼠IgG-辣根过氧化物酶结合物，均按标签注明的工作浓度，分别用洗涤液、豚鼠抗血清稀释液和洗涤液，稀释即成。

1.5 待检血清样品稀释 将待检血清和洗涤液按体积比（1：1）混合。

1.6 口蹄疫亚洲1型阳性对照血清稀释 将口蹄疫亚洲1型阳性血清和洗涤液按体积比

（1：3）混合。

2 操作步骤

2.1 用包被缓冲液将口蹄疫亚洲1型兔抗血清稀释至工作浓度，加入酶标板（96孔/板），50μl/孔，用封板膜封板，室温过夜。

2.2 按样品布局图（以10份样品为例），在96孔“U”型板上，A1、A2 … A10孔加入待检血清，每孔50μl，每份血清作2个重复，2倍连续稀释，起始为1：4，每孔加入50μl病毒抗原，加入抗原后血清的起始稀释度为1：8；A11孔加入阳性对照血清50μl，2倍连续稀释至H11，起始为1：8，每孔加入50μl病毒抗原，加入抗原后血清的起始稀释度为1：16；A12孔加入阴性对照血清50μl，2倍稀释至B12，起始为1：2，每孔加入50μl病毒抗原，加入抗原后血清的起始稀释度为1：4；E12、F12、G12和H12每孔加入100μl病毒抗原，作为4个病毒抗原对照孔。轻微振荡反应板，用封板膜封板，置2～8℃过夜。

	1	2	3	4	5	6	7	8	9	10	11	12
A	S1 1：8	S1	S2	S2	S3	S3	S4	S4	S5	S5	+1：16	−1：4
B	1：16										1：32	1：8
C	1：32										1：64	
D	1：64										1：128	
E	1：128										1：256	病毒抗原对照
F	1：256										1：512	
G	1：512										1：1024	
H	1：1024										1：2048	

样品布局图

2.3 用洗涤液连续清洗包被酶标板5次，在吸水纸上拍干。将血清/病毒抗原反应板上的血清/病毒抗原混合液和病毒抗原对照液转移到酶标板上的对应孔内，50μl/孔，用封板膜封板，置37℃孵育60分钟。

2.4 用洗涤液将酶标板连续洗板5次，在吸水纸上拍干。加入稀释好的工作浓度的口蹄疫亚洲1型豚鼠抗血清，每孔50μl，用封板膜封板，置37℃孵育60分钟。

2.5 洗板5次，在吸水纸上拍干，加入稀释好的工作浓度的兔抗豚鼠IgG-辣根过氧化物酶结合物，每孔50μl，用封板膜封板，置37℃孵育60分钟。

2.6 洗板5次，在吸水纸上拍干，加入底物溶液，每孔50μl，置37℃孵育15分钟。

2.7 每孔加入终止液50μl，终止反应。

2.8 在酶标仪上读取各孔的OD_{492nm}值。

3 结果判定

3.1 试验成立条件 口蹄疫亚洲1型病毒抗原对照至少2个孔的OD_{492nm}值在1.0～2.0范围内；口蹄疫亚洲1型阴性对照血清抗体效价应小于1：8；口蹄疫亚洲1型阳性对照血清抗体效价应在1：512～1：2048之间。

3.2 血清抗体效价 抗体效价是以50%终点稀释度表示，以抗原对照孔平均OD_{492nm}值的50%为临界值。待检血清孔OD_{492nm}值大于临界值的为阴性孔，小于、等于临界值的为阳性孔。待检血清阳性孔的最高稀释度，为该份血清的抗体效价，血清最终稀释度用Karber法计算（下表）。

Karber法计算公式：$\log X = N - D(S - 0.5)$

X表示血清抗体效价；N = 全为阳性孔的最高稀释度的对数值（从出现阴性孔的上一稀释度开始计算）；D = 稀释倍数的对数值；S =各稀释度阳性孔比率总和（从出现阴性孔的上一稀释度开始计算）。

例如下表S4，1：8，2/2=1；1：16，1/2=0.5；1：32，2/2=1；1：64，1/2=0.5；1：128，0/2=0。则$N = \log 8^{-1} = -0.9$；$D = \log 2 = 0.3$，$S = 1+0.5+1+0.5+0 = 3$。

$\log X = -0.9 - 0.3(3 - 0.5) = -1.65$，$X = 10^{-1.65} = 1/45$，即该份血清抗体效价为1：45。

血清抗体效价判定样表

血清稀释度	样品编号							
	S1		S2		S3		S4	
1：8	++	2/2	++	2/2	++	2/2	++	2/2
1：16	++	2/2	++	2/2	++	2/2	+−	1/2
1：32	+−	1/2	++	2/2	+−	1/2	++	2/2
1：64	−	0/2	−	0/2	+−	1/2	+−	1/2
1：128	−	0/2	−	0/2	−	0/2	−	0/2
抗体效价	1：32		1：45		1：45		1：45	

注：“+”表示阳性孔，“−”表示阴性孔，“2/2”表示阳性孔比率。

3.3　判定

3.3.1 若血清抗体效价不低于1：128，判为口蹄疫亚洲1型抗体阳性。

3.3.2 若血清抗体效价接近1：128，判为可疑。可重检1次。

【注意事项】（1）试剂盒应2～8℃冷藏运输。

（2）解冻的OPD溶液加入双氧水后要1次用完，剩余不能重复使用。

（3）病毒抗原冻融次数不能超过3次。

【规格】 10个96孔板/盒

【贮藏与有效期】 口蹄疫亚洲1型病毒抗原在−20℃以下保存，试剂盒其余组分在2～8℃保存，有效期均为6个月。

CVP3/2015/ZDZP/015

口蹄疫O型抗体液相阻断ELISA检测试剂盒

Koutiyi O Xing Kangti Yexiangzuduan ELISA Jianceshijihe

Liquid-phase Blocking ELISA Kit for Detecting Food and Mouth Disease Virus O Type Antibodies

本品系采用口蹄疫O型病毒，经二乙烯亚胺灭活，蔗糖密度梯度离心纯化，制备兔抗血清和豚鼠抗血清，兔抗血清包被ELISA板，并配以病毒抗原、豚鼠抗血清、兔抗豚鼠IgG−辣根过氧化物酶结合物、底物溶液、洗涤液、终止液等制成，用于检测牛、羊和猪等偶蹄动物血清中口蹄疫O型病毒抗体。

【性状】 应密封完好、无破损、无渗漏。包被酶标板、口蹄疫O型阳性对照血清、口蹄疫O型阴性对照血清、口蹄疫O型病毒抗原、口蹄疫O型兔抗血清、口蹄疫O型豚鼠抗血清、豚鼠抗血清稀释液、兔抗豚鼠IgG—辣根过氧化物酶结合物、25×洗涤液、包被缓冲液胶囊、3%双氧水、底物缓冲液、邻苯二胺片、终止液、血清/病毒抗原反应板、封板膜和移液槽等组分齐全。

【无菌检验】 按附录3306对口蹄疫O型阳性对照血清、口蹄疫O型阴性对照血清、口蹄疫O型病毒抗原、口蹄疫O型兔抗血清、口蹄疫O型豚鼠抗血清和豚鼠抗血清稀释液进行检验，均应无菌生长。

【效价检验】 按【用法与判定】进行，口蹄疫O型阳性对照抗体效价应在1：1024±1滴度以内，口蹄疫O型阴性对照血清抗体效价应低于1：8。

【特异性检验】 按【用法与判定】进行，测定口蹄疫O型、A型、C型、亚洲1型和猪水泡病鼠毒感染牛或猪阳性血清，与口蹄疫O型阳性血清应呈阳性反应，与口蹄疫其他型和猪水泡病阳性血清应呈阴性反应。

【作用与用途】 用于检测牛、羊、猪等偶蹄动物血清中口蹄疫O型病毒抗体，适用于动物疫苗免疫抗体的检测。

【用法与判定】（1）在96孔血清/病毒抗原反应板上，以50μl/孔的量用洗涤液两倍连续稀释被检血清，从1：4至1：512。同时稀释阳性对照血清，从1：8～1：1024；稀释阴性对照血清，从1：2～1：4；将病毒抗原用洗涤液稀释至工作浓度（1：4），以50μl/孔的量加入被检血清、阴阳性对照血清的每一稀释孔内，振荡，4℃过夜。加入等量的病毒抗原后，血清的稀释度加倍，变为1：8～1：1024。

（2）将血清/病毒反应板上的各孔血清/病毒抗原混合液转移到已包被的ELISA板上相对应孔，50μl/孔，37℃孵育60分钟。

（3）用洗涤液连续洗板5次，在吸水纸上甩干，用豚鼠抗血清稀释液将口蹄疫O型豚鼠抗血清稀释至使用浓度（1：800），50μl/孔，加入ELISA板，37℃孵育60分钟。

（4）用洗涤液连续洗板5次，在吸水纸上甩干，用洗涤液将兔抗豚鼠IgG—辣根过氧化物酶结合物稀释至使用浓度（1：1000），每孔50μl加入ELISA板孔，37℃ 孵育60分钟。

（5）用洗涤液连续洗板5次，在吸水纸上甩干，每孔加50μl底物溶液，37℃，15分钟。15分钟后每孔再加 50μl终止液终止反应，在酶标仪上读取492 nm 波长处的OD_{492nm}值。

（6）对照的设立：每块板设口蹄疫O型病毒抗原对照4孔和口蹄疫O型阴阳性血清对照，病毒抗原对照不加任何血清，直接用PBST稀释至使用浓度，与血清/病毒抗原复合物同步加入ELISA板孔，50μl/孔。病毒抗原对照至少2个孔的OD_{492nm}值在1.0～2.0范围内。阳性对照抗体效价应在1：1024±1滴度以内。阴性对照血清抗体效价应低于1：8。

（7）结果判定：以病毒抗原对照平均OD_{492nm}值的50%为临界值，被检血清OD_{492nm}值大于临界值的孔为阴性孔，低于等于临界值的孔为阳性孔，阳性孔等于临界值时所对应的稀释度为被检血清的抗体效价。

抗体效价高于1：40判为口蹄疫O型抗体阳性；接近1：40判为可疑，应重测1次。

【注意事项】（1）试剂盒应2～8℃冷藏运输。

（2）解冻的OPD溶液加入双氧水后要1次用完，剩余不能重复使用。

（3）病毒抗原冻融次数不能超过3次。

（4）试验废料、废水等应进行无害化处理。

【规格】 10个96孔板/盒

【贮藏与有效期】 口蹄疫O型病毒抗原在–20℃以下保存，其余试剂盒组分在2～8℃保存，有效期均为6个月。

CVP3/2015/ZDZP/016

口蹄疫细胞中和试验抗原、阳性血清与阴性血清

Koutiyi Xibaozhongheshiyan Kangyuan, Yangxingxueqing Yu Yinxingxueqing

Foot and Mouth Disease Virus Antigen, Positive Sera and Negative Sera for Cell Neutralization Test

抗原系用口蹄疫病毒（O、A、C和亚洲1型）鼠毒分别接种仔猪肾细胞系（IBRS-2）培养，收获病毒培养物制成；阳性血清系用口蹄疫病毒O、A、C和亚洲-1型抗原分别接种豚鼠，采血，分离血清制成；阴性血清系用健康豚鼠采血，分离血清制成。用于细胞中和试验检测猪、牛、羊等偶蹄动物的口蹄疫病毒中和抗体。

抗　原

【性状】 澄清液体。

【无菌检验】 按附录3306进行检验，应无菌生长。

【支原体检验】 按附录3308进行检验，应无支原体生长。

【外源病毒检验】 按附录3305进行检验，应无外源病毒污染。

【效价测定】 将被检抗原用细胞维持液作10倍系列稀释，将$10^{-4.0}$～$10^{-9.0}$稀释度的病毒液分别加入96孔细胞培养板中，每个稀释度接种4孔，每孔接种50μl。例：$10^{-9.0}$加入H1～H4孔，$10^{-8.0}$加入G1～G4孔；依次类推，直至$10^{-4.0}$加入C1～C4孔。B1～B4孔为空白对照孔，每孔加入细胞维持液100μl；A1～A4孔为细胞对照孔，每孔加入细胞维持液50μL。除B1～B4孔外，每孔分别加入IBRS-2细胞悬液50μl（细胞浓度约为$1\times10^{6.0}$～$2\times10^{6.0}$/ml，pH7.4）。加盖后振荡5分钟混匀，置CO_2培养箱37℃培养72小时，每日观察，记录各孔中细胞生长的状况。如空白对照孔中的营养液清亮、pH值变化不明显，细胞对照孔中细胞已形成形态正常的单层，表明试验成立。如试验孔中无细胞生长，表明CPE阳性，按Reed-Muench法计算$TCID_{50}$，应不低于$10^{7.0}TCID_{50}$/ml。

【型特异性鉴定】 在间接血凝试验中，被检抗原与相同型抗体致敏的红细胞应发生完全凝集，而与不同型抗体致敏的红细胞应不发生凝集。

【作用与用途】 用于细胞中和试验检测猪、牛、羊等偶蹄动物的口蹄疫病毒中和抗体。

【用法与判定】 （1）用法　将被检血清加入96孔平底微量板的首列，每份血清2孔，每孔50μl，然后作2倍系列稀释。根据抗原的病毒含量（$TCID_{50}$/ml），用细胞维持液将其稀释为100 $TCID_{50}$/0.1ml。将抗原加入上述血清稀释孔中，每孔50μl。加盖，37℃振荡1小时。每孔分别加入IBRS-2细胞悬液50μl（细胞浓度约为$1\times10^{6.0}$～$2\times10^{6.0}$/ml，pH7.4）。同时设空白、阳性血清、阴性血清、正常细胞和病毒含量复测对照孔。加盖，振荡10分钟混匀，置CO_2培养箱37℃静止培养72小时。每日观察，记录各孔中细胞生长的状况。

（2）判定　当空白对照孔中的液体清亮、pH值变化不明显、正常细胞对照孔中细胞已形成形态正常的单层、病毒和阴性血清对照孔无细胞生长、阳性血清对照孔细胞生长，阳性对照血清效价实验误差在$2^{\pm1}$个滴度之内，病毒含量复测实验误差不超过$10^{\pm0.5}$时：被检血清的2孔均有细胞生长时判为阳性；2孔均无细胞生长时判为阴性；其中1孔细胞生长，而另1孔细胞不生长时，判为可疑。

【注意事项】 （1）每次试验中取细胞毒1管（孔），用后剩余的毒液用1.0mol/L氢氧化钠溶液

消毒后处理。

（2）阳性血清应避免反复冻融，以免影响血清效价。

【规格】 0.8ml/瓶

【贮藏与有效期】 －70℃以下保存，有效期为12个月。

阳性血清

【性状】 澄清液体。

【无菌检验】 按附录3306进行检验，应无菌生长。

【效价测定】 用细胞中和试验测定血清效价。

（1）方法　将被检血清加入96孔平底微量板的首列，每份血清2孔，每孔50μl，然后作2倍系列稀释至512倍。根据抗原的病毒含量（$TCID_{50}$/ml），用细胞维持液将其稀释为100 $TCID_{50}$/0.1ml。将抗原加入上述血清稀释孔中，每孔50μl。加盖，37℃振荡1小时。每孔分别加入IBRS-2细胞悬液50μl（细胞浓度约为$1\times10^{6.0}\sim2\times10^{6.0}$ /ml，pH7.4）。同时设正常细胞和病毒含量复测对照孔。加盖，振荡10分钟混匀，置CO_2培养箱37℃静止培养72小时。每日观察，记录各孔中细胞生长的状况。

（2）判定　当正常细胞对照孔中细胞已形成形态正常的单层、病毒含量复测实验误差不超过$10^{\pm0.5}$时：如同一血清稀释度的2孔均有细胞生长，该稀释度判为阳性；如2孔均无细胞生长，该稀释度判为阴性；如其中1孔细胞生长，而另1孔细胞不生长时，则该稀释度判为可疑。抗体效价应不低于1：64。

【规格】（1）1ml/瓶（2）2ml/瓶

【贮藏与有效期】 －20℃以下保存，有效期为12个月。

阴性血清

【性状】 澄清液体。

【无菌检验】 按附录3306进行检验，应无菌生长。

【效价测定】 用细胞维持液将阴性血清作2倍和4倍稀释，按阳性血清的效价测定方法进行，效价应不大于1：2。

【规格】（1）2ml/瓶（2）5ml/瓶

【贮藏与有效期】 –20℃以下保存，有效期为120个月。

CVP3/2015/ZDZP/017

蓝舌病琼脂扩散试验抗原、阳性血清与阴性血清

Lanshebing Qiongzhikuosanshiyan Kangyuan, Yangxingxueqing Yu Yinxingxueqing

Bluetongue Virus Antigen, Positive Sera and Negative Sera for Agar Gel Precipitation

抗原系用蓝舌病病毒（YN-33株鸡胚适应细胞毒或BTV 17型细胞毒）接种BHK-21细胞培养，收获培养物，经浓缩、离心、取上清制成；阳性血清系用蓝舌病病毒强毒株接种绵羊或黄牛，采血，分离血清制成；阴性血清系用绵羊或黄牛，采血，分离血清制成。用于琼脂扩散试验诊断蓝舌病。

抗　原

【性状】 稍黏稠、澄清液体。久置后，可出现微量沉淀。

【无菌检验】 按附录3306进行检验，应无菌生长。

【安全检验】 将被检抗原接种BHK-21单层细胞，连续观察6日，应不出现CPE。

【特异性检验与效价测定】 将被检抗原及正常细胞分别作1∶2、1∶4、1∶8稀释。按以下3组琼脂板（A、B、C）的加样要求，在各孔中分别加入被检抗原、阳性血清或阴性血清。

A组　中央孔中加入对照阳性血清，外围1、3、5孔中加入未稀释的被检抗原，2、4、6孔中分别依次加入1∶2、1∶4、1∶8稀释的被检抗原。

B组 中央孔中加入对照阳性血清，外围各孔中加入未稀释及稀释过的正常细胞，其位置编号同A组。

C组 中央孔中加入对照阴性血清，外围1、3、5孔中加入被检抗原，2、4、6孔中加入对照阳性血清。

加样后，置20～25℃湿盒中作用24～48小时，判定结果。

（1）对照阳性血清孔与未稀释的被检抗原孔之间和与稀释过的被检抗原孔之间均出现明显沉淀线，而正常细胞与阳性血清孔之间不出现任何沉淀线，被检抗原与阴性血清孔之间也不出现任何沉淀线，判特异性合格。

（2）与对照阳性血清孔之间产生可见沉淀线的最高抗原稀释度为该批被检抗原的效价。效价应不低于1∶2。

（3）正常细胞与阳性血清或被检抗原与对照阴性血清孔之间如果出现任何沉淀线，为非特异性反应，判不合格。

【作用与用途】 用于琼脂扩散试验诊断蓝舌病。

【用法与判定】

用法　采用六角形打孔法在琼脂板上打孔，孔径4.0mm，孔距3.0mm，中心孔滴加抗原，周边孔每隔1孔滴加1份被检血清，空下的一孔加阴性血清，其他孔内滴加标准阳性血清，加样完毕，静置10分钟，放20～22℃水浴或放入湿盒置37℃，分别在24、48、72小时后观察并记录结果。

判定　标准阳性血清与抗原孔之间出现一条清晰的白色沉淀线，阴性血清与抗原孔之间不出现沉淀线，试验方成立。

（1）被检血清与抗原孔之间出现明显清晰白色沉淀线，并与标准阳性血清的沉淀线相接，判为阳性，记作＋＋。

（2）抗原与标准阳性血清孔之间的沉淀线端部向被检血清孔的内侧弯曲，而被检血清孔与抗原之间不形成完整的沉淀线，判为弱阳性。出现弱阳性反应时，应重复检验，若仍为弱阳性反应，判为阳性，记作＋。

（3）被检血清孔与抗原孔之间无沉淀线，标准阳性血清与抗原孔间沉淀线一直伸延到被检血清孔边缘，无弯曲，判为阴性，记作－。

（4）抗原孔与被检血清孔之间沉淀线粗而混浊，或与标准阳性血清和抗原孔间的沉淀线交叉并直伸被检血清孔边缘，则为非特异性反应，应重试，若仍出现非特异性反应，判为阴性。

【规格】 1ml/瓶

【贮藏与有效期】 2～8℃保存，有效期为6个月。

阳性血清

【性状】 澄清液体。

【无菌检验】 按附录3306进行检验，应无菌生长。

【安全检验】 将本阳性血清接种BHK-21单层细胞，并连传3代，应不出现CPE。

【特异性检验与效价测定】 （1）将被检血清用pH7.2～7.4的灭菌生理盐水稀释成1∶2、1∶4、1∶8。

（2）按抗原检验中【特异性检验与效价测定】所述位置加样，但抗原与被检阳性血清互换。

（3）结果判定　凡抗原与被检阳性血清孔出现明显沉淀线，判特异性合格。

与抗原出现沉淀线或产生弱阳性反应的被检阳性血清最高稀释度，为被检阳性血清效价。用绵羊制备的阳性血清效价应不低于1∶4；用牛制备的阳性血清效价应不低于1∶2。

抗原与被检阳性血清间如果出现的沉淀线短粗、模糊或出现一条以上的沉淀线，均为非特异性反应，判该批阳性血清的特异性检验不合格。

【规格】 3ml/瓶

【贮藏与有效期】 2～8℃保存，有效期为12个月。

阴 性 血 清

【性状】 澄清液体。

【无菌检验】 按附录3306进行检验，应无菌生长。

【规格】 3ml/瓶

【效价测定】 对琼脂扩散试验抗原呈阴性反应。

【贮藏与有效期】 2～8℃保存，有效期为12个月。

CVP3/2015/ZDZP/018

马传染性贫血酶联免疫吸附试验抗原、酶抗体

Ma Chuanranxingpinxue Meilianmianyixifushiyan Kangyuan, Meibiaoji Kangti

Equine Infectious Anaemia Virus Antigen and Enzyme-Labelled Antibody for ELISA

抗原系用马传染性贫血病毒弱毒株接种驴胎细胞培养，收获病毒培养物，经乙醚处理制成。酶标记抗体系用山羊抗马IgG抗体经辣根过氧化物酶标记制成。用于酶联免疫吸附试验（ELISA）诊断马传染性贫血。

抗　　原

【性状】 澄清液体。

【无菌检验】 按附录3306进行检验，应无菌生长。

【活性检验】 每批抗原抽样1瓶，用碳酸盐缓冲液（0.1mol/L，pH9.50）作20倍稀释，包被40孔聚苯乙烯微量板一块，每孔100μl，置2～8℃作用 24小时，用含0.5%吐温—20的磷酸盐缓冲液（PBST，0.02mol/L，pH7.2）洗板3次，甩干待用。用含0.5%吐温—20及0.1%白明胶的磷酸盐缓冲液（PBS，0.02mol/L，pH7.2）分别将对照阳性血清与对照阴性血清稀释成1∶80、1∶160、1∶320、1∶640、1∶1280、1∶2560、1∶5120、1∶10 240、1∶20 480及1∶40 960等10个稀释度，每个稀释度2个孔，每孔100μl。在微量板的A、B行各孔中加对照阳性血清，在C、D行各孔中加对照阴性血清，置37℃水浴1小时。然后，用PBST洗3次，甩干，每孔加入1∶1000稀释的酶标

记抗体100μl（稀释液与以上对照血清的稀释液相同），置37℃作用1小时。用PBST洗3次，每孔加入底物溶液（磷酸盐柠檬酸缓冲液，pH5.0，含0.04%邻苯二胺和0.045%过氧化氢，现用现配）100μl，置25～30℃避光反应10分钟，每孔加硫酸溶液（2.0mol/L）25μl终止反应。最后，用酶标仪在波长492nm下测定各孔降解产物的吸收值。如果对照阳性血清的ELISA终点稀释度不低于1：20 480，则被检抗原合格。

【作用与用途】 用于酶联免疫吸附试验（ELISA）诊断马传染性贫血。

【用法与判定】 使用时，将酶标记抗体用PBS（0.02mol/L，pH 7.2，内含0.5%吐温−20及0.1%白明胶）稀释1000倍。在已包被抗原的聚苯乙烯微量板上进行试验。被检血清与标准阴性血清和阳性血清均作1：20稀释（稀释液同上），各加2孔，每孔100μl，板的A、B行加标准阳性血清；C、D行加标准阴性血清；E行加被检血清。37℃作用1小时。然后再用PBST液洗3次，甩干后每孔加入1：1000稀释的酶标记抗体100μl（稀释液用标准血清稀释液），置37℃作用1小时。用PBST液洗3次，每孔加入底物溶液（pH 5.0磷酸盐柠檬酸缓冲液，含0.04%邻苯二胺和0.045%过氧化氢，用时现配）100μl，置25～30℃避光反应10分钟，每孔加硫酸溶液（2.0mol/L）25μl终止反应。最后，用酶标测定仪在波长492nm下，测各孔降解产物的吸收值。标准阳性血清的ELISA终点稀释度应不低于1：20 480，则试验成立。

结果判定　标准阳性血清2孔吸收值的平均值大于1，标准阴性血清2孔吸收值的平均值小于0.2为正常反应。被检血清2孔的平均吸收值与同块板上的标准阴性血清平均吸收值之比大于2.0，且被检血清吸收值的平均值不低于0.2，则被检血清判为马传染性贫血抗体阳性。

【注意事项】 冻结保存的抗原和酶标记抗体应避免反复冻融。运输时应注意冷藏。

【规格】 1ml/瓶

【贮藏与有效期】 −20℃以下保存，有效期为12个月。

酶标记抗体

【性状】 澄清液体。

【克分子比值测定】 用紫外分光光度计测定波长280nm和403nm下酶标记抗体的吸收值（A_{280}及A_{403}），分别按下式计算IgG量、酶量及克分子比值。

$$\text{IgG量（mg/ml）}=(A_{280}-A_{403}\times 0.34)\times 0.62$$

$$\text{酶量（mg/ml）}=A_{403}\times 0.4$$

$$\text{克分子比值}=\frac{\text{酶量（mg/ml）}\times 4.0}{\text{IgG（mg/ml）}}$$

克分子比值应为1.5～2.0。

【活性检验】 用PBS将对照阳性血清稀释成1：80、1：160、1：320、1：640、1：1280、1：2560、1：5120、1：10 240、1：20 480、1：40 960等10个稀释度，将酶标记抗体稀释成每1.0ml含2.0μg、1μg、0.5μg、0.25μg、0.125μg、0.0625μg、0.03125μg等7个稀释度，进行方阵滴定。平切终点（PEP）应不超过0.25μg/ml；平切滴度（PT）应不低于1：10 240。

【特异性检验】 用2倍量PEP的酶标记抗体与20倍稀释的标准阳性血清和标准阴性血清进行ELISA试验。阳性血清吸收值应大于1.0，与阴性血清吸收值之比应不少于5.0。

【规格】 （1）0.25ml/瓶　（2）0.5ml/瓶

【贮藏与有效期】 −4℃以下保存，有效期为24个月。

CVP3/2015/ZDZP/019

马传染性贫血琼脂扩散试验抗原、阳性血清与阴性血清

Ma Chuanranxingpinxue Qiongzhikuosanshiyan Kangyuan,
Yangxingxueqing Yu Yinxingxueqing

Equine Infectious Anaemia Virus Antigen, Positive Sera and Negative Sera for Agar Gel Precipitation

抗原系用马传染性贫血病毒弱毒株接种驴胎皮肤细胞培养，收获病毒培养物，离心，乙醚处理，经冷冻真空干燥制成；阳性血清系用马传染性贫血强毒株病毒接种马，采血，分离血清，经冷冻真空干燥制成；阴性血清系用健康马采血，分离血清，经冷冻真空干燥制成。用于琼脂扩散试验诊断马传染性贫血。

抗　原

【性状】 疏松团块，易与瓶壁脱离，加PBS稀释后迅速溶解。

【无菌检验】 按附录3306进行检验，应无菌生长。

【支原体检验】 按附录3308进行检验，应无支原体生长。

【效价测定】 每批抗原抽样3瓶。用含0.01%硫柳汞的PBS（0.01mol/L，pH7.4）制备1.0%琼脂平板，并在其上按六角形打孔，孔径为5.0mm，孔距为3.0mm。将抗原与马传染性贫血对照阳性血清分别作2倍系列稀释后进行方阵滴定，抗原及阳性血清的加量以孔满为度。然后将琼脂平板置15～30℃反应48～72小时。抗原应与原倍至8倍稀释的马传染性贫血对照阳性血清反应并产生明显沉淀线。

【特异性检验】 将抗原与马传染性贫血阳性血清进行琼脂扩散试验，应出现明显的沉淀线；与阴性血清应不出现任何沉淀线。而用与制备抗原同批的未接毒的驴胎皮肤细胞培养物制备的细胞抗原，与马传染性贫血阳性血清和阴性血清进行琼脂扩散试验，应不出现任何沉淀线。

【剩余水分测定】 按附录3204进行测定，应符合规定。

【真空度测定】 按附录3103进行测定，应符合规定。

【作用与用途】 用于琼脂扩散试验诊断马传染性贫血。

【用法与判定】 （1）用法　用含0.01%硫柳汞的PBS制备1%琼脂平板，按六角形打孔，孔径为5.0mm，孔距为3.0mm。中心孔滴加抗原，阳性血清滴加2、4孔，6孔加阴性血清，被检血清滴加1、3、5孔，滴加时以孔满为度。置15～30℃72小时，于24、48及72小时各观察1次。

（2）判定　当阳性血清与抗原孔间有明显沉淀线，阴性血清与抗原孔之间无沉淀线，而被检血清与抗原孔间也有明显沉淀线，或阳性血清与抗原孔间的沉淀线末端向毗邻的被检血清孔内侧偏弯时，该被检血清为阳性。

当阳性血清与抗原孔间有明显沉淀线，而被检血清与抗原孔间无沉淀线，或阳性血清与抗原孔间的沉淀线末端向毗邻的被检血清孔直伸或向外侧偏弯时，该被检血清为阴性。

【注意事项】 在低温条件下运送，使用过程中避免反复冻融。

【规格】 （1）1ml/瓶　（2）2ml/瓶

【贮藏与有效期】 2～8℃保存，有效期为12个月；−20℃以下保存，有效期为18个月。

阳 性 血 清

【性状】 海绵状疏松团块，易与瓶壁脱离，加PBS后迅速溶解。

【无菌检验】 按附录3306进行检验，应无菌生长。

【效价测定】 每批血清抽样3瓶，每瓶加PBS至3.0ml后，再作2倍系列稀释至8倍，按抗原效价测定的方法进行琼脂扩散试验。当原倍、2倍及4倍稀释的血清与抗原孔间均有明显的沉淀线，而与8倍稀释的血清孔相毗邻的对照阳性血清沉淀线末端向该血清孔内侧偏弯时，该血清为合格。冻干血清在使用前用PBS稀释，使最终效价为8单位/ml。

【剩余水分测定】 按附录3204进行测定，应符合规定。

【真空度测定】 按附录3103进行测定，应符合规定。

【规格】 3ml/瓶

【贮藏与有效期】 2～8℃保存，有效期为12个月；–20℃以下保存，有效期为24个月。

阴 性 血 清

【性状】、**【无菌检验】**、**【剩余水分测定】**、**【真空度测定】** 同阳性血清。

【效价测定】 对马传染性贫血琼脂扩散试验抗原应为阴性反应。

【规格】 3ml/瓶

【贮藏与有效期】 2～8℃保存，有效期为12个月；–20℃以下保存，有效期为24个月。

CVP3/2015/ZDZP/020

牛白血病琼脂扩散试验抗原、阳性血清与阴性血清

Niu Baixuebing Qiongzhikuosanshiyan Kangyuan, Yangxingxueqing Yu Yinxingxueqing

Bovine Leukaemia Virus Antigen, Positive Sera and Negative Sera for Agar Gel Precipitation

抗原系用牛白血病病毒持续接种羊胎肾细胞系或蝙蝠肺细胞系，收获培养物，浓缩后，经冷冻真空干燥制成；阳性血清系用自然感染牛或人工感染牛、绵羊，采血，分离血清制成；阴性血清系用无牛白血病的健康牛采血，分离血清制成。用于琼脂扩散试验诊断牛白血病。

抗　　原

【性状】 海绵状疏松团块，易与瓶壁脱离，加稀释液后迅速溶解。

【无菌检验】 按附录3306进行检验，应无菌生长。

【效价测定】 按方阵滴定法进行。被检抗原应含有8单位病毒囊膜糖蛋白抗原（gP抗原）和16单位病毒核蛋白抗原（P抗原）。抗原与标准阳性血清应出现gP抗体和P抗体两条沉淀线。

【特异性检验】 取白血病污染率在20%以上牛群的血清40份，分别与经过标化的抗原和被检抗原进行琼脂扩散试验，两种抗原的结果应完全一致。

取经24个月以上检查确认无牛白血病牛群的血清40份，与被检抗原进行琼脂扩散试验，应不出现任何反应。

【作用与用途】 用于琼脂扩散试验诊断牛白血病。

【用法与判定】 （1）用法　采用六角形打孔，中央孔加抗原，1孔加阴性血清，3、5孔加标准

阳性血清，2、4、6孔分别加3份被检血清。

各孔1次加满，但不能溢出。加盖后置湿盒中，于室温（20℃以上）或37℃下作用，经24小时和48小时各检查1次。检查时用斜射强光，背景要暗。

（2）判定　标准阳性血清与抗原孔之间出现一条清晰的白色沉淀线，阴性血清与抗原孔之间不出现沉淀线，试验方成立。

强阳性　抗原孔和血清孔之间出现沉淀线，但较模糊而宽。此时，应将被检血清作1～4倍稀释后重检，应出现清晰沉淀线。

阳性　抗原孔和血清孔之间出现一条清晰沉淀线，并与标准阳性血清的沉淀线完全融合。少数被检血清在此沉淀线的外侧（靠近被检血清孔）还出现粗而直的第二条沉淀线，这是P沉淀线。

弱阳性　抗原孔和血清孔之间虽无沉淀线，但使两侧标准阳性血清形成的沉淀线末端向被检血清孔内侧弯曲。

可疑　标准阳性血清形成的沉淀线末端在被检血清处稍弯，应重检。重检仍为可疑时，判为阳性。

阴性　被检血清孔与抗原孔之间无沉淀线，标准阳性血清形成的沉淀线直伸到被检血清孔的边缘。

非特异性反应　被检血清虽形成沉淀线，但与标准阳性血清沉淀线的末端不融合。该血清应判为阴性。

【规格】（1）2ml/瓶　（2）5ml/瓶

【贮藏与有效期】　—20℃以下保存，有效期为24个月。

阳 性 血 清

【性状】　澄清液体。

【无菌检验】　按附录3306进行检验，应无菌生长。

【效价测定】　gP抗体琼扩效价应不低于1∶32，P抗体琼扩效价应不低于1∶64。

【规格】（1）2ml/瓶　（2）5ml/瓶

【贮藏与有效期】　2～8℃保存，有效期为2个月；–20℃以下保存，有效期为12个月。

阴 性 血 清

【性状】、**【无菌检验】**、**【规格】**、**【贮藏与有效期】**　同阳性血清。

【效价测定】　与P抗原和gP抗原均应无反应。

CVP3/2015/ZDZP/021

牛病毒性腹泻/黏膜病中和试验抗原、阳性血清与阴性血清

Niu Bingduxingfuxie/Nianmobing Zhongheshiyan Kangyuan,
Yangxingxueqing Yu Yinxingxueqing

Bovine Viral Diarrhea/Mucosal Disease Virus Antigen,
Positive Sera and Negative Sera for Neutralization Test

抗原系用Oregon C24株牛病毒性腹泻/黏膜病病毒接种牛肾或牛睾丸原代或继代细胞培养，收获培养物加适宜稳定剂，经冷冻真空干燥制成；阳性血清系用上述抗原接种健康犊牛，采血，分离血

清制成；阴性血清系用无牛病毒性腹泻/黏膜病病毒抗体的健康牛采血，分离血清制成。用于中和试验检测牛病毒性腹泻/黏膜病（BVD/MD）病毒抗体。

抗　　原

【性状】 海绵状疏松团块，易与瓶壁脱离，加稀释液后迅速溶解。

【无菌检验】 按附录3306进行检验，应无菌生长。

【支原体检验】 按附录3308进行检验，应无支原体生长。

【效价测定】 将被检抗原用0.5%乳汉液（pH7.1～7.2）作10倍系列稀释，取10^{-4}、10^{-5}、10^{-6}3个稀释度，接种96孔细胞板，每稀释度接种5孔，每孔0.1ml，每孔再加入每毫升50万牛肾或牛睾丸继代细胞悬液0.2ml，同时设立细胞对照，置37℃、5%CO_2培养箱培养5～7日，每日观察CPE，细胞对照不应出现CPE。根据病毒组各稀释度出现CPE的细胞孔数计算$TCID_{50}$。每0.1ml病毒含量应不少于$10^{5.0}TCID_{50}$。

【特异性检验】 将被检抗原用乳汉液作100倍稀释，与等量抗牛病毒性腹泻/黏膜病病毒特异性血清混合，置37℃作用1小时，接种48孔细胞培养板，共10孔，每孔0.2ml，每孔再加入每毫升50万牛肾或牛睾丸继代细胞悬液0.3ml，置37℃、5%CO_2培养箱培养5～7日观察，应不出现CPE。

【剩余水分测定】 按附录3204进行测定，应符合规定。

【真空度测定】 按附录3103进行测定，应符合规定。

【作用与用途】 用于中和试验检测牛病毒性腹泻/黏膜病（BVD/MD）病毒抗体。

【用法与判定】 将被检血清原液或用MEM作2倍系列稀释的稀释液接种细胞培养板，每份血清或每个稀释度接种5孔，每孔0.1ml。每孔加入0.1ml含100 $TCID_{50}$的BVDV中和试验抗原。同时，设不加抗原的血清对照、细胞对照、阳性血清对照、阴性血清对照和抗原效价验证对照等。37℃中和1小时。每孔加入每毫升100万牛肾或牛睾丸细胞悬液0.1ml，置37℃、5%CO_2培养箱培养5～7日。每日观察致细胞病变（CPE）情况。

抗原对照孔和阴性血清对照孔应出现CPE；血清对照、阳性血清对照和细胞对照应不出现CPE；被检血清能使50%以上细胞孔不出现CPE时，判为阳性。测定血清效价时，根据不出现CPE的血清中和组细胞孔数计算中和抗体效价。

【规格】 （1）0.5ml/瓶　（2）1ml/瓶

【贮藏与有效期】 2～8℃保存，有效期为6个月；－15℃以下保存，有效期为36个月。

阳 性 血 清

【性状】 澄清液体。

【无菌检验】 按附录3306进行检验，应无菌生长。

【效价测定】 将被检血清用无血清MEM作2倍系列稀释，取1：64～1：2048稀释度接种96孔细胞培养板，每稀释度接种5孔，每孔0.1ml，每孔加入每0.1ml含100 $TCID_{50}$ BVDV中和试验抗原液0.1ml，同时设立不加抗原的血清对照、细胞及100 $TCID_{50}$病毒对照，37℃作用1小时，每孔加入每毫升100万牛肾或牛睾丸继代细胞悬液0.1ml，置37℃，5%CO_2培养箱培养5～7日，每日观察CPE，抗原对照孔应出现CPE，不加抗原的血清对照及细胞对照不应出现CPE。根据不出现CPE的血清中和组细胞孔数计算血清中和效价。中和抗体效价应不低于1：1024。

【规格】 2ml/瓶

【贮藏与有效期】 －15℃以下保存，有效期为36个月。

阴 性 血 清

【性状】 澄清液体。

【无菌检验】 按附录3306进行检验，应无菌生长。

【特异性测定】 将被检血清接种48孔细胞培养板，接种10孔，每孔0.1ml，每孔加入每0.1ml含100 $TCID_{50}$BVDV中和试验抗原液0.1ml，同时设立不加抗原的血清对照、细胞及100 $TCID_{50}$抗原对照，37℃作用1小时，每孔加入每毫升100万牛肾或牛睾丸次代细胞悬液0.1ml，置37℃，5%CO_2培养箱培养5～7日，每日观察CPE，不加抗原的血清对照及细胞对照不应出现CPE，所有抗原对照及血清中和孔均应出现CPE。

【规格】 2ml/瓶

【贮藏与有效期】 －15℃以下保存，有效期为36个月。

CVP3/2015/ZDZP/022

牛传染性胸膜肺炎补体结合试验抗原、阳性血清与阴性血清

Niu Chuanranxing Xiongmofeiyan Butijieheshiyan Kangyuan, Yangxingxueqing Yu Yinxingxueqing

***Mycoplasma mycoides* ssp. *mycoides* Antigen, Positive Sera and Negative Sera for Complement Fixation Test**

抗原系用丝状支原体丝状亚种C88051株（CVCC 377）接种适宜培养基培养，收获培养物，离心，取菌体，在60～65℃处理后，悬浮于0.5%苯酚生理盐水中制成；阳性血清系用丝状支原体丝状亚种C88021株（CVCC 370）和C88022株（CVCC 371）感染牛，采血，分离血清制成；阴性血清系用健康牛采血，分离血清制成。用于补体结合试验诊断牛传染性胸膜肺炎（即牛肺疫）。

抗　　原

【性状】 均匀混悬液。

【无菌检验】 按附录3306进行检验，应无菌生长。

【效价测定】 用强阳性血清进行补体结合试验。方法如下：

（1）抗原　用0.5%苯酚生理盐水将被检抗原稀释成1：8、1：9、1：10等不同倍数的稀释液，先选1个稀释度的抗原作为原液，再稀释成20%、40%、60%、80%及100% 5种稀释抗原，与各稀释度的血清按表1方法作补体结合试验。选出最佳抗原稀释倍数。

（2）血清　用阳性血清与阴性血清各2份，置56～58℃水浴30分钟。将阳性血清用生理盐水按其效价稀释后作为原血清，再作1：5、1：10、1：20、1：40、1：60稀释。阴性血清仅作1：5稀释。

（3）补体　用豚鼠新鲜补体或冻干补体。按冻干补体中的方法进行效价测定。按补体效价稀释使用。

（4）溶血素　按溶血素中的方法进行效价测定。按溶血素效价的2倍使用。例如：溶血素效价为1：2000时，使用1：1000倍的稀释液。

（5）绵羊红细胞悬液　按附录红细胞悬液制备法配制成2.5%绵羊红细胞悬液。

准备好上述各种成分后，按表1进行试验。按表2所举的范例记录结果。

如果1∶10稀释的抗原再稀释成80%，能对1∶10的阳性血清完全抑制溶血（＋＋＋＋），而对1∶40的阳性血清仍有50%以上的抑制溶血（＋＋），且对1∶5的阴性血清完全溶血（－），该抗原的效价即为1∶10。

表1　抗原效价测定术式　　单位：ml

成分	试管列号								
	1	2	3	4	5	6（抗原对照）	7（1∶10血清对照）	8（溶血素对照）	9（红细胞对照）
抗原稀释（%）	100	80	60	40	20	100	－	－	－
抗原	0.25	0.25	0.25	0.25	0.25	0.25	－	－	－
一种稀释度的血清量	0.25	0.25	0.25	0.25	0.25	－	0.25	－	－
补体	0.25	0.25	0.25	0.25	0.25	0.25	0.25	－	－
生理盐水	－	－	－	－	－	0.25	0.25	0.75	1.25
37℃水浴20 分钟									
溶血素	0.25	0.25	0.25	0.25	0.25	0.25	0.25	0.25	－
2.5%绵羊红细胞悬液	0.25	0.25	0.25	0.25	0.25	0.25	0.25	0.25	0.25
37℃水浴15 分钟									

注：第2次加温后移出，置2～8℃过夜，取出，判定抗原效价。

表2　抗原效价判定（范例）

血清类型	血清稀释度	1∶10稀释抗原的再稀释度（%）				
		100	80	60	40	20
阳性血清	1∶5	＋＋＋＋	＋＋＋＋	＋＋＋	＋＋	－
	1∶10	＋＋＋＋	＋＋＋＋	＋＋	＋	－
	1∶20	＋＋＋	＋＋＋	＋＋	－	－
	1∶40	＋＋	＋＋	＋	－	－
	1∶60	＋＋	＋	＋	－	－
阴性血清	1∶5	－	－	－	－	－

注：＋＋＋＋为完全抑制溶血；＋＋＋为75%抑制溶血；＋＋为50%抑制溶血；＋为25%抑制溶血；－为完全溶血。

【特异性检验】　取被检抗原，用0.5%苯酚生理盐水稀释，分别与2份阴性血清进行补体结合试验，应完全溶血。

【作用与用途】　用于补体结合试验诊断牛传染性胸膜肺炎（牛肺疫）。

【用法与判定】　（1）抗原　按瓶签注明效价稀释使用。

（2）阴性血清和阳性血清　按瓶签注明效价进行稀释，置56～59℃水浴30分钟。

（3）被检血清　作1∶10稀释，置56～59℃水浴30分钟。

（4）补体　取冻干或新鲜补体，用生理盐水作1∶20稀释，按冻干补体中的方法进行效价测定。按补体效价稀释使用。

（5）溶血素　按溶血素中的方法进行效价测定。按溶血素效价的2倍使用。例如：溶血素效价为1：2000时，使用1：1000倍的稀释液。

（6）绵羊红细胞悬液　按附录红细胞悬液制备法配制成2.5%绵羊红细胞悬液。

准备好上述各成分后，按下表进行补体结合试验。

表3　补体结合试验操作程序　　单位：ml

试管列号	样品		对照						
	1	2	3	4	5	6	7	8	9
	被检血清		阳性血清		阴性血清		补体对照		红细胞对照
血清	0.25	0.25	0.25	0.25	0.25	0.25			
抗原	0.25		0.25		0.25		0.25		
补体	0.25	0.25	0.25	0.25	0.25	0.25	0.25	0.25	
生理盐水		0.25		0.25		0.25	0.25	0.5	0.75
振荡后37℃水浴20分钟									
溶血素	0.25	0.25	0.25	0.25	0.25	0.25	0.25	0.25	0.25
2.5%绵羊红细胞悬液	0.25	0.25	0.25	0.25	0.25	0.25	0.25	0.25	0.25
振荡后37℃水浴20分钟									
结果（比色判定）	－	－	＋	－	－	－	－	－	－

注：对照3～9管每次试验只作一组。

判定标准为：

阳性　0～60%溶血。

可疑　60%～80%溶血。

阴性　90%～100%溶血。

【注意事项】　保存过程中发生沉淀，经振荡均匀后不影响使用。冻结过的抗原不能使用。

【规格】　5ml/瓶

【贮藏与有效期】　2～8℃保存，有效期为18个月。

阳 性 血 清

【性状】　澄清液体。

【无菌检验】　按附录3306进行检验，应无菌生长。

【效价测定】　用参考抗原（如果80%稀释的抗原）作血清效价滴定。如果血清稀释成1：10能完全抑制溶血（＋＋＋＋），同时1：40有50%抑制溶血（＋＋），此种血清可供标定抗原和作阳性对照用；如果1：10仅有50%抑制溶血（＋＋），则该血清仅作阳性对照使用。

【规格】　5ml/瓶

【贮藏与有效期】　2～8℃保存，有效期为24个月。

阴 性 血 清

【性状】　澄清液体。

【无菌检验】　按附录3306进行检验，应无菌生长。

【效价测定】　对牛传染性胸膜肺炎补体结合试验抗原应为阴性反应。

【规格】　5ml/瓶

【贮藏与有效期】　2～8℃保存，有效期为24个月。

CVP3/2015/ZDZP/023

牛副结核补体结合试验抗原、阳性血清与阴性血清

Niu Fujiehe Butijieheshiyan Kangyuan, Yangxingxueqing Yu Yinxingxueqing

Bovine *Mycobacterium* Paratuberculosis Antigen, Positive Sera and Negative Sera for Complement Fixation Test

抗原系用禽型结核分枝杆菌（CVCC 68201、CVCC 68202、CVCC 68203）接种适宜培养基培养，收获菌体，加热灭活、干燥后，用45%苯酚溶液从菌体中提取脂多糖，经冷冻真空干燥制成；阳性血清系用自然感染的副结核病牛，颈动脉采血，分离血清，经冷冻真空干燥制成；阴性血清系用无副结核感染牛，颈动脉采血，分离血清，经冷冻真空干燥制成。用于补体结合试验诊断牛副结核。

抗　原

【性状】 粉末，易与瓶壁脱离，加生理盐水后迅速溶解。

【无菌检验】 按附录3306进行检验，应无菌生长。

【效价测定】 用副结核阳性血清作补体结合试验。

（1）将抗原稀释成1：50、1：100、1：150、1：200、1：250、1：300、1：350、1：400。

（2）将阳性血清稀释成1：10，置56～59℃水浴30分钟，再用生理盐水作1：20、1：40、1：80稀释。

（3）将阴性血清稀释成1：10，置56～59℃水浴30分钟。

（4）补体　用豚鼠新鲜补体或冻干补体。将补体先作1：20稀释，按冻干补体中的方法进行效价测定。按补体效价稀释使用。

（5）溶血素　按溶血素中的方法进行效价测定。按溶血素效价的2倍使用。例如：溶血素效价为1：2000时，使用1：1000倍的稀释液。

（6）绵羊红细胞悬液　按附录红细胞悬液制备法配制成3%绵羊红细胞悬液。

（7）准备好上述各成分后，按表1进行试验，第2次水浴后，在2～8℃静置，待红细胞下沉后，按附录标准溶血比色液配制法制备标准溶血比色液进行判定。按表2所举范例记录结果。

与阳性血清各稀释度发生抑制溶血最强的抗原最高稀释度即为抗原效价，效价不低于1：200，且与阴性血清各管均为100%溶血为合格。

表1　抗原效价测定程序　　单位：ml

试管列号		1	2	3	4	5	6
抗原稀释倍数		1：25	1：50	1：100	1：200	1：400	对照
抗原		0.1	0.1	0.1	0.1	0.1	0
副结核补反阳性血清稀释倍数	1：5	0.1	0.1	0.1	0.1	0.1	0.1
	1：10	0.1	0.1	0.1	0.1	0.1	0.1
	1：20	0.1	0.1	0.1	0.1	0.1	0.1
	1：40	0.1	0.1	0.1	0.1	0.1	0.1
	1：80	0.1	0.1	0.1	0.1	0.1	0.1

（续）

1：5阴性血清	0.1	0.1	0.1	0.1	0.1	0.1
2单位补体	0.2	0.2	0.2	0.2	0.2	0.2
置4℃冰箱中16～18小时						
致敏红细胞	0.2	0.2	0.2	0.2	0.2	0.2
37℃水浴20分钟						

表2　副结核补体结合试验抗原效价测定范例

阳性血清各稀释度	抗原稀释度					血清对照
	1：25	1：50	1：100	1：200	1：400	
	补体结合反应结果（溶血百分比）					
1：5	0	0	0	0	80	100
1：10	0	0	0	0	50	100
1：20	0	0	0	0	70	100
1：40	0	0	0	0	95	100
1：5稀释阴性血清	100	100	100	100	100	100

注：表中数字为溶血百分比；本例中抗原效价为1：200，即为1个单位抗原。

（续）

【特异性检验】　与1：10稀释副结核阴性血清进行补体结合试验，应100%溶血。

【作用与用途】　用于补体结合试验诊断牛副结核。

【用法与判定】　用法

（1）抗原　按瓶签注明效价稀释。按抗原效价的2倍使用。例如：抗原效价为1：200时，使用1：100倍的稀释液。

（2）阴性血清和阳性血清　按瓶签要求进行稀释，置56～59℃水浴30分钟。

（3）被检血清　作1：5稀释，置56～59℃水浴30分钟。

（4）补体　取新鲜补体或冻干补体，用生理盐水作1：20稀释后，按冻干补体中的方法进行效价测定。按补体效价稀释使用。

（5）溶血素　按溶血素中的方法进行效价测定。按溶血素效价的2倍使用。例如：溶血素效价为1：2000时，使用1：1000倍的稀释液。

（6）绵羊红细胞悬液　按附录红细胞悬液制备法配制成3.0%绵羊红细胞悬液。

（7）标准溶血管配制　按附录标准溶血比色液配制法制备标准溶血比色液。

准备好上述各成分后，按下表3进行补体结合试验。

表3　正式试验表　　单位：ml

试管列号	1	2	3	4	5	6	7	8
试验成分	1：5被检血清	1：10被检血清	被检血清对照	阳性血清对照	阴性血清对照	抗原对照	补体对照	红细胞对照
被检血清1：5	0.1		0.1					
被检血清1：10		0.1						
阳性血清1：10				0.1				
阴性血清1：10					0.1			

（续）

试管列号	1	2	3	4	5	6	7	8
试验成分	1∶5 被检血清	1∶10 被检血清	被检血清 对照	阳性血清 对照	阴性血清 对照	抗原 对照	补体 对照	红细胞 对照
抗原	0.1	0.1		0.1	0.1	0.1		
补体	0.2	0.2	0.2	0.2	0.2	0.2	0.2	
生理盐水			0.1			0.1	0.2	0.4
摇匀，4℃冰箱过夜								
溶血素	0.1	0.1	0.1	0.1	0.1	0.1	0.1	0.1
3%绵羊红细胞悬液	0.1	0.1	0.1	0.1	0.1	0.1	0.1	0.1
37℃水浴20分钟，取出置室温3小时后判定								

判定　在对照组成立的前提下（即阳性血清对照管100%抑制溶血、红细胞对照不溶血，其他对照组均为100%溶血），判定试验管。被检血清1∶5为＋＋＋、1∶10为＋＋以上（任何一个达到时），判为补体结合反应阳性；被检血清1∶5为＋或＋＋，判为补体结合反应可疑，可重检，如重检仍为可疑，判为补体结合反应阳性；其他情况判为补体结合反应阴性。

补体结合反应结果，对照标准溶血管。

＋＋＋　75%抑制溶血。上清稍带红色，红细胞全沉于管底。

＋＋　50%抑制溶血。上清呈浅红色，红细胞半数沉于管底。

＋　25%抑制溶血。上清深红透明，红细胞少量沉于管底。

－　完全溶血。上清深红透明，管底无红细胞。

【注意事项】 抗原实际使用浓度为抗原效价的2倍，例如：抗原效价为1∶200时，使用1∶100倍的稀释液。

【规格】 2mg/瓶

【贮藏与有效期】 2～8℃保存，有效期为24个月。

阳 性 血 清

【性状】 疏松团块，易与瓶壁脱离，加稀释液后迅速溶解。

【无菌检验】 按附录3306进行检验，应无菌生长。

【效价测定】 以1∶5开始2倍连续稀释至1∶80以上，与按抗原效价2倍使用的抗原作补体结合试验，效价不低于1∶40（100%抑制溶血者）为合格。

【剩余水分测定】 按附录3204进行测定，应符合规定。

【规格】 （1）1ml/瓶　（2）2ml/瓶

【贮藏与有效期】 2～8℃保存，有效期为120个月。

阴 性 血 清

【性状】 疏松团块，易与瓶壁脱离，加稀释液后迅速溶解。

【无菌检验】 按附录3306进行检验，应无菌生长。

【效价测定】 1∶10稀释阴性血清与按抗原效价2倍使用的抗原作补体结合试验，应为阴性反应。

【规格】 （1）1ml/瓶　（2）2ml/瓶

【贮藏与有效期】 2～8℃保存，有效期为120个月。

CVP3/2015/ZDZP/024

牛、羊副结核补体结合试验抗原、阳性血清与阴性血清

Niu, Yang Fujiehe Butijieheshiyan Kangyuan, Yangxingxueqing Yu Yinxingxueqing

Bovine and Ovine *Mycobacterium* Paratuberculosis,
Positive Sera and Negative Sera for Complement Fixation Test Antigen

抗原系用牛副结核分枝杆菌P10株（CVCC 321）接种适宜培养基培养，收获菌体，经加热灭活、干燥、丙酮处理后，再用注射用水稀释，在沸水浴中提取可溶性抗原，经冷冻真空干燥制成；阳性血清系用感染副结核的牛，采血，分离血清并滤过除菌，经冷冻真空干燥制成；阴性血清系用健康牛采血，分离血清，经冷冻真空干燥制成。用于补体结合试验诊断牛、羊副结核。

抗　　原

【性状】 海绵状疏松团块，易与瓶壁脱离，加稀释液后迅速溶解。

【无菌检验】 按附录3306进行检验，应无菌生长。

【效价测定】 用副结核阳性血清作补体结合试验。

（1）将抗原稀释成1：50、1：100、1：150、1：200、1：250、1：300、1：350、1：400。

（2）将阳性血清稀释成1：10，置56～59℃水浴30分钟，再用生理盐水作1：20、1：40、1：80稀释。

（3）将阴性血清稀释成1：10，置56～59℃水浴30分钟。

（4）补体　取新鲜补体或冻干补体，用生理盐水作1：20稀释，按冻干补体中的方法进行效价测定。按补体效价稀释使用。

（5）溶血素　按溶血素中的方法进行效价测定。按溶血素效价的2倍使用。例如：溶血素效价为1：2000时，使用1：1000倍的稀释液。

（6）绵羊红细胞悬液　按附录红细胞悬液制备法配制成3%绵羊红细胞悬液。

（7）准备好上述各成分后，按表1进行试验，第2次水浴后，在2～8℃静置，待红细胞下沉后，按附录标准溶血比色液配制法制备标准溶血比色液进行判定。按表2所举范例记录结果。

与阳性血清各稀释度发生抑制溶血最强的抗原最高稀释度即为抗原效价，效价不低于1：100，且与阴性血清各管均为100%溶血为合格。

表1　副结核补体结合试验抗原效价测定术式　　　　单位：ml

成分		试管列号 1	2	3	4	5	6	7	8	血清对照	抗原对照	补体对照	红细胞对照
抗原稀释度		1：50	1：100	1：150	1：200	1：250	1：300	1：350	1：400				
抗原		0.25	0.25	0.25	0.25	0.25	0.25	0.25	0.25	—	0.25	—	—
阳性血清	1：5	—	—	—	—	—	—	—	—	0.25	—	—	—
	1：10	0.25	0.25	0.25	0.25	0.25	0.25	0.25	0.25	0.25	—	—	—
	1：20	0.25	0.25	0.25	0.25	0.25	0.25	0.25	0.25	0.25	—	—	—
	1：40	0.25	0.25	0.25	0.25	0.25	0.25	0.25	0.25	0.25	—	—	—
	1：80	0.25	0.25	0.25	0.25	0.25	0.25	0.25	0.25	0.25	—	—	—

（续）

成　分	试管列号								血清对照	抗原对照	补体对照	红细胞对照
	1	2	3	4	5	6	7	8				
1：10阴性血清	0.25	0.25	0.25	0.25	0.25	0.25	0.25	0.25	0.25	0.25	0.25	—
补 体	0.25	0.25	0.25	0.25	0.25	0.25	0.25	0.25	0.25	0.25	0.25	—
生理盐水	—	—	—	—	—	—	—	—	—	0.25	0.25	0.75
37℃水浴60 分钟												
溶血素	0.25	0.25	0.25	0.25	0.25	0.25	0.25	0.25	0.25	0.25	0.25	0.25
3%绵羊红细胞悬液	0.25	0.25	0.25	0.25	0.25	0.25	0.25	0.25	0.25	0.25	0.25	0.25
37℃水浴20 分钟												

表2　副结核补体结合试验抗原效价测定范例

成　分		抗原稀释度								血清对照	抗原对照	补体对照
		1：50	1：100	1：150	1：200	1：250	1：300	1：350	1：400			
阳性	1：10	0	0	0	0	0	0	0	70	100	100	100
血清	1：20	0	0	0	0	0	0	0	70	100		
稀释	1：40	70	0	0	0	70	70	50	50	100		
度	1：80	20	50	50	50	50	20	20	100	100		
阴性血清		100	100	100	100	100	100	100	100			

注：表中数字为溶血百分比；本例中抗原效价为1：200。

【特异性检验】 与1：10稀释副结核阴性血清进行补体结合试验，应100%溶血。

【作用与用途】 用于补体结合试验诊断牛、羊副结核。

【用法与判定】 用法

（1）抗原　按抗原效价的2倍稀释使用。例如：抗原效价为1：200，则稀释为1：100。

（2）阴性血清和阳性血清　按瓶签注明进行稀释，置56～59℃水浴30分钟。

（3）被检血清　作1：10稀释，置56～59℃水浴30分钟。

（4）补体　取新鲜补体或冻干补体，用生理盐水作1：20稀释，按冻干补体中的方法进行效价测定。按补体效价稀释使用。

（5）溶血素　按溶血素中的方法进行效价测定。按溶血素效价的2倍使用。例如：溶血素效价为1：2000时，使用1：1000倍的稀释液。

（6）绵羊红细胞悬液　按附录红细胞悬液制备法配制成3%绵羊红细胞悬液。

（7）标准溶血管配制　按附录标准溶血比色液配制法制备标准溶血比色液。

准备好上述各成分后，按表3进行补体结合试验。

表3　正式试验表　　单位：ml

试管列号	1	2	3	4	5	6	7	8
试验成分	1：5被检血清	1：10被检血清	被检血清对照	阳性血清对照	阴性血清对照	抗原对照	补体对照	红细胞对照
被检血清1：5	0.25		0.25					
被检血清1：10		0.25						
阳性血清1：10				0.25				

（续）

试管列号	1	2	3	4	5	6	7	8
试验成分	1：5 被检血清	1：10 被检血清	被检血清 对照	阳性血清 对照	阴性血清 对照	抗原 对照	补体 对照	红细胞 对照
阴性血清1：10					0.25			
抗原	0.25	0.25		0.25	0.25	0.25		
补体	0.25	0.25	0.25	0.25	0.25	0.25	0.25	
生理盐水			0.25			0.25	0.50	0.75
摇匀，37℃水浴60分钟								
溶血素	0.25	0.25	0.25	0.25	0.25	0.25	0.25	0.25
3%绵羊红细胞悬液	0.25	0.25	0.25	0.25	0.25	0.25	0.25	0.25
37℃水浴20分钟，取出置室温3小时后判定								

判定　在对照组成立的前提下（即阳性血清对照管100%抑制溶血、红细胞对照不溶血，其他对照组均为100%溶血），判定试验管。被检血清1：5为+++、1：10为++以上（任何一个达到时），判为补体结合反应阳性；被检血清1：5为+或++，判为补体结合反应可疑，可重检，如重检仍为可疑，判为补体结合反应阳性；其他情况判为补体结合反应阴性。

补体结合反应结果，对照标准溶血管。

+++　75%抑制溶血。上清稍带红色，红细胞全沉于管底。

++　50%抑制溶血。上清呈浅红色，红细胞半数沉于管底。

+　25%抑制溶血。上清深红透明，红细胞少量沉于管底。

－　完全溶血。上清深红透明，管底无红细胞。

【注意事项】 抗原实际使用浓度为抗原效价的2倍，例如：抗原效价为1：200时，使用1：100倍的稀释液。

【规格】 1ml/瓶

【贮藏与有效期】 2～8℃保存，有效期为24个月。

阳性血清

【性状】 海绵状疏松团块，易与瓶壁脱离，加稀释液后迅速溶解。

【无菌检验】 按附录3306进行检验，应无菌生长。

【效价测定】 将血清做1：10、1：20、1：40、1：80稀释，与按抗原效价2倍使用的抗原作补体结合试验时，1：10、1：20、1：40稀释的血清应完全抑制溶血，而1：80稀释的血清应有50%以上抑制溶血。

【规格】 （1）1ml/瓶　（2）2ml/瓶

【贮藏与有效期】 2～8℃保存，有效期为120个月。

阴性血清

【性状】 海绵状疏松团块，易与瓶壁脱离，加稀释液后迅速溶解。

【无菌检验】 按附录3306进行检验，应无菌生长。

【效价测定】 1：10稀释阴性血清与按抗原效价2倍使用的抗原作补体结合试验，应为阴性反应。

【规格】 （1）1ml/瓶　（2）2ml/瓶

【贮藏与有效期】 2～8℃保存，有效期为120个月。

CVP3/2015/ZDZP/025

牛、羊口蹄疫病毒VP1结构蛋白抗体酶联免疫吸附试验诊断试剂盒

Niu, Yang Koutiyibingdu VP1 Jiegoudanbaikangti Meilianmianyixifushiyan Zhenduanshijihe

ELISA Kit for Detection of VP1 Antibody against Bovine or Ovine Foot and Mouth Disease Virus

本品系用人工合成的口蹄疫病毒VP1结构蛋白多肽2463、2466和2956作为抗原包被的抗原包被板与稀释板、阴性对照血清、阳性对照血清、样品稀释液、酶结合物及稀释液、TMB底物A液、TMB底物B液、终止液和洗涤液等组装而成。用于检测牛、羊口蹄疫病毒VP1结构蛋白抗体。与牛、羊口蹄疫病毒非结构蛋白抗体酶联免疫吸附试验诊断试剂盒配套使用，用于区分口蹄疫野毒感染动物和疫苗免疫动物。

【性状】 应密封完好、无破损、无渗漏。抗原包被板、稀释板、阴性对照血清、阳性对照血清、酶结合物、TMB底物A液、TMB底物B液、样本稀释液、酶结合物稀释液、洗涤液、终止液等组分齐全。

【无菌检验】 按附录3306对阴性对照血清、阳性对照血清、酶结合物、底物溶液和稀释液进行检验，均应无菌生长。

【敏感性检验】 用1：5、1：10、1：20、1：40、1：60、1：120共6份不同稀释度的VP1抗体阳性参考血清分别按【用法与判定】进行检测。其敏感性应符合下表标准：

参考血清	OD_{450nm}/临界值的标准
1：5阳性参考血清	不低于5.2
1：10阳性参考血清	不低于3.4
1：20阳性参考血清	不低于1.9
1：40阳性参考血清	不低于1.5
1：60阳性参考血清	不低于1.1
1：120阳性参考血清	不低于0.8

【特异性检验】 用40份VP1抗体阴性参考血清（牛20份、山羊10份及绵羊10份）分别按【用法与判定】进行检测，每份血清的OD_{450nm}/临界值均应低于1.0。

【作用与用途】 用于检测牛、羊口蹄疫O型病毒VP1结构蛋白抗体。与牛、羊口蹄疫病毒非结构蛋白抗体酶联免疫吸附试验诊断试剂盒配套使用，用于区分口蹄疫野毒感染动物和疫苗免疫动物。

【用法与判定】 用法

（1）使用前将试剂盒恢复到室温，避免阳光直射或放置在30℃以上的环境中。

（2）取出试剂盒中的样品稀释板。A1、B1两孔作为阴性对照孔，C1、D1两孔作为阳性对照

孔，其余孔作检测孔，每孔一个样品。

（3）在稀释板的各孔中加入200μl样品稀释液。在相应各孔中分别加入10μl对照血清或被检血清样品。用加样器重复吹吸数次。稀释每个样品时必须使用不同的吸头。

（4）取出抗原包被板。

（5）分别从稀释板上取稀释后的对照血清和被检血清各100μl，加至抗原包被板的相应孔中，加盖或封膜后，置37℃±2℃下孵育60分钟±5分钟。

（6）洗涤工作液配制：按需要量，用去离子水或双蒸水将洗涤液作25倍稀释。

（7）用洗涤工作液洗涤抗原包被板，每孔300μl，洗涤6次，拍干。

（8）酶结合物工作液配制：用酶结合物稀释液将酶结合物作100倍稀释，现配现用。

（9）每孔加入100μl酶结合物工作液，加盖或封膜后，置37℃±2℃下孵育30分钟±2分钟。

（10）重复（7）。

（11）TMB底物工作液配制：将TMB底物B液和TMB底物A液等量混合。现配现用。

（12）每孔加入100μl TMB底物工作液，加盖或封膜后，置37℃±2℃下孵育15分钟±1分钟。

（13）每孔加入100μl终止液，并轻轻振荡混匀。

（14）在15分钟内，用酶联读数仪测定OD_{450nm}值。

判定

（1）阴性对照孔平均OD_{450nm}值应不超过0.2，每个阳性对照孔OD_{450nm}值应不低于0.5，且不超过2.0。否则，试验无效。临界值＝0.23×阳性对照孔平均OD_{450nm}值。

（2）被检样品孔OD_{450nm}值低于临界值时，判为阴性，即为抗口蹄疫病毒VP1结构蛋白抗体阴性。

（3）被检样品孔OD_{450nm}值不低于临界值，判为阳性。

（4）对判定结果为阳性的样品，应用2个孔进行重复检测。重复检测后，若至少有一个孔为阳性，则判为口蹄疫病毒VP1结构蛋白抗体阳性，若两孔均为阴性，则判为口蹄疫病毒VP1结构蛋白抗体阴性。

（5）当牛、羊口蹄疫病毒VP1结构蛋白抗体酶联免疫吸附试验诊断试剂盒（试剂盒1）与牛、羊口蹄疫病毒非结构蛋白抗体酶联免疫吸附试验诊断试剂盒（试剂盒2）联合使用时，按下列标准进行最终判定。

		试剂盒1的检测结果	
		+	−
试剂盒2的检测结果	+	感染动物	感染动物
	−	疫苗接种动物	未免疫未感染动物

【注意事项】 （1）本品仅供体外诊断使用。

（2）试验中应按说明书操作，不同批号的组成成分不能混用。

（3）请在试剂盒规定的有效期内使用。

【规格】 （1）1个96孔板/盒 （2）2个96孔板/盒

【贮藏与有效期】 2～8℃保存，有效期为24个月。

CVP3/2015/ZDZP/026

牛、羊口蹄疫病毒非结构蛋白抗体酶联免疫吸附试验诊断试剂盒

Niu, Yang Koutiyibingdu Feijiegoudanbaikangti Meilianmianyixifushiyan Zhenduanshijihe

ELISA Kit for Detection of Nonstructural Protein Antibody against Bovine or Ovine Foot and Mouth Disease Virus

本品系用人工合成的口蹄疫病毒非结构蛋白多肽2372包被的酶联反应板以及稀释板、阴性对照血清、阳性对照血清、样品稀释液、酶结合物及稀释液、TMB底物A液、TMB底物B液、终止液和洗涤液等组装制成。用于检测牛、羊口蹄疫病毒非结构蛋白抗体。与牛、羊口蹄疫病毒VP1结构蛋白抗体酶联免疫吸附试验诊断试剂盒配套使用，用于区分口蹄疫野毒感染动物和疫苗免疫动物。

【性状】 应密封完好、无破损、无渗漏。抗原包被板、稀释板、阴性对照血清、阳性对照血清、酶结合物、TMB底物A液、TMB底物B液、样本稀释液、酶结合物稀释液、洗涤液、终止液等组分齐全。

【无菌检验】 按附录3306对阴性对照血清、阳性对照血清、酶结合物、底物溶液和稀释液进行检验，均应无菌生长。

【敏感性检验】 用1：100、1：200、1：250、1：350、1：500、1：1000共6份不同稀释度的NS抗体阳性参考血清、1份阴性参考牛血清和1份阴性参考山羊血清分别按【用法与判定】进行检测。其敏感性应符合下表标准：

参考血清	OD_{450nm}/临界值的标准
1：100阳性参考血清	高于5.5
1：200阳性参考血清	高于3.8
1：250阳性参考血清	高于3.0
1：350阳性参考血清	2.5 ~ 4.0
1：500阳性参考血清	1.3 ~ 3.0
1：1000阳性参考血清	0.8 ~ 2.0
阴性参考牛血清	低于0.8
阴性参考山羊血清	低于0.8

【特异性检验】 用40份非结构蛋白抗体阴性参考血清（牛、山羊各20份）及4份山羊免疫（用口蹄疫疫苗接种）参考血清分别按【用法与判定】进行检测，每份血清的OD_{450nm}/临界值均应低于1.0。

【作用与用途】 用于检测牛、羊口蹄疫病毒非结构蛋白抗体。与牛、羊口蹄疫病毒VP1结构蛋白抗体酶联免疫吸附试验诊断试剂盒配套使用，用于区分口蹄疫野毒感染动物和疫苗免疫动物。

【用法与判定】 用法

（1）使用前将试剂盒恢复到室温，避免阳光直射或放置在30℃以上的环境中。

（2）取出试剂盒中的样品稀释板。A1、B1两孔作为阴性对照孔，C1、D1两孔作为阳性对照孔，其余孔作检测孔，每孔一个样品。

（3）在稀释板的各孔中加入200μl样品稀释液。在相应各孔中分别加入10μl对照血清或被检血清样品。用加样器重复吹吸数次。稀释每个样品时必须使用不同的吸头。

（4）取出抗原包被板。

（5）分别从稀释板上取稀释后的对照血清和被检血清各100μl，加至抗原包被板的相应孔中，加盖或封膜后，置37℃±2℃下孵育60分钟±5分钟。

（6）洗涤工作液配制：按需要量，用去离子水或双蒸水将洗涤液作25倍稀释。

（7）用洗涤工作液洗涤抗原包被板，每孔300μl，洗涤6次，拍干。

（8）酶结合物工作液配制：用酶结合物稀释液将酶结合物作100倍稀释，现配现用。

（9）每孔加入100μl酶结合物工作液，加盖或封膜后，置37℃±2℃下孵育30分钟±2分钟。

（10）重复（7）。

（11）TMB底物工作液配制：将TMB底物B液和TMB底物A液等量混合。现配现用。

（12）每孔加入100μl TMB底物工作液，加盖或封膜后，置37℃±2℃下孵育15分钟±1分钟。

（13）每孔加入100μl终止液，并轻轻振荡混匀。

（14）在15分钟内，用酶联读数仪测定OD_{450nm}值。

判定

（1）阴性对照孔平均OD_{450nm}值应不超过0.15，每个阳性对照孔OD_{450nm}值应不低于0.5，且不超过2.0。否则，试验无效。临界值＝0.23×阳性对照孔平均OD_{450nm}值。

（2）被检样品孔OD_{450nm}值低于临界值时，判为阴性，即为抗口蹄疫病毒非结构蛋白抗体阴性。

（3）被检样品孔OD_{450nm}值不低于临界值，判为阳性。

（4）对判定结果为阳性的样品，应用2个孔进行重复检测。重复检测后，若至少有一个孔为阳性，则判为口蹄疫病毒非结构蛋白抗体阳性，若两孔均为阴性，则判为口蹄疫病毒非结构蛋白抗体阴性。

（5）当牛、羊口蹄疫病毒VP1结构蛋白抗体酶联免疫吸附试验诊断试剂盒（试剂盒1）与牛、羊口蹄疫病毒非结构蛋白抗体酶联免疫吸附试验诊断试剂盒（试剂盒2）联合使用时，按下列标准进行最终判定。

		试剂盒1的检测结果	
		+	−
试剂盒2的检测结果	+	感染动物	感染动物
	−	疫苗接种动物	未免疫未感染动物

【注意事项】 （1）本品仅供体外诊断使用。

（2）试验中应按说明书操作，不同批号的组成成分不能混用。

（3）请在试剂盒规定的有效期内使用。

【规格】 （1）1个96孔板/盒 （2）2个96孔板/盒

【贮藏与有效期】 2～8℃保存，有效期为24个月。

CVP3/2015/ZDZP/027

日本血吸虫病凝集试验抗原、阳性血清与阴性血清

Ribenxuexichongbing Ningjishiyan Kangyuan, Yangxingxueqing Yu Yinxingxueqing

***Schistosoma japonica* Antigen, Positive Sera and Negative Sera for Agglutination Test**

抗原系用日本血吸虫尾蚴感染兔，采集血吸虫虫体，经裂解处理后，用DEAE纤维素纯化，与聚醛化聚苯乙烯微球（PAPS）化学共价交联制成；阳性血清系用日本血吸虫尾蚴感染兔，采血，分离血清，经冷冻真空干燥制成；阴性血清系用健康兔采血，分离血清，经冷冻真空干燥制成。用于凝集试验诊断日本血吸虫病。

抗　原

【性状】 均匀混悬液。

【无菌检验】 按附录3306进行检验，应无菌生长。

【效价测定】 取被检抗原 1 滴（约50μl），分别与1：10、1：20、1：40、1：80、1：160、1：320、1：640、1：1280稀释的阳性血清进行凝集试验。被检抗原应与1：640稀释的对照阳性血清发生50%凝集。

【敏感性检验】 取被检抗原与阳性血清进行凝集试验，阳性血清的效价应不低于1：640。

【特异性检验】 取被检抗原与1：10、1：20、1：40、1：80、1：160、1：320、1：640、1：1280稀释的对照阴性血清进行凝集试验，均应无凝集反应。

【作用与用途】 用于凝集试验诊断日本血吸虫病。

【用法与用量】 用磷酸盐缓冲液（PBS）作稀释液，将被检血清作1：10稀释（稀释液量约50μl），再滴加抗原 1 滴，轻轻摇动，充分混匀，10分钟内观察并记录结果。出现凝集反应时判为阳性，无凝集反应时判为阴性。冻干的阳性及阴性血清加0.2ml生理盐水溶解后使用。

【注意事项】 抗原切忌冻结，以免失效。使用前必须充分摇匀。

【规格】 4ml/瓶

【贮藏与有效期】 2～8℃保存，有效期为12个月。

阳 性 血 清

【性状】 疏松团块，易与瓶壁脱离，加稀释液后迅速溶解。

【无菌检验】 按附录3306进行检验，应无菌生长。

【效价测定】 与日本血吸虫病凝集试验抗原进行凝集试验，效价应不低于1：640。

【规格】 0.2ml/支

【贮藏与有效期】 2～8℃保存，有效期为24个月。

阴 性 血 清

【性状】、**【无菌检验】**、**【规格】**、**【贮藏与有效期】** 同阳性血清。

【效价测定】 与日本血吸虫病凝集试验抗原进行凝集试验，应为阴性。

CVP3/2015/ZDZP/028

溶　血　素

Rongxuesu

Hemolysin

本品系用绵羊红细胞作为抗原接种兔，采血，分离血清，经冷冻真空干燥制成，或加甘油制成液体制剂。用于补体结合试验。

【性状】 液体制品为澄清液体；冻干制品为疏松团块，易与瓶壁脱离，加稀释液后迅速溶解。

【无菌检验】 按附录3306进行检验，应无菌生长。

【效价测定】 将被检品用生理盐水稀释成1：100，并进一步稀释成1：500、1：1000等，按下表所示与各成分混合。凡能使红细胞完全溶解的溶血素最大稀释度即为溶血素效价。各对照管均不应有溶血现象。溶血素效价不低于1：2000为合格。

表　溶血素效价测定术式　　单位：ml

成　分	溶血素稀释度								对照		
	1：100	1：500	1：1000	1：1500	1：2000	1：2500	1：5000	1：10000	1：100	—	—
溶血素	0.5	0.5	0.5	0.5	0.5	0.5	0.5	0.5	0.5	—	—
1：20补体	0.5	0.5	0.5	0.5	0.5	0.5	0.5	0.5	—	—	0.5
2.5%绵羊红细胞悬液	0.5	0.5	0.5	0.5	0.5	0.5	0.5	0.5	0.5	0.5	0.5
生理盐水	1.0	1.0	1.0	1.0	1.0	1.0	1.0	1.0	1.5	2.0	1.5
37～38℃水浴20 分钟											
判定	完全溶血	完全溶血	完全溶血	完全溶血	完全溶血	50%溶血	20%溶血	10%溶血	不溶血	不溶血	不溶血

注：表中数字为溶血百分比；本例中溶血素效价为1：2000。

【剩余水分测定】 按附录3204对冻干制品进行测定，应符合规定。

【作用与用途】 用于补体结合试验。

【用法与用量】 使用前先测定效价。在做补体结合试验时，按溶血素效价的2倍使用。例如：溶血素效价为1：2000时，使用1：1000倍的稀释液。使用液体溶血素时，应减去甘油量（占总量的50%）。

【规格】 （1）0.5ml/瓶　（2）1ml/瓶　（3）2ml/瓶　（4）5ml/瓶

【贮藏与有效期】 液体溶血素2～8℃保存，有效期为12个月；冻干溶血素8℃以下保存，有效期为60个月。

CVP3/2015/ZDZP/029

沙门氏菌马流产凝集试验抗原、阳性血清与阴性血清

Shamenshijun Maliuchan Ningjishiyan Kangyuan, Yangxingxueqing Yu Yinxingxueqing

Salmonella abortus-equi **Antigen, Positive Sera and Negative Sera for Agglutination Test**

抗原系用马流产沙门氏菌C77-1株（CVCC 79001）接种适宜培养基培养，收获培养物，用甲醛溶液灭活后制成；阳性血清系用上述灭活抗原接种兔或绵羊，采血，分离血清，经冷冻真空干燥制成；阴性血清系用健康兔或绵羊，采血，分离血清，经冷冻真空干燥制成。用于凝集试验诊断沙门氏菌引起的马流产。

抗　原

【性状】 均匀混悬液，静置后，底部有少量沉淀。

【无菌检验】 按附录3306进行检验，应无菌生长。

【效价测定】 （1）用阳性血清2份、阴性血清1份，分别稀释为1：100、1：200、1：400、……、1：3200。取各稀释度血清2.0ml，分装于2支试管，每管1.0ml，组成2列。一列中，每管加入1：20稀释的被检抗原1.0ml；另一列中，每管加入1：20稀释的参照抗原1.0ml。

（2）另用仅加生理盐水1.0ml的小管2支，1支加入1：20稀释的被检抗原，另1支加入1：20稀释的参考抗原各1.0ml作为对照，以观察是否有自凝现象。

注：对抗原作1：20稀释时，取抗原1.0ml，加入0.5%苯酚生理盐水19ml；判定时应按最终稀释度计算，如果第1管的血清稀释倍数为1：100，其最终稀释度应为1：200。

（3）将各组试管振摇混匀，置37℃反应20小时，在室温下静置2小时，观察，并根据附注提供的标准记录结果。

被检抗原和参照抗原与2份阳性血清的凝集价一致，且与参照抗原的原凝集价一致；与1：200稀释的阴性血清不发生凝集；并在生理盐水对照管中无自凝现象，判为合格。

【作用与用途】 用于凝集试验诊断沙门氏菌引起的马流产。

【用法及判定】 （1）被检血清，用生理盐水作1：100、1：200至1：3200等稀释，取各稀释液1.0ml，分别加入试管中，每管加入1：20稀释的抗原溶液1.0ml，混匀后置37℃反应20小时，取出，室温放置2小时，观察结果。判定标准见附注。

（2）当被检血清的1：800稀释液出现＋＋以上凝集时，判为可疑反应；1：1600稀释液出现＋＋以上凝集时，判为阳性反应。

【规格】 （1）5ml/瓶　（2）10ml/瓶

【贮藏与有效期】 2～8℃保存，有效期为24个月。

阳 性 血 清

【性状】 疏松物质，加稀释液后迅速溶解。

【无菌检验】 按附录3306进行检验，应无菌生长。

【效价测定】 按抗原【效价测定】项中的方法进行，血清效价应不低于1：1600（＋＋）。

【规格】 （1）1ml/瓶　（2）5ml/瓶　（3）10ml/瓶

【贮藏与有效期】 2～8℃保存，有效期为96个月。

阴 性 血 清

【性状】 疏松物质，加稀释液后迅速溶解。

【无菌检验】 按附录3306进行检验，应无菌生长。

【效价测定】 1∶200稀释（加抗原后的最终稀释度）时，对沙门氏菌马流产凝集试验抗原应无凝集反应。

【规格】 （1）1ml/瓶 （2）5ml/瓶 （3）10ml/瓶

【贮藏与有效期】 2～8℃保存，有效期为18个月。

附注：凝集反应判定标准

＋＋＋＋ 试管管底有多量沉淀，上部液体完全透明（即100%的菌体凝集）。振摇后，管底沉淀呈颗粒状分散于液体中。

＋＋＋ 试管管底有较多沉淀，上部微现混浊（即75%的菌体凝集）。

＋＋ 试管管底有中等量沉淀，呈颗粒状，液体呈中等混浊（即50%的菌体凝集）。振摇时，沉淀极易粉碎。

＋ 试管管底有少许沉淀，颗粒微细，液体混浊不透明（即25%的菌体凝集）。

－ 试管管底无任何沉淀，液体完全混浊，不透明。

CVP3/2015/ZDZP/030

炭疽沉淀素血清

Tanju Chendiansu Xueqing

Anthrax Antisera (Precipitin)

本品系用炭疽杆菌弱毒株（CVCC 2、CVCC 3、CVCC 5和CVCC 40218，任选其中1～3株）培养物为抗原，多次接种健康马，采血，分离血清，加适宜防腐剂制成。用于沉淀反应诊断炭疽。

【性状】 澄清液体。久置后，底部可有少量沉淀。

【无菌检验】 按附录3306进行检验，应无菌生长。

【效价测定】 （1）用被检炭疽沉淀素血清与炭疽杆菌抗原参照品进行沉淀试验，并用炭疽沉淀素血清参照品作对照，应在60秒内出现阳性反应。

（2）用被检炭疽沉淀素血清与炭疽脏器抗原参照品5份进行沉淀试验，并用炭疽沉淀素血清参照品作对照，应在60秒内出现阳性反应。

（3）用被检炭疽沉淀素血清与不少于5份的炭疽皮张抗原参照品进行沉淀试验，并用炭疽沉淀素血清参照品作对照，应在10秒内显阳性反应。

被检炭疽沉淀素血清与炭疽沉淀素血清参照品反应结果应一致。

【特异性检验】 （1）用健康皮张抗原参照品25份与被检炭疽沉淀素血清进行沉淀试验，15分钟内应不出现阳性反应。

（2）用类炭疽杆菌抗原参照品与被检炭疽沉淀素血清进行沉淀试验，15分钟内应不出现阳性反应。

【作用与用途】 用于沉淀反应诊断炭疽。

【用法与判定】 用毛细管吸取制备好的待检抗原滤液，置于尖底小试管中，用另一根毛细管吸取炭疽沉淀素血清（如混浊，应先离心使其澄清），插入管底徐徐放出血清，与抗原滤液形成整齐的接触面。在10分钟内观察结果，如接触面出现白色沉淀环，即为炭疽阳性。

【规格】 （1）5ml/瓶 （2）10ml/瓶 （3）20ml/瓶 （4）50ml/瓶 （5）100ml/瓶

【贮藏与有效期】 2～8℃保存，有效期为36个月。

CVP3/2015/ZDZP/031

提纯副结核菌素

Tichun Fujiehejunsu

Purified Paratuberculin

本品系用牛副结核分枝杆菌P18株（CVCC 320）接种适宜培养基培养，收获培养物，经加热灭活后收集培养滤液，用三氯醋酸沉淀法提取蛋白，经冷冻真空干燥制成。用于诊断反刍动物副结核。

【性状】 疏松团块，易与瓶壁脱离，加稀释液后迅速溶解。

【无菌检验】 按附录3306进行检验，应无菌生长。

【安全检验】 将提纯副结核菌素用灭菌生理盐水稀释成10头份/ml。腹腔注射体重350～450g豚鼠2只，各1.0ml，观察10日，应全部健活。或皮下注射体重18～22g小鼠5只，各0.5ml，观察10日，应全部健活。

【效力检验】 （1）用体重350～450g的白色豚鼠10～15只，各于大腿内侧肌肉注射副结核分枝杆菌液体石蜡油悬液0.5ml（含灭活菌体2.0mg），注射后4～5周，将各豚鼠臀部去毛，皮内注射1：100稀释的标准提纯副结核菌素0.1ml，注射24小时观察结果。如果注射部位红肿面积不低于1.0cm^2，则可用于效力检验。

（2）正式试验前1日，选4只致敏合格豚鼠，将两侧上腹部去毛，每侧去毛面积应至少满足注射两个部位之用。

（3）将标准提纯副结核菌素和被检菌素用灭菌生理盐水稀释成10头份/ml，再做1：100稀释。在每只豚鼠身上采取轮换方式，各皮内注射0.1ml。注射后24小时，用游标卡尺测量每种稀释液在4只豚鼠身上各注射部位的肿胀面积。计算被检菌素和标准提纯副结核菌素在4只豚鼠身上各肿胀面积平均值的比值，应在0.9～1.1范围内。

【特异性检验】 用牛20头，分为2组。

第1组　在颈部左侧前后2个部位（相距10～12cm）分别注射被检菌素和标准提纯副结核菌素。

第2组　在颈部右侧前后2个部位（相距10～12cm）分别注射被检菌素和标准提纯副结核菌素。

均为皮内注射0.1ml，注射后72小时。判定结果，应均无反应。

【剩余水分测定】 按附录3204进行测定，应符合规定。

【真空度测定】 按附录3103进行测定，应符合规定。

【作用与用途】 用于诊断反刍动物副结核。

【用法与判定】 按瓶签注明头份，用生理盐水稀释成10头份/ml，牛、鹿颈部皮内注射，山羊、绵羊尾根注射，每头（只）0.1ml。72小时后判定结果。判定标准如下：皮皱厚度不低于4.0mm为阳性；2.1～3.9mm为可疑；不超过2.0mm为阴性。

【规格】 （1）20头份/瓶 （2）50头份/瓶 （3）100头份/瓶

【贮藏与有效期】 2～8℃冷藏或－15℃以下保存，有效期为60个月。

CVP3/2015/ZDZP/032

提纯牛型结核菌素

Tichun Niuxing Jiehejunsu

Purified Protein Derivative of Bovine Tuberculin (PPDB)

本品系用1～2株牛型结核分枝杆菌接种适宜培养基培养，经灭活、浸泡、滤过除菌后提纯制成；或提纯后经冷冻真空干燥制成。用于皮内变态反应诊断动物牛结核病。

【性状】 液体制品为澄清液体；冻干制品为疏松团块，易与瓶壁脱离，加稀释液后迅速溶解。

【无菌检验】 按附录3306进行检验，应无菌生长。

【安全检验】 用灭菌生理盐水将被检PPDB稀释成10头份/ml（含2×10^4IU），各皮下注射体重16～22g小鼠5只，0.5ml/只，观察10日，应全部健活；或各腹腔注射体重350～450g豚鼠2只，1.0ml/只，观察10日，应全部健活。

【效价测定】 （1）致敏原制备 取1～2株牛型结核分枝杆菌，分别接种P氏固体培养基，置37℃培养至少20日后，将生长良好的菌苔刮下，称重，加适量灭菌生理盐水，置121℃灭活30分钟，再用弗氏不完全佐剂制成乳剂，使每毫升乳剂中含牛型结核分枝杆菌8.0～10mg，分装后置80℃水浴灭菌2小时。经无菌检验合格后，置2～8℃备用。

（2）豚鼠致敏 用体重400g左右的白色豚鼠10～12只，各在大腿内侧深部肌肉注射牛型结核分枝杆菌致敏原0.5ml。5周后，将各豚鼠臀部拔去一小块被毛（约3.0cm^2，避开注射致敏原的一侧），第2日将PPDB标准品稀释为100 IU/ml，于拔毛处皮内注射0.1ml，注射后24小时和48小时各观察一次，注射部位皮肤红肿面积达1.0cm^2以上，方可用于效价测定。

（3）测定 应在效价测定前1日将豚鼠胸腹部两侧被毛拔去，每个注射点去毛面积不少于3.0cm^2。

将被检PPDB用灭菌生理盐水稀释成0.05头份/ml，将PPDB标准品稀释为100 IU/ml，用6只合格的致敏豚鼠，采用轮回换点方式在各豚鼠拔毛处依次注射此2种PPDB稀释液，每点皮内注射0.1ml，注射后24小时用游标卡尺测量每个注射点皮肤红肿面积，计算被检PPDB与PPDB标准品在6只豚鼠身上引起皮肤红肿的面积平均值（以24小时判定为主，必要时可参考48小时的反应，但注射点皮肤红肿面积直径应在7.0mm以上方可判定）。被检PPDB平均反应面积和PPDB标准品平均反应面积的比值应为0.9～1.1。

【特异性检验】 下列方法任择其一。

（1）用牛检验 用牛20头，分为2组，每组10头。用灭菌生理盐水将被检PPDB稀释成10头份/ml（含2×10^4IU），PPDB标准品稀释成2万IU/ml。

第1组 颈左侧皮内注射被检PPDB，0.1ml/头，右侧注射PPDB标准品，0.1ml/头。

第2组　颈左侧皮内注射PPDB标准品，0.1ml/头，右侧注射被检PPDB，0.1ml/头。

注射后72小时判定结果。个别牛反应不一致时，可在不同部位立刻进行第2次注射。被检PPDB与PPDB标准品对牛应无非特异性反应。

（2）用豚鼠检验　用6只体重350～450g豚鼠，在皮内注射前1日将豚鼠胸腹部两侧被毛拔去（约3.0cm×9.0cm）。用灭菌生理盐水将被检PPDB稀释成10头份/ml（含2×10^4 IU），PPDB标准品稀释成2万IU/ml。采用轮回换点方式在各豚鼠拔毛处依次注射此2种PPDB稀释液，每点皮内注射0.1ml。注射后24小时判定结果，应无任何炎性反应。

【作用与用途】　用于皮内变态反应诊断动物牛结核病。

【用法与判定】　（1）牛皮内变态反应　液体提纯牛结核菌素不用稀释，冻干制品应先用注射用水（或生理盐水）稀释成10头份/ml。不论牛只大小，一律于颈中部上1/3处剪毛（或提前1日剃毛），用酒精棉消毒后，皮内注射0.1ml（1头份）。3月龄以内的犊牛，可在肩胛部作试验。注射菌素前用卡尺测量术部中央皮皱厚度，作好记录。注射后72小时判定，观察局部有无热痛肿胀等炎性反应，并用卡尺测量术部皮皱厚度，作好详细记录。如有可能，对阴性和可疑牛，于注射后96小时和120小时再分别观察1次，以防个别牛出现较晚的迟发型变态反应。

判定标准：

阳性反应　局部有明显的炎性反应，皮皱厚度差等于或大于4.0mm。

可疑反应　局部炎性反应较轻，皮皱厚度差在2.1～3.9mm。

阴性反应　无炎性反应，皮皱厚度差在2.0mm以下。只要有一定炎性肿胀，即使皮皱厚度差在2.0mm以下者，仍应判为可疑。

凡判为可疑反应的牛，即刻在另一颈侧以同一批菌素同一剂量进行第2次注射，再经72小时观察反应。

（2）牛、禽两型提纯结核菌素的对比诊断　本试验适用于结核检疫中遇到的可疑牛和弱阳性牛，或牛群有感染禽结核菌或副结核菌等的可疑症候时。方法和判定：于颈中部上1/3处按常规剪毛、测量原皮皱厚度，消毒后，皮内注射提纯禽型结核菌素0.1ml（1头份），在同侧颈中部下1/3处（距离上述注射点不少于10cm）同上法皮内注射提纯牛型结核菌素0.1ml（1头份），注射后72小时判定（如有可能，分别于48、72和96小时各观察1次）。详细观察和比较两种菌素炎性反应的程度，并用卡尺测量其皮皱厚度，计算出皮皱厚度差。（如果增加48和96小时的判定时间，即可比较出两种菌素炎性反应消失的快慢）。判定：如果禽型结核菌素的反应大于牛型结核菌素，两种菌素之间的皮皱厚度差在2.0mm以上，且禽结核菌素的反应消失也较慢，这可能是感染了禽结核菌或副结核菌等引起的反应；反之，则可能是感染牛型结核菌和人型结核菌所引起的反应。如两种菌素炎性反应相近似，皮皱厚度差在2.0mm以下，则需根据被检牛群是否已定性为结核牛群或副结核牛群，如已定性为结核牛群，则判为结核牛，如已定性为副结核牛群，则判为副结核牛，必要时隔3个月后重检，如仍为可疑，则酌情处理。

（3）其他动物皮内变态反应　同时用牛、禽两种提纯结核菌素在体两侧对称皮内注射0.1ml（1头份）。马的注射部位与牛的注射部位相同；猪、绵羊在耳根外侧注射；山羊在肩胛部注射。注射后72小时判定，判定标准与牛、禽两型提纯结核菌素的对比诊断相同。

【规格】　液体制品：（1）5ml（50头份）/瓶　（2）10ml（100头份）/瓶

冻干制品：（1）20头份/瓶　（2）50头份/瓶　（3）100头份/瓶

【贮藏与有效期】　液体制品在2～8℃保存，有效期为24个月；冻干制品在2～8℃冷藏或－15℃以下保存，有效期为120个月。

CVP3/2015/ZDZP/033

提纯禽型结核菌素

Tichun Qinxing Jiehejunsu

Purified Protein Derivative of Avian Tuberculin (PPDA)

本品系用 1 ~ 2株禽型结核分枝杆菌接种适宜培养基培养，经灭活、浸泡、滤过除菌后提纯制成；或提纯后经冷冻真空干燥制成。用于皮内变态反应试验诊断禽结核、副结核。

【性状】 液体制品为澄清液体；冻干制品为疏松团块，易与瓶壁脱离，加稀释液后迅速溶解。

【无菌检验】 按附录3306进行检验，应无菌生长。

【安全检验】 用灭菌生理盐水将被检PPDA稀释成10头份/ml（含2.5×10^4 IU），各皮下注射体重16 ~ 22g小鼠5只，0.5ml/只，观察10日，应全部健活；或各腹腔注射体重350 ~ 450g豚鼠2只，1.0ml/只，观察10日，应全部健活。

【效价测定】 （1）致敏原制备 用1 ~ 2株禽型结核分枝杆菌，分别接种P氏固体培养基，置37℃培养至少20日后，将生长良好的禽型结核分枝杆菌培养物刮下，称重，磨碎，加适量灭菌生理盐水稀释，置121℃灭活30分钟，再用弗氏不完全佐剂制成乳剂，使每毫升乳剂中含禽型结核分枝杆菌40mg，分装后置80℃水浴灭菌2小时。经无菌检验合格后，置2 ~ 8℃备用。

（2）豚鼠致敏 用体重400g左右的白色豚鼠6 ~ 8只，各在大腿内侧深部肌肉注射禽型结核分枝杆菌致敏原，0.5ml/只。5周后，将以上豚鼠臀部拔去一小块被毛（约$3.0cm^2$，避开注射致敏原的一侧），第2日将PPDA标准品稀释为250 IU/ml，于拔毛处皮内注射0.1ml，注射后观察24小时，注射部位皮肤红肿面积达$1.0cm^2$以上，方可用于效价测定。

（3）测定 应在效价测定前1日将豚鼠胸腹部两侧被毛拔去，每个注射点去毛面积不少于$3.0cm^2$。

将被检PPDA用灭菌生理盐水稀释成0.1头份/ml，将PPDA标准品稀释成250 IU/ml，用4只合格的致敏豚鼠，采用轮回换点方式在各豚鼠拔毛处依次注射被检PPDA和PPDA标准品稀释液，每点皮内注射0.1ml，注射后24小时用游标卡尺测量每个注射点皮肤红肿面积，计算被检PPDA与PPDA标准品在4只豚鼠身上引起皮肤红肿面积的平均值。被检PPDA平均反应面积和PPDA标准品平均反应面积的比值应为0.9 ~ 1.10。

【特异性检验】 （1）用SPF鸡20只，分为2组。用灭菌生理盐水将被检PPDA稀释成10头份/ml（含2.5×10^4 IU），将PPDA标准品稀释成2.5×10^4 IU/ml。

第1组 于肉髯左侧皮内注射被检PPDA 0.1ml/只，右侧注射PPDA标准品0.1ml/只。

第2组 于肉髯左侧皮内注射PPDA标准品0.1ml/只，右侧注射被检PPDA 0.1ml/只。

注射后24小时和48小时分别判定。被检PPDA与PPDA标准品对鸡应无非特异性反应。

（2）也可用体重350 ~ 450g豚鼠进行特异性检验。

在皮内注射前1日将豚鼠胸腹部二侧被毛拔去（约3.0cm × 9.0cm）。

用灭菌生理盐水将被检PPDA稀释成10头份/ml（含2.5×10^4 IU），将PPDA标准品稀释成2.5×10^4 IU/ml。采用轮回换点方式在各豚鼠拔毛处依次注射此2种PPDA稀释液，每点皮内注射0.1ml。注射后24小时判定，应无任何炎性反应。

【作用与用途】 用于皮内变态反应试验诊断禽结核、副结核。

【用法与判定】 （1）鸡皮内变态反应 冻干制品应先用注射用水或生理盐水稀释成每毫升含10头份后使用，液体制品则直接使用。鸡肉髯皮内注射0.1ml（1头份），经24小时判定。鸡的肉髯增厚、下垂，发热，呈弥漫性水肿者为阳性反应；肿胀不明显者为疑似反应；无变化者为阴性反应。

（2）牛、羊皮内变态反应 提纯禽型结核菌素也可用于诊断牛、羊副结核。皮内注射0.1ml（1头份），绵羊在耳根外侧注射；山羊在肩胛部注射，羊也可用尾根和颈部皮内注射。72小时后判定结果。

判定标准

阳性反应 局部有明显的炎性反应，皮皱厚度差等于或大于4.0mm。

可疑反应 局部炎性反应较轻，皮皱厚度差在2.1～3.9mm。但即使皮皱厚度差在2.0mm以下者，只要有一定炎性肿胀，仍应判为可疑。

阴性反应 无炎性反应，皮皱厚度差在2.0mm以下。

（3）牛、禽两型提纯结核菌素的对比诊断 本试验适用于结核检疫中遇到的可疑牛和弱阳性牛，或牛群有感染禽结核菌或副结核菌等的可疑症候时。方法和判定：于颈中部上1/3处按常规剪毛、测量原皮皱厚度，消毒后，皮内注射提纯禽型结核菌素0.1ml（1头份），在同侧颈中部下1/3处（距离上述注射点不少于10cm）同上法皮内注射提纯牛型结核菌素0.1ml（1头份），注射后72小时判定（如有可能，分别于48、72和96小时各观察1次）。详细观察和比较两种菌素炎性反应的程度，并用卡尺测量其皮皱厚度，计算出皮皱厚度差。（如果增加48和96小时的判定时间，即可比较出两种菌素炎性反应消失的快慢）。判定：如果禽型结核菌素的反应大于牛型结核菌素，两种菌素之间的皮皱厚度差在2.0mm以上，且禽结核菌素的反应消失也较慢，这可能是感染了禽结核菌或副结核菌等引起的反应；反之，则可能是感染牛型结核菌和人型结核菌所引起的反应。如两种菌素炎性反应相近似，皮皱厚度差在2.0mm以下，则需根据被检牛群是否已定性为结核牛群或副结核牛群，如已定性为结核牛群，则判为结核牛，如已定性为副结核牛群，则判为副结核牛，必要时隔3个月后重检，如仍为可疑，则酌情处理。

（4）其他动物皮内变态反应 同时用牛、禽两种提纯结核菌素在体两侧对称皮内注射0.1ml（1头份）。马的注射部位与牛的注射部位相同；猪、绵羊在耳根外侧注射；山羊在肩胛部注射。注射后72小时判定，判定标准与牛、禽两型提纯结核菌素的对比诊断相同。

【规格】 液体制品：（1）5ml（50头份）/瓶 （2）10ml（100头份）/瓶

冻干制品：（1）10头份/瓶 （2）20头份/瓶 （3）50头份/瓶

【贮藏与有效期】 液体制品在2～8℃保存，有效期为24个月；冻干制品在2～8℃冷藏或－15℃以下保存，有效期为120个月。

CVP3/2015/ZDZP/034

伊氏锥虫病补体结合试验抗原、阳性血清与阴性血清

Yishi Zhuichongbing Butijieheshiyan Kangyuan, Yangxingxueqing Yu Yinxingxueqing

Trypanosoma evansi **Antigen, Positive Sera and Negative Sera for Complement Fixation Test**

抗原系用伊氏锥虫接种犬繁殖后，颈动脉采血，离心收获虫体，置50～70℃干燥，悬浮于甲醇溶液中制成；阳性血清系用冻融的伊氏锥虫虫体接种马，采血，分离血清制成；阴性血清系用健康

马采血，分离血清制成。用于补体结合试验诊断马、骡、驴、牛、骆驼等动物的锥虫病。

抗　原

【性状】 澄清液体，无凝集。

【无菌检验】 按附录3306进行检验，应无菌生长。

【效价测定】 （1）用生理盐水将被检抗原稀释成1：10、1：50、1：100、1：150、1：200、1：250、1：300、1：350等。

（2）将阳性血清稀释成1：5、1：10、1：20、1：40等，置58～59℃水浴30分钟。

（3）补体　按冻干补体中的方法进行效价测定。按补体效价稀释使用。

（4）溶血素　按溶血素中的方法进行效价测定。按溶血素效价的2倍使用。例如：溶血素效价为1：2000时，使用1：1000倍的稀释液。

（5）绵羊红细胞悬液　按附录红细胞悬液制备法配制成2.5%绵羊红细胞悬液。

准备好上述各种成分后，按表1进行试验，第2次加温完毕，取出观察，按附录标准溶血比色液配制法配制标准溶血管进行判定，按表2所举示例记录结果。

表1　抗原效价测定术式　　单位：ml

成　分	抗原稀释度								对照
	1：10	1：50	1：100	1：150	1：200	1：250	1：300	1：350	
抗原	0.5	0.5	0.5	0.5	0.5	0.5	0.5	0.5	—
血清	0.5	0.5	0.5	0.5	0.5	0.5	0.5	0.5	0.5
补体	0.5	0.5	0.5	0.5	0.5	0.5	0.5	0.5	0.5
37～38℃水浴20 分钟									
溶血素	0.5	0.5	0.5	0.5	0.5	0.5	0.5	0.5	0.5
2.5%绵羊红细胞悬液	0.5	0.5	0.5	0.5	0.5	0.5	0.5	0.5	0.5
37～38℃水浴15 分钟									

（6）效价判定标准　与1：5稀释的阳性血清反应，呈完全抑制溶血的抗原最大稀释度即为抗原效价。抗原效价应不低于1：200。按表2范例，抗原效价可判为1：300。

表2　抗原效价测定结果（范例）

成　分		抗原稀释度								对照
		1：10	1：50	1：100	1：150	1：200	1：250	1：300	1：350	
阳性	1：5	0	0	0	0	0	0	0	5	100
血清	1：10	0	0	0	0	0	0	0	10	100
	1：20	50	0	0	0	0	0	5	20	100
稀释度	1：40	90	5	0	0	0	5	10	30	100
抗原抗补体		100	100	100	100	100	100	100	100	100

【特异性检验】 用生理盐水稀释被检抗原，分别与2份阴性血清进行补体结合试验，应完全溶血。

【作用与用途】 用于补体结合试验诊断马、骡、驴、牛、骆驼等动物的锥虫病。

【用法与判定】 用法

（1）抗原 按瓶签注明效价稀释。按抗原效价2倍使用。例如：抗原效价为1：200时，使用1：100倍的稀释液。

（2）阴性血清和阳性血清 按瓶签注明进行稀释，置56～59℃水浴30分钟。

（3）被检血清 作1：10稀释，置56～59℃水浴30分钟。

（4）补体 取新鲜补体或冻干补体，用生理盐水作1：20稀释。按冻干补体中的方法进行效价测定。按补体效价稀释使用。

（5）溶血素 按溶血素中的方法进行效价测定。按溶血素效价的2倍使用。例如：溶血素效价为1：2000时，使用1：1000倍的稀释液。

（6）绵羊红细胞悬液 按附录红细胞悬液制备法配制成2.5%绵羊红细胞悬液。

准备好上述各成分后，按下表3进行补体结合试验：

表3 补体结合试验操作步骤 单位：ml

成 分	被检血清		对照管						
			阳性血清		阴性血清		抗原	溶血素	补体
血清	0.5	0.5	0.5	0.5	0.5	0.5	0	0	0
稀释液	0	0.5	0	0.5	0	0.5	0	1.5	1.5
抗原	0.5	0	0.5	0	0.5	0	1.0	0	0
补体	0.5	0.5	0.5	0.5	0.5	0.5	0.5	0	0.5
37℃水浴20分钟									
溶血素	0.5	0.5	0.5	0.5	0.5	0.5	0.5	0.5	0
2.5%绵羊红细胞悬液	0.5	0.5	0.5	0.5	0.5	0.5	0.5	0.5	0.5
结果判断									
判定结果举例	++++	－	++++	－	－	－	－	++++	++++

判定

不加抗原的阳性血清对照管，不加和加抗原的阴性血清对照管，被检血清不加抗原的对照管、抗原对照管呈完全溶血反应。溶血素对照管和补体对照管呈完全抑制溶血。

对照正确无误即可对被检血清进行判定，被检血清加抗原管的判定参照标准溶血管记录结果。

判定标准 0～40%溶血为阳性；50%～90%溶血为可疑；100%溶血为阴性。

【规格】 （1）1ml/瓶 （2）2ml/瓶

【贮藏与有效期】 2～8℃保存，有效期为6个月。

阳 性 血 清

【性状】 澄清液体。

【无菌检验】 按附录3306进行检验，应无菌生长。

【效价测定】 按补体结合试验法进行。以与按抗原效价使用的抗原呈完全抑制溶血的被检阳性血清最大稀释倍数为其效价。效价不低于1：10时，可供检疫时作对照用。检定抗原的血清效价应不低于1∶40。

【规格】 1ml/瓶

【贮藏与有效期】 2～8℃保存，有效期为18个月。

阴 性 血 清

【性状】 澄清液体。

【无菌检验】 按附录3306进行检验，应无菌生长。

【效价测定】 与伊氏锥虫病补体结合试验抗原反应，应为阴性。

【规格】 1ml/瓶

【贮藏与有效期】 2～8℃保存，有效期为24个月。

CVP3/2015/ZDZP/035

伊氏锥虫病凝集试验抗原、阳性血清与阴性血清

Yishi Zhuichongbing Ningjishiyan Kangyuan, Yangxingxueqing Yu Yinxingxueqing

Trypanosoma evansi **Antigen, Positive Sera and Negative Sera for Agglutination Test**

抗原系用伊氏锥虫接种大白鼠，扑杀后收集虫体，经裂解处理，并用DEAE纤维素纯化，与聚醛化聚苯乙烯微球（PAPS）化学共价交联制成；阳性血清系用伊氏锥虫抗原接种兔，采血，分离血清，经冷冻真空干燥制成；阴性血清系用健康兔采血，分离血清，经冷冻真空干燥制成。用于凝集试验诊断伊氏锥虫病。

抗　　原

【性状】 均匀混悬液。

【装量检查】 按附录3104进行检验，应符合规定。

【无菌检验】 按附录3306进行检验，应无菌生长。

【效价测定】 取被检抗原 1 滴（约50μl），分别与等量1∶10、1∶20、1∶40、1∶80、1∶160、1∶320、1∶640、1∶1280稀释的对照阳性血清进行凝集试验。被检抗原应与1∶640稀释的阳性血清发生50%凝集。

【特异性检验】 将被检抗原与阳性血清进行凝集试验，阳性血清的效价应不低于1∶640。

【敏感性检验】 将被检抗原与等量1∶10、1∶20、1∶40、1∶80、1∶160、1∶320、1∶640、1∶1280稀释的阴性血清进行凝集试验，均应无凝集反应。

【作用与用途】 用于凝集试验诊断伊氏锥虫病。

【用法与用量】 用磷酸盐缓冲液（PBS）将被检血清作1∶10稀释（稀释量约为50μl），再滴加抗原 1 滴，轻轻摇动，充分混匀，10分钟内观察并记录结果。出现凝集反应时判为阳性，无凝集反应时判为阴性。冻干的阳性及阴性血清加0.2ml生理盐水溶解后使用。

【注意事项】 抗原切忌冻结，以免失效。使用前必须充分摇匀。

【规格】 4ml/瓶

【贮藏与有效期】 2～8℃保存，有效期为12个月。

阳 性 血 清

【性状】 疏松团块，易与瓶壁脱离，加稀释液后迅速溶解。

【无菌检验】 按附录3306进行检验，应无菌生长。

【效价测定】 与伊氏锥虫病凝集试验抗原进行凝集试验，效价应不低于1∶640。

【剩余水分测定】 按附录3204进行测定，应符合规定。

【规格】 0.2ml/支

【贮藏与有效期】 2～8℃保存，有效期为24个月。

阴 性 血 清

【性状】、**【无菌检验】**、**【剩余水分测定】**、**【规格】**、**【贮藏与有效期】** 同阳性血清。

【效价测定】 与伊氏锥虫病凝集试验抗原应为阴性反应。

CVP3/2015/ZDZP/036

衣原体病补体结合试验抗原、阳性血清与阴性血清

Yiyuantibing Butijieheshiyan Kangyuan, Yangxingxueqing Yu Yinxingxueqing

***Chlamydia* Antigen, Positive Sera and Negative Sera for Complement Fixation Test**

抗原系用衣原体B11001株或CSH株接种SPF鸡胚培养，收获感染鸡胚的卵黄囊膜，经高速匀浆、离心、透析或加温灭活后，经超声裂解制成；阳性血清系用上述抗原，接种衣原体抗体检测阴性的羊、兔或鸭，采血，分离血清制成；阴性血清系用衣原体抗体检测阴性的羊、兔或鸭采血，分离血清制成。用于直接补体结合试验和间接补体结合试验诊断衣原体病。

抗　　原

【性状】 均匀混悬液。久置后，有少量沉淀。

【无菌检验】 按附录3306进行检验，应无菌生长。

【效价测定】 按常规方法作补体结合试验。方法如下：

（1）抗原　稀释成1∶8、1∶16、1∶32、1∶64、1∶128、1∶256、1∶512。

（2）血清　阳性血清稀释成1∶8、1∶16、1∶32、1∶64、1∶128、1∶256、1∶512，然后在58～59℃水浴中加温30分钟。阴性血清1∶4稀释，58～59℃水浴中加温30分钟。

（3）补体　用豚鼠新鲜补体或冻干补体。按冻干补体中的方法进行效价测定。按补体效价稀释使用。

（4）溶血素　按溶血素中的方法进行效价测定。按溶血素效价的1/3倍使用。例如：溶血素效价为1∶3000时，使用1∶1000倍的稀释液。

（5）绵羊红细胞悬液　按附录红细胞悬液制备法配制成2.5%绵羊红细胞悬液。

按表1术式进行试验。第2次加温完毕，取出观察，按附录标准溶血比色液配制法配制标准溶血比色液进行判定。按表2的范例记录结果。

与最高稀释度的阳性血清发生抑制溶血的抗原最高稀释度，即为抗原效价。抗原效价应不低于1∶256。本例中抗原效价为1∶256。

表1　衣原体病补体结合试验抗原效价滴定术式　　单位：ml

成　分	抗原稀释度							各项对照			
	1：8	1：16	1：32	1：64	1：128	1：256	1：512	阴性血清 1：4	抗原抗补体	溶血素	生理盐水
抗原	0.1	0.1	0.1	0.1	0.1	0.1	0.1	0.1	0.1		
血清	0.1	0.1	0.1	0.1	0.1	0.1	0.1	0.1			
补体	0.2	0.2	0.2	0.2	0.2	0.2	0.2	0.2	0.2	0.2	
生理盐水									0.1	0.2	0.4
充分摇匀，2～8℃16～18小时，取出，置37℃水浴30分钟											
溶血素	0.2	0.2	0.2	0.2	0.2	0.2	0.2	0.2	0.2	0.2	0.2
2.5%绵羊红细胞悬液	0.2	0.2	0.2	0.2	0.2	0.2	0.2	0.2	0.2	0.2	0.2
置37℃水浴30 分钟											

加热完毕，取出，观察并记录。与最高稀释度阳性血清发生完全抑制溶血的抗原最高稀释度，即为该抗原的效价。

表2　抗原效价测定示例

成　分		抗原稀释度						
		1：8	1：16	1：32	1：64	1：128	1：256	1：512
阳性血清	1：8	0	0	0	0	0	0	0
	1：16	0	0	0	0	0	0	0
	1：32	0	0	0	0	0	0	0
	1：64	0	0	0	0	0	0	25
	1：128	0	0	0	0	0	0	50
	1：256	0	0	0	0	0	0	75
	1：512	25	25	25	50	50	75	100
阴性血清	1：4	100	100	100	100	100	100	100
抗原对照		100	100	100	100	100	100	100

注：表中数字为溶血百分比（%）。

【特异性检验】 取被检抗原分别与2份阳性血清和2份阴性血清进行补体结合试验，1：256稀释的阳性血清应完全抑制溶血，阴性血清应完全溶血。

【作用与用途】 用于直接补体结合试验和间接补体结合试验诊断衣原体病。

【用法与判定】 **用法**

（1）抗原　按瓶签注明效价稀释。按抗原效价稀释使用。

（2）阴性血清和阳性血清　按瓶签注明进行稀释，置56～59℃水浴30分钟。

（3）被检血清　作2倍系列稀释，置56～59℃水浴30分钟。

（4）补体　取新鲜补体或冻干补体，用生理盐水作1：20稀释。按冻干补体中的方法进行效价测定。按补体效价稀释使用。

（5）溶血素　按溶血素中的方法进行效价测定。按溶血素效价的2倍使用。例如：溶血素效价为1：2000时，使用1：1000倍的稀释液。

（6）绵羊红细胞悬液　按附录红细胞悬液制备法配制成2.5%绵羊红细胞悬液。

准备好上述各成分后，按下列方法进行试验。

直接补体结合试验：

（1）试管法　按表3程序操作。

（2）微量法　用U型8×12孔反应板，按表4程序操作。

（3）结果判定　最后一次37℃水浴30分钟后，立即判定。

各组对照为如下结果时，试验成立，否则应重复试验。

被检血清抗补体对照　完全溶血（－）；

阳性血清加抗原　完全抑制溶血（＋＋＋＋）；

阴性血清加抗原　完全溶血（－）；

抗原抗补体对照　完全溶血（－）；

溶血素对照　完全溶血（－）；

生理盐水对照　完全抑制溶血（＋＋＋＋）。

（4）判定标准

①兔血清

被检血清效价不低于1：16（＋＋），判为阳性。

被检血清效价不超过1：8（＋），判为阴性。

被检血清效价＝1：16（＋）或1：8（＋＋），判为可疑。

②绵羊、山羊、牛、鸽、鹦鹉等血清

被检血清效价不低于1：8（＋＋），判为阳性。

被检血清效价不超过1：4（＋），判为阴性。

被检血清效价＝1：8（＋）或1：4（＋＋），判为可疑；重检后，仍为可疑，则判为阳性。

间接补体结合试验：

（1）试管法　按表5程序操作。

（2）微量法　按表6程序操作。

（3）结果判定　最后一次37℃水浴30分钟后，立即判定。

对照试验为如下结果时，试验成立，否则应重复试验。

被检血清抗补体对照　完全溶血（－）。

阳性血清加抗原加指示血清　完全溶血（－）。

阴性血清加抗原加指示血清　完全抑制溶血（＋＋＋＋）。

抗原抗补体对照　完全溶血（－）。

（4）判定标准

①鸭血清

被检血清效价不低于1：16（＋＋），判为阳性。

被检血清效价不超过1：8（+），判为阴性。

被检血清效价=1：16（+）或1：8（++），判为可疑；重检后，仍为可疑，判为阳性。

②猪、鸡、鹌鹑等血清

被检血清效价不低于1：8（++）判为阳性。

被检血清效价不超过1：4（+）判为阴性。

被检血清效价=1：8（+）或1：4（++）判为可疑，重检仍为可疑判为阳性。

【规格】 （1）2ml/瓶 （2）5ml/瓶

【贮藏与有效期】 2～8℃保存，有效期为24个月。

阳 性 血 清

【性状】 澄清液体。

【无菌检验】 按附录3306进行检验，应无菌生长。

【效价测定】 被检阳性血清 1：4稀释，应无抗补体作用。兔和羊的被检阳性血清，与按抗原效价稀释使用的抗原作直接补体结合试验（表3和表4），1：128稀释的血清呈完全溶血，1：256稀释的血清完全抑制溶血，1：512稀释的血清完全抑制溶血或25%溶血，认为合格；鸭阳性血清，与按抗原效价稀释使用的抗原在按效价稀释的指示血清参与下作间接补体结合试验（表5和表6），1：128稀释的血清完全抑制溶血，1：256稀释的血清应呈完全溶血。

【规格】 （1）2ml/瓶 （2）5ml/瓶

【贮藏与有效期】 2～8℃保存，有效期为24个月。

表3 直接补体结合试验术式（试管法） 单位：ml

成分	被检血清						各项对照						效价
	试验管						抗补体对照	阳性血清	阴性血清	抗原对照	溶血素	生理盐水	
	1：4	1：8	1：16	1：32	1：64	1：128	1：4	2倍	1：4	2倍			
血清	0.1	0.1	0.1	0.1	0.1	0.1	0.1	0.1	0.1				
抗原	0.1	0.1	0.1	0.1	0.1	0.1		0.1	0.1	0.1			
补体	0.2	0.2	0.2	0.2	0.2	0.2	0.2	0.2	0.2	0.2	0.2		
生理盐水							0.1			0.1	0.2	0.4	
混匀，置2～8℃16～18小时，取出，置37℃水浴30分钟													
溶血素	0.1	0.1	0.1	0.1	0.1	0.1	0.1	0.1	0.1	0.1	0.1	0.1	
2.5%绵羊红细胞悬液	0.1	0.1	0.1	0.1	0.1	0.1	0.1	0.1	0.1	0.1	0.1	0.1	
混匀，置37℃水浴30分钟													
判定	#	#	+++	++	+	−	−	#	−	−	−	#	1：32
	全不溶	全不溶	25%溶	50%溶	75%溶	全溶	全溶	全不溶	全溶	全溶	全溶	全不溶	

表4　直接补体结合试验术式（微量法）　　单位：μl

成分	被检血清						各项对照						效价
	试验管						抗补体对照	阳性血清	阴性血清	抗原对照	溶血素	生理盐水	
	1∶4	1∶8	1∶16	1∶32	1∶64	1∶128	1∶4	2倍	1∶4	2倍			
血清	25	25	25	25	25	25	25	25	25				
抗原	25	25	25	25	25	25		25	25	25			
补体	50	50	50	50	50	50	50	50	50	50	50		
生理盐水							25			25	50	100	
混匀，置2～8℃16～18小时，取出，置37℃水浴30分钟													
溶血素	25	25	25	25	25	25	25	25	25	25	25	25	
2.5%绵羊红细胞悬液	25	25	25	25	25	25	25	25	25	25	25	25	
混匀，置37℃水浴30分钟													
判定	#	#	+++	++	+	−	−	#	−	−	−	#	1∶32
	全不溶	全不溶	25%溶	50%溶	75%溶	全溶	全溶	全不溶	全溶	全溶	全溶	全不溶	

表5　间接补体结合试验术式（试管法）　　单位：ml

成分	被检血清						抗补体对照	间接补反对照		直接补反对照	抗原对照	效价
	试验管							阳性血清1倍	阴性血清1∶4	指示血清1倍		
	1∶4	1∶8	1∶16	1∶32	1∶64	1∶128	1∶4					
血清	0.1	0.1	0.1	0.1	0.1	0.1	0.1	0.1	0.1			
抗原	0.1	0.1	0.1	0.1	0.1	0.1		0.1	0.1	0.1	0.1	
混匀，置2～8℃ 6～8小时												
指示血清	0.1	0.1	0.1	0.1	0.1	0.1		0.1	0.1	0.1		
补体	0.2	0.2	0.2	0.2	0.2	0.2	0.2	0.2	0.2	0.2	0.2	
生理盐水							0.2		0.1	0.1	0.2	
混匀，2～8℃过夜（或8～10小时），取出，置37℃水浴30分钟												
溶血素	0.1	0.1	0.1	0.1	0.1	0.1	0.1	0.1	0.1	0.1	0.1	
2.5%绵羊红细胞悬液	0.1	0.1	0.1	0.1	0.1	0.1	0.1	0.1	0.1	0.1	0.1	
混匀，置37℃水浴30分钟												
判定	−	−	+	++	+++	#	−	−	#	#	−	1∶32
	全溶	全溶	75%溶	50%溶	25%溶	全不溶	全溶	全溶	全不溶	全不溶	全溶	

表6　间接补体结合试验术式（微量法）　　单位：μl

成分	被检血清						抗补体对照	间接补反对照		直接补反对照	抗原对照	效价
	试验孔											
	1：4	1：8	1：16	1：32	1：64	1：128	1：4	阳性血清1倍	阴性血清1：4	指示血清1倍		
血清	25	25	25	25	25	25	25	25	25			
抗原	25	25	25	25	25	25		25	25	25	25	
混匀，置2～8℃ 6～8小时												
指示血清	25	25	25	25	25	25		25	25	25		
补体	50	50	50	50	50	50	50	50	50	50	50	
生理盐水							50			25	50	
混匀，2～8℃过夜（或8～10小时），取出，置37℃水浴30分钟												
溶血素	25	25	25	25	25	25	25	25	25	25	25	
2.5%绵羊红细胞悬液	25	25	25	25	25	25	25	25	25	25	25	
混匀，置37℃水浴30分钟												
判定	−	−	+	++	+++	#	−	−	#	#	−	1：32
	全溶	全溶	75%溶	50%溶	25%溶	全不溶	全溶	全溶	全不溶	全不溶	全溶	

阴 性 血 清

【性状】、**【无菌检验】**、**【规格】**、**【贮藏与有效期】** 同阳性血清。

【效价测定】 1：4稀释的血清与按抗原效价稀释使用的抗原应为阴性反应。

CVP3/2015/ZDZP/037

衣原体病间接血凝试验抗原、阳性血清与阴性血清

Yiyuantibing Jianjiexueningshiyan Kangyuan, Yangxingxueqing Yu Yinxingxueqing

Chlamydia **Antigen, Positive Sera and Negative Sera for Indirect Hemagglutination Test**

抗原系用衣原体猪源CJ4株接种SPF鸡胚培养，收获感染鸡胚的卵黄囊膜，经高速匀浆、离心纯化、去污剂裂解后致敏醛化绵羊红细胞制成液体制品；或经冷冻真空干燥制成冻干制品；阳性血清系用纯化的衣原体CJ4株抗原接种的兔、绵羊、山羊或鸭，采血，分离血清制成；阴性血清系用兔、绵羊、山羊或鸭采血，分离血清制成。用于间接血凝试验检测畜禽衣原体属特异性抗体。

抗　　原

【性状】 液体制品为均匀混悬液，无凝块；冻干制品为疏松团块，易与瓶壁脱离，加稀释液后迅速溶解。

【无菌检验】 按附录3306进行检验，应无菌生长。

【效价测定】 取对照阳性血清和阴性血清在V型板上用生理盐水作2倍系列稀释（每孔50μl），每孔加入25μl被检抗原，振摇后置室温下2小时，判定结果。阳性血清血凝效价应不低于1：2048，

阴性血清应不发生凝集反应。

【特异性检验】 抗原与阴性血清应不发生凝集反应。

【剩余水分测定】 按附录3204进行测定，应符合规定。

【作用与用途】 用于间接血凝试验检测畜禽衣原体属特异性抗体。

【用法与判定】 各种畜禽血清经灭活后与本抗原作间接血凝试验。判定标准：哺乳动物血凝效价不低于1：64（++），判为阳性；不超过1：16（++），判为阴性；介于二者之间，判为可疑。禽类血清血凝效价不低于1：16（++），判为阳性；不超过1：4（++），判为阴性；介于二者之间，判为可疑。

【注意事项】 未冻干的抗原致敏绵羊红细胞切忌冻结。

【规格】 （1）1ml/瓶 （2）2ml/瓶 （3）5ml/瓶

【贮藏与有效期】 液体制品，2～8℃保存，有效期为8个月。冻干制品，2～8℃保存，有效期为24个月。

阳 性 血 清

【性状】 半澄清液体，无沉淀。

【无菌检验】 按附录3306进行检验，应无菌生长。

【效价测定】 将本阳性血清在V型板上用生理盐水作2倍系列稀释至1：4096（每孔50μl），每个稀释度加抗原致敏绵羊红细胞悬液25μl，振摇后置室温下2小时。被检阳性血清血凝效价应大于1：2048。

【规格】 1ml/瓶

【贮藏与有效期】 2～8℃保存，有效期为24个月。

阴 性 血 清

【性状】 半澄清液体，无沉淀。

【无菌检验】 按附录3306进行检验，应无菌生长。

【特异性检验】 与衣原体抗原、沙门氏菌抗原、布氏菌抗原进行血清学试验，均应为阴性反应。

【规格】 1ml/瓶

【贮藏与有效期】 2～8℃保存，有效期为24个月。

CVP3/2015/ZDZP/038

猪口蹄疫病毒VP1结构蛋白抗体酶联免疫吸附试验诊断试剂盒

Zhu Koutiyibingdu VP1 Jiegoudanbaikangti Meilianmianyixifushiyan Zhenduanshijihe

ELISA Kit for Detection of VP1 Antibody against Swine Foot and Mouth Disease Virus

本品系用人工合成的口蹄疫病毒VP1结构蛋白多肽2463、2466和2956作为抗原包被的抗原包被板与稀释板、阴性对照血清、阳性对照血清、样品稀释液、酶结合物及稀释液、TMB底物A液、TMB底物B液、终止液和洗涤液等组装而成。用于检测猪口蹄疫病毒VP1结构蛋白抗体。与猪口蹄疫病毒非结构蛋白抗体酶联免疫吸附试验诊断试剂盒配套使用，用于区分口蹄疫野毒感染动物和疫苗免疫动物。

【性状】 应密封完好、无破损、无渗漏。抗原包被板、稀释板、阴性对照血清、阳性对照血清、酶结合物、TMB底物A液、TMB底物B液、样本稀释液、酶结合物稀释液、洗涤液、终止液等组分齐全。

【无菌检验】 按附录3306对阴性对照血清、阳性对照血清和稀释液进行检验，均应无菌生长。

【敏感性检验】 用1：5、1：10、1：20、1：40、1：60、1：120共6份不同稀释度的VP1抗体阳性参考血清分别按【用法与判定】进行检测。其敏感性应符合下表标准：

参考血清	OD_{450nm}/临界值的标准
1：5阳性参考血清	不低于7.3
1：10阳性参考血清	不低于4.3
1：20阳性参考血清	不低于2.4
1：40阳性参考血清	不低于1.4
1：60阳性参考血清	不低于1.1
1：120阳性参考血清	不低于0.6

【特异性检验】 用40份VP1抗体阴性参考血清分别按【用法与判定】进行检测，每份血清的OD_{450nm}/临界值均应低于1.0。

【作用与用途】 用于检测猪口蹄疫病毒VP1结构蛋白抗体。与猪口蹄疫病毒非结构蛋白抗体酶联免疫吸附试验诊断试剂盒配套使用，用于区分口蹄疫野毒感染动物和疫苗免疫动物。

【用法与判定】 用法

（1）使用前将试剂盒恢复到室温，避免阳光直射或放置在30℃以上的环境中。

（2）取出试剂盒中的样品稀释板。A1、B1两孔作为阴性对照孔，C1、D1两孔作为阳性对照孔，其余孔作检测孔，每孔一个样品。

（3）在稀释板的各孔中加入200μl样品稀释液。在相应各孔中分别加入10μl对照血清或被检血清样品。用加样器重复吹吸数次。稀释每个样品时必须使用不同的吸头。

（4）取出抗原包被板。

（5）分别从稀释板上取稀释后的对照血清和被检血清各100μl，加至抗原包被板的相应孔中，加盖或封膜后，置37℃±2℃下孵育60分钟±5分钟。

（6）洗涤工作液配制：按需要量，用去离子水或双蒸水将洗涤液作25倍稀释。

（7）用洗涤工作液洗涤抗原包被板，每孔300μl，洗涤6次，拍干。

（8）酶结合物工作液配制：用酶结合物稀释液将酶结合物作100倍稀释，现配现用。

（9）每孔加入100μl酶结合物工作液，加盖或封膜后，置37℃±2℃下孵育30分钟±2分钟。

（10）重复（7）。

（11）TMB底物工作液配制：将TMB底物B液和TMB底物A液等量混合。现配现用。

（12）每孔加入100μl TMB底物工作液，加盖或封膜后，置37℃±2℃下孵育15分钟±1分钟。

（13）每孔加入100μl终止液，并轻轻振荡混匀。

（14）在15分钟内，用酶联读数仪测定OD_{450nm}值。

判定

（1）阴性对照孔平均OD_{450nm}值应不超过0.2，每个阳性对照孔OD_{450nm}值应不低于0.5，且不超过2.0。否则，试验无效。临界值=0.23×阳性对照孔平均OD_{450nm}值。

（2）被检样品孔OD_{450nm}值低于临界值时，判为阴性，即为抗口蹄疫病毒VP1结构蛋白抗体阴性。

（3）被检样品孔OD_{450nm}值不低于临界值，判为阳性。

（4）对判定结果为阳性的样品，应用2个孔进行重复检测。重复检测后，若至少有一个孔为阳性，则判为口蹄疫病毒VP1结构蛋白抗体阳性，若两孔均为阴性，则判为口蹄疫病毒VP1结构蛋白抗体阴性。

（5）当猪口蹄疫病毒VP1结构蛋白抗体酶联免疫吸附试验诊断试剂盒（试剂盒1）与猪口蹄疫病毒非结构蛋白抗体酶联免疫吸附试验诊断试剂盒（试剂盒2）联合使用时，按下列标准进行最终判定。

		试剂盒1的检测结果	
		+	−
试剂盒2的检测结果	+	感染动物	感染动物
	−	疫苗接种动物	未免疫未感染动物

【注意事项】 （1）本品仅供体外诊断使用。

（2）试验中应按说明书操作，不同批号的组成成分不能混用。

（3）请在试剂盒规定的有效期内使用。

【规格】 （1）1个96孔板/盒 （2）2个96孔板/盒

【贮藏与有效期】 2～8℃保存，有效期为24个月。

CVP3/2015/ZDZP/039

猪口蹄疫病毒非结构蛋白抗体酶联免疫吸附试验诊断试剂盒

Zhu Koutiyibingdu Feijiegoudanbaikangti Meilianmianyixifushiyan Zhenduanshijihe

ELISA Kit for Detection of Nonstructural Protein Antibody against Swine Foot and Mouth Disease Virus

本品系用人工合成的口蹄疫病毒非结构蛋白多肽2372作为抗原包被的抗原包被板与稀释板、阴性对照血清、阳性对照血清、样品稀释液、酶结合物及稀释液、TMB底物A液、TMB底物B液、终止液和洗涤液等组装而成。用于检测猪口蹄疫病毒非结构蛋白抗体。与猪口蹄疫病毒VP1结构蛋白抗体酶联免疫吸附试验诊断试剂盒配套使用，用于区分口蹄疫野毒感染动物和疫苗免疫动物。

【性状】 应密封完好、无破损、无渗漏。抗原包被板、稀释板、阴性对照血清、阳性对照血清、酶结合物、TMB底物A液、TMB底物B液、样本稀释液、酶结合物稀释液、洗涤液、终止液等组分齐全。

【无菌检验】 按附录3306对阴性对照血清、阳性对照血清和稀释液进行检验，均应无菌生长。

【敏感性检验】 用1∶50、1∶125、1∶175、1∶300、1∶700、1∶950共6份不同稀释度的NS抗体阳性参考血清、1份混合阴性参考血清和1份阴性参考血清分别按【用法与判定】进行检测。其敏感性应符合下表标准：

参考血清	OD_{450nm}/临界值的标准
1：50阳性参考血清	高于7.0
1：125阳性参考血清	高于4.5
1：175阳性参考血清	高于4.0
1：300阳性参考血清	2.5～4.5
1：700阳性参考血清	1.0～2.5
1：950阳性参考血清	1.0～2.3
混合阴性参考血清	低于0.8
阴性参考血清	低于0.8

【特异性检验】 用40份NS抗体阴性猪参考血清及4份猪免疫（用口蹄疫疫苗接种）参考血清分别按【用法与判定】进行检测，每份血清的OD_{450nm}/临界值均应低于1.0。

【作用与用途】 用于检测猪口蹄疫病毒非结构蛋白抗体。与猪口蹄疫病毒VP1结构蛋白抗体酶联免疫吸附试验诊断试剂盒配套使用，用于区分口蹄疫野毒感染动物和疫苗免疫动物。

【用法与判定】 用法

（1）使用前将试剂盒恢复到室温，避免阳光直射或放置在30℃以上的环境中。

（2）取出试剂盒中的样品稀释板。A1、B1两孔作为阴性对照孔，C1、D1两孔作为阳性对照孔，其余孔作检测孔，每孔一个样品。

（3）在稀释板的各孔中加入200μl样品稀释液。在相应各孔中分别加入10μl对照血清或被检血清样品。用加样器重复吹吸数次。稀释每个样品时必须使用不同的吸头。

（4）取出抗原包被板。

（5）分别从稀释板上取稀释后的对照血清和被检血清各100μl，加至抗原包被板的相应孔中，加盖或封膜后，置37℃±2℃下孵育60分钟±5分钟。

（6）洗涤工作液配制：按需要量，用去离子水或双蒸水将洗涤液作25倍稀释。

（7）用洗涤工作液洗涤抗原包被板，每孔300μl，洗涤6次，拍干。

（8）酶结合物工作液配制：用酶结合物稀释液将酶结合物作100倍稀释，现配现用。

（9）每孔加入100μl酶结合物工作液，加盖或封膜后，置37℃±2℃下孵育30分钟±2分钟。

（10）重复（7）。

（11）TMB底物工作液配制：将TMB底物B液和TMB底物A液等量混合。现配现用。

（12）每孔加入100μl TMB底物工作液，加盖或封膜后，置37℃±2℃下孵育15分钟±1分钟。

（13）每孔加入100μl终止液，并轻轻振荡混匀。

（14）在15分钟内，用酶联读数仪测定OD_{450nm}值。

判定

（1）阴性对照孔平均OD_{450nm}值应不超过0.2，每个阳性对照孔OD_{450nm}值应不低于0.5，且不超过2.0。否则，试验无效。临界值=0.23×阳性对照孔平均OD_{450nm}值。

（2）被检样品孔OD_{450nm}值低于临界值时，判为阴性，即为抗口蹄疫病毒VP1结构蛋白抗体阴性。

（3）被检样品孔OD_{450nm}值不低于临界值，判为阳性。

（4）对判定结果为阳性的样品，应用2个孔进行重复检测。重复检测后，若至少有一个孔为阳性，则判为口蹄疫病毒非结构蛋白抗体阳性，若两孔均为阴性，则判为口蹄疫病毒非结构蛋白抗体阴性。

（5）当猪口蹄疫病毒VP1结构蛋白抗体酶联免疫吸附试验诊断试剂盒（试剂盒1）与猪口蹄疫病毒非结构蛋白抗体酶联免疫吸附试验诊断试剂盒（试剂盒2）联合使用时，按下列标准进行最终判定。

		试剂盒1的检测结果	
		+	−
试剂盒2的检测结果	+	感染动物	感染动物
	−	疫苗接种动物	未免疫未感染动物

【注意事项】 （1）本品仅供体外诊断使用。

（2）试验中应按说明书操作，不同批号的组成成分不能混用。

（3）请在试剂盒规定的有效期内使用。

【规格】 （1）1个96孔板/盒 （2）2个96孔板/盒

【贮藏与有效期】 2～8℃保存，有效期为24个月。

CVP3/2015/ZDZP/040

猪瘟病毒酶标记抗体

Zhuwenbingdu Meibiaoji Kangti

Enzyme-Labelled Antibody to Classical Swine Fever Virus

本品系用过碘酸钠氧化法将提纯的猪瘟病毒抗体（IgG）与辣根过氧化物酶结合而制成。用于酶标组化试验诊断猪瘟。

【性状】 澄清液体。

【无菌检验】 按附录3306进行检验，应无菌生长。

【效价测定】 取本品3支，分别用灭菌PBS作5、10、15倍稀释，并分别与已知猪瘟阳性和阴性的肾脏触片或细胞片作酶标组化试验。

当1：10以上（含1：10）稀释的酶标记抗体使阳性触片或细胞片中细胞（一般为肾小管上皮细胞）的胞质染成棕黄色，而阴性触片或细胞片中细胞的胞质不显色时，判为合格。

【作用与用途】 用于酶标组化试验诊断猪瘟。

【用法和判定】 将被检材料（扁桃体或肾脏）在干净的玻片上制成横切触片，用丙酮固定，再经叠氮钠处理。自然干燥后，加工作浓度的猪瘟酶标记抗体，在37℃作用30分钟。将触片洗净后，浸泡在相应的底物溶液（含3,3’–二氨基联苯二胺盐酸盐和过氧化氢的缓冲液）中10～15分钟。用注射用水将触片洗净后，即可判定。

在被检触片中，出现细胞质被染成棕黄色的细胞（一般为上皮细胞）时，判为阳性反应；未出现细胞质被染成棕黄色的细胞时，判为阴性反应。

【规格】 0.1ml/支

【贮藏与有效期】 2～8℃保存，有效期为8个月。

CVP3/2015/ZDZP/041

猪瘟病毒荧光抗体

Zhuwenbingdu Yingguang Kangti

Fluorescent Antibody to Classical Swine Fever Virus

本品系用硫酸铵盐析法分离提纯的猪瘟病毒血清抗体，与异硫氰酸荧光素（FITC）结合而制成。用于诊断猪瘟。

【性状】 澄清液体。

【装量检查】 按附录3104进行检验，应符合规定。

【无菌检验】 按附录3306进行检验，应无菌生长。

【特异性检验】 （1）猪瘟病毒的荧光抗体染色　用猪瘟病毒实验感染猪2头及同窝对照猪1头，取扁桃体，制作冰冻切片，用被检荧光抗体进行染色试验。感染猪的扁桃体隐窝上皮细胞浆应显明亮的黄绿色特异性荧光，而对照猪扁桃体隐窝上皮细胞应不显荧光。

（2）荧光的特异性鉴定　采用荧光抑制试验。取两组猪瘟病毒感染猪的扁桃体冰冻切片，分别用猪瘟病毒高免血清（或IgG）和健康猪血清（猪瘟中和抗体阴性）在37℃下作用30分钟后，用磷酸盐缓冲液（PBS，pH7.2，0.01mol/L）洗净，随后进行荧光抗体染色。经猪瘟高免血清处理的扁桃体切片，隐窝上皮细胞特异性的荧光应被抑制而不出现荧光，或荧光显著减弱；而经阴性血清处理的切片，隐窝上皮细胞仍出现明亮的黄绿色荧光。

【作用与用途】 用于诊断猪瘟。

【用法与判定】 用法　将待检病猪的扁桃体、肾脏等组织冰冻切片或待检的细胞培养片，经丙酮固定后，滴加猪瘟荧光抗体覆盖于切片或细胞片表面，置37℃作用30分钟。然后用PBS洗涤，用碳酸盐缓冲甘油（pH 9.0～9.5，0.5mol/L）封片，置荧光显微镜下观察。必要时设立抑制试验染色片，以鉴定荧光的特异性。

判定　在荧光显微镜下，可见切片或细胞培养物（细胞盖片）中有胞浆荧光，并由抑制试验证明为特异的荧光，判猪瘟阳性；无荧光，判为阴性。

【规格】 1ml/瓶

【贮藏与有效期】 2～8℃保存，有效期为24个月。

CVP3/2015/ZDZP/042

猪支气管败血波氏杆菌凝集试验抗原、阳性血清与阴性血清

Zhu Zhiqiguanbaixueboshiganjun Ningjishiyan Kangyuan,
Yangxingxueqing Yu Yinxingxueqing

Swine *Bordetella bronchiseptica* Antigen,
Positive Sera and Negative Sera for Agglutination Test

抗原系用猪源支气管败血波氏杆菌Ⅰ相菌A50-2和A50-4株接种适宜培养基培养，收获培养物，

用甲醛溶液灭活后，浓缩制成；阳性血清系用猪支气管败血波氏杆菌抗原接种猪，采血，分离血清制成；阴性血清系用健康猪采血，分离血清制成。用于凝集试验检测猪支气管败血波氏杆菌抗体。

抗　　原

【性状】 均匀混悬液。久置后，菌体下沉，上部澄清，振摇后呈均匀混悬液。

【无菌检验】 按附录3306进行检验，应无菌生长。

【特异性检验与效价测定】 取被检抗原，分别用标准OK抗血清、K抗血清、O抗血清及阴性血清作特异性检查，并用已知K凝集价的Ⅰ相菌感染猪血清10份左右（其中包括1：10的血清 4～5份、1：20的血清2～3份、1：40～1：160的血清2～3份及低于1：10的血清2～3份）进行敏感性检查。特异性和敏感性检查时，均同时采用试管凝集试验及平板凝集试验两种方法（见附注）。平板凝集试验中使用未经灭活、未经稀释的血清进行，抗原浓度为2.5×10^{11} CFU/ml；试管凝集试验中使用经加热灭活、经过稀释的血清进行，抗原浓度为5.0×10^{9} CFU/ml。并用标准Ⅰ相菌抗原及Ⅲ相菌抗原作对照。

被检抗原及标准Ⅰ相菌抗原：对标准OK、K及不同稀释度的感染猪血清，试管凝集应达到原稀释度，平板凝集应呈阳性反应；对标准O及阴性血清两种试验应不凝集。

标准Ⅲ相菌抗原：对OK及O抗血清，试管凝集应达到原稀释度，平板凝集应呈阳性反应，对标准K抗血清及阴性血清两种试验应不凝集。

所有抗原的缓冲生理盐水对照均应无自凝现象。

符合以上标准时判为合格。

【作用与用途】 用于凝集试验检测猪支气管败血波氏杆菌抗体。

【用法与判定】 用于试管凝集试验，或平板凝集试验（操作方法和结果判定见附注）。

【规格】 5ml/瓶

【贮藏与有效期】 2～8℃保存，有效期为12个月。

阳 性 血 清

【性状】 澄清液体。

【无菌检验】 按附录3306进行检验，应无菌生长。

【效价测定】 用标准Ⅰ相和Ⅲ相菌抗原进行试管凝集试验和平板凝集试验。试管凝集试验中，K凝集价应为1：160（++），O凝集价应为1：10（—）；平板凝集试验中，对Ⅰ相菌抗原应呈（++++），对Ⅲ相菌抗原应为（—）。

【规格】 （1）1ml/瓶　（2）2ml/瓶　（3）5ml/瓶

【贮藏与有效期】 2～8℃保存，有效期为12个月。

阴 性 血 清

【性状】 澄清液体。

【无菌检验】 按附录3306进行检验，应无菌生长。

【效价测定】 用不同株Ⅰ相菌抗原及Ⅲ相菌抗原各3份，分别与血清进行试管凝集试验和平板凝集试验。在试管凝集试验中，1：4以上的各管均应为阴性反应（无任何凝集）；在平板凝集试验中，均应不出现凝集。

【规格】 （1）1ml/瓶　（2）2ml/瓶　（3）5ml/瓶

【贮藏与有效期】 2～8℃保存，有效期为24个月。

附注：凝集试验操作方法和结果判定

1 试管凝集试验

1.1 操作方法

1.1.1 将被检血清置56℃水浴中灭活30分钟后，用缓冲生理盐水作5、10、20、40、80倍稀释，每支小试管中加0.5ml。

1.1.2 向上述各小试管中加入用缓冲生理盐水稀释成5.0×10^9CFU/ml（将原液稀释50倍）的抗原0.5ml。

1.1.3 振摇，使血清和抗原充分混合， 37℃放置18～20小时，取出，置室温下2小时，判定结果。

1.1.4 每次试验中应设阳性血清、阴性血清和缓冲生理盐水对照。

1.1.5 抗原原液临用前必须充分振摇，稀释后的抗原，应于当日用完。

表 试管凝集试验术式

	试验管号						对照
	1	2	3	4	5	6	
血清（ml）	0.2 ↗	0.5 ↗	0.5 ↗	0.5 ↗	0.5 ↘	弃0.5	—
缓冲生理盐水（ml）	0.8	0.5	0.5	0.5	0.5		0.5
抗原（ml）	0.5	0.5	0.5	0.5	0.5		0.5
摇匀，置37℃18～20小时，室温下静置2小时							
血清稀释倍数	5	10	20	40	80		—
终末稀释倍数	10	20	40	80	160		—

1.2 判定标准

＋＋＋＋ 100%菌体被凝集，液体完全透明，管底伞状凝集，沉淀物极明显。

＋＋＋ 75%菌体被凝集，液体略呈混浊，管底伞状凝集，沉淀物明显。

＋＋ 50%菌体被凝集，液体不甚透明，管底伞状凝集，沉淀物稍薄。

＋ 25%菌体被凝集，液体不透明或透明度极不显著，有不显著的伞状沉淀。

— 无凝集现象，液体不透明，无伞状沉淀，细菌可能沉于管底呈光滑圆坨形，但振摇时又呈均匀混浊状态。

1.3 结果判定 确定每份被检血清的试管凝集价时，以出现＋＋以上凝集的最高稀释度为标准。1∶10以上时判为阳性。

2 平板凝集试验

2.1 操作方法

2.1.1 平板凝集试验中的抗原使用浓度为2.5×10^{11} CFU/ml，即抗原原液不作稀释，充分摇匀。

2.1.2 被检血清和对照血清（OK抗血清、O抗血清、阴性血清）均不经灭活，直接使用未稀释的血清。

2.1.3 平板凝集试验可在清洁的玻璃板上进行。先用玻璃笔在玻璃板上划成大小约$2.0cm^2$的小方格，在小方格内加1滴被检血清（约0.03ml），然后加抗原1铂金耳（直径3.0mm），用牙签或铂金耳将抗原和血清充分混合，轻轻摇动，置室温下反应。在3分钟内（室温低于20℃时，可延长至5分钟左右）出现+++以上凝集时为阳性反应。

2.1.4 每次试验中应设阳性血清、阴性血清及PBS对照。

2.2 判定标准

++++ 100%菌体凝集，抗原和血清混合后2分钟内，液滴中出现大凝集块或小的粒状凝集物，液体完全清亮。

+++ 约75%菌体凝集，2分钟内，液滴中有明显凝集块，液体几乎完全透明。

++ 约50%菌体凝集，液滴中有少量可见的颗粒状凝集，出现较缓慢，液体不透明。

+ 约25%以下菌体凝集，液滴中有很少量仅仅可以看出的粒状物，出现迟缓，液体混浊。

— 无凝集现象，液体均匀混浊。

2.3 结果判定

出现+++～++++反应时，判为阳性；出现++反应时，判为可疑；出现+～—反应时，判为阴性。

CVP3/2015/ZDZP/043

猪支原体肺炎微量间接血凝试验抗原、阳性血清与阴性血清

Zhu Zhiyuantifeiyan Weiliang Jianjiexueningshiyan Kangyuan, Yangxingxueqing Yu Yinxingxueqing

***Mycoplasma hyopneumonia* Antigen, Positive Sera and Negative Sera for Micro-Indirect Hemagglutination Test**

抗原系用猪肺炎支原体Z株接种适宜培养基培养，收获培养物，经浓缩、裂解，致敏醛化绵羊红细胞后，经冷冻真空干燥制成；阳性血清系用猪肺炎支原体济南株接种健康猪，采血，分离血清，经冷冻真空干燥制成；阴性血清系用健康猪采血，分离血清，经冷冻真空干燥制成。用于微量间接血凝试验诊断猪支原体肺炎。

抗　原

【性状】 疏松团块，易与瓶壁脱离，加PBS溶解后，应不出现肉眼可见的凝块。

【无菌检验】 按附录3306进行检验，应无菌生长。

【效价测定】 取冻干抗原3支，各加5.0ml PBS溶解后混合，与阳性血清和阴性血清进行微量间接血凝试验。阳性血清凝集效价不低于1∶40，阴性血清凝集效价低于1∶5，抗原致敏红细胞加等量稀释液不出现自凝现象，为合格。

【作用与用途】 用于微量间接血凝试验诊断猪支原体肺炎。

【用法与判定】 **用法**

（1）按标签用PBS（1/15M pH 7.2）将致敏红细胞稀释为2%用于试验。

（2）用PBS将待检血清稀释2.5倍用于试验。

（3）取冻干的健康兔血清加入PBS，制成含1%兔血清的PBS作为试验用稀释液。

（4）加稀释液　取96孔V型微量反应板，每孔加25 μ l稀释液。

（5）血清稀释　在第1列孔加入待检血清、阳性血清、阴性血清各25μl，然后倍比稀释至第6孔。

（6）加抗原致敏红细胞　每孔加25 μ l。

（7）抗原对照25 μ l稀释液加25 μ l 2%抗原致敏红细胞悬液，只做2孔。

（8）反应　加样完毕后，置微型振荡器上振荡15～30秒，室温下静置1～2小时，判定结果。

判定

当阳性血清效价不低于1：40，阴性血清效价低于1：5，抗原致敏红细胞对照孔无自凝，试验成立。以呈现＋＋血凝反应的血清最高稀释度作为血清效价判定终点。凝集反应强度标准如下：

＋＋＋＋　红细胞在孔底凝成团块，面积较大。

＋＋＋　红细胞在孔底形成较厚层凝集，卷边或锯齿状。

＋＋　红细胞在孔底形成薄层均匀凝集，面积较上二者大。出现＋＋以上凝集时为红细胞凝集阳性。

＋　红细胞不完全沉于孔底，周围少量凝集。

±　红细胞沉于孔底，但周围不光滑或中心空白。

－　红细胞呈点状沉于孔底，周边光滑。

被检猪血清效价高于1：10（即达到第2孔以上）时，判为阳性；效价低于1：5时，判为阴性；介于二者之间时，判为可疑。

【规格】 1ml/支

【贮藏与有效期】 2～8℃保存，有效期为6个月；－15℃以下保存，有效期为18个月。

阳 性 血 清

【性状】 海绵状疏松团块，易与瓶壁脱离，加稀释液后迅速溶解。

【无菌检验】 按附录3306进行检验，应无菌生长。

【效价测定】 凝集效价应不低于1：40。

【规格】 1ml/支

【贮藏与有效期】 2～8℃保存，有效期为24个月。

阴 性 血 清

【性状】、**【无菌检验】**、**【规格】**、**【贮藏与有效期】** 同阳性血清。

【效价测定】 凝集效价应低于1：5。

附　　录

附 录 目 次

物理检查法

3101 pH值测定法

除另有规定外，水溶液的pH值应以玻璃电极为指示电极、饱和甘汞电极为参比电极的酸度计进行测定。酸度计应定期进行计量检定，并符合国家有关规定。滴定前，应采用下列标准缓冲液校正仪器，也可用国家标准物质管理部门发放的标示pH值准确至0.01 pH值单位的各种标准缓冲液校正仪器。

1 仪器校正用的标准缓冲液

应使用标准缓冲物质配制，配制方法如下。

1.1 **草酸盐标准缓冲液** 精密称取在54℃ ± 3℃干燥4~5小时的草酸三氢钾12.71g，加水使溶解并稀释至1000ml。

1.2 **邻苯二甲酸盐标准缓冲液** 精密称取在115℃ ± 5℃干燥2~3小时的邻苯二甲酸氢钾10.12g，加水使溶解并稀释至1000ml。

1.3 **磷酸盐标准缓冲液** 精密称取在115℃ ± 5℃干燥2~3小时的无水磷酸氢二钠3.55g与磷酸二氢钾3.40g加水使溶解并稀释至1000ml。

1.4 **硼砂标准缓冲液** 精密称取硼砂3.81g（注意避免风化），加水使溶解并稀释至1000ml，置聚乙烯塑料瓶中，密塞，避免与空气中二氧化碳接触。

1.5 **氢氧化钙标准缓冲液** 于25℃，用无二氧化碳的水制备氢氧化钙饱和溶液，取上清液使用。存放时应防止空气中二氧化碳进入。一旦出现浑浊，应弃去重配。

上述标准缓冲溶液必须用基准试剂配制。

不同温度时标准缓冲液的pH值如下表：

温度（℃）	草酸盐标准缓冲液	邻苯二甲酸盐标准缓冲液	磷酸盐标准缓冲液	硼砂标准缓冲液	氢氧化钙标准缓冲液（25℃）
0	1.67	4.01	6.98	9.64	13.43
5	1.67	4.00	6.95	9.40	13.21
10	1.67	4.00	6.92	9.33	13.00
15	1.67	4.00	6.90	9.28	12.81
20	1.68	4.00	6.88	9.23	12.63
25	1.68	4.01	6.86	9.18	12.45
30	1.68	4.02	6.85	9.14	12.29
35	1.69	4.02	6.84	9.10	12.13
40	1.69	4.04	6.84	9.07	11.98
45	1.70	4.05	6.83	9.04	11.84
50	1.71	4.06	6.83	9.01	11.71
55	1.72	4.08	6.83	8.99	11.57
60	1.72	4.09	6.84	8.96	11.45

2 注意事项

测定pH值时，应严格按仪器的使用说明书操作，并注意下列事项。

2.1 测定前，按各品种项下的规定，选择二种pH值相差约3个pH值单位的标准缓冲液，使供试液的pH值处于二者之间。

2.2 取与供试液pH值较接近的第一种标准缓冲液对仪器进行校正（定位），使仪器示值与表列数值一致。

2.3 仪器定位后，再用第二种标准缓冲液核对仪器示值，误差应不大于±0.02 pH值单位。如果大于此偏差，则应小心调节斜率，使示值与第二种标准缓冲液的表列数值相符。重复上述定位与斜率调节操作，至仪器示值与标准缓冲液的规定数值相差不大于0.02 pH值单位。否则，须检查仪器或更换电极后，再进行校正至符合要求。

2.4 每次更换标准缓冲液或供试液前，应用纯化水充分洗涤电极，然后将水吸尽，也可用所换的标准缓冲液或供试液洗涤。

2.5 在测定高pH值的供试品时，应注意碱误差的问题，必要时选用适宜的玻璃电极测定。

2.6 对弱缓冲液（如水）的pH值测定，先用苯二甲酸盐标准缓冲液校正仪器后测定供试液，并重取供试液再测，直至pH值的读数在1分钟内改变不超过±0.05为止；然后再用硼砂标准缓冲液校正仪器，再如上法测定；两次pH值的读数相差应不超过0.1，取两次读数的平均值为其pH值。

2.7 配制标准缓冲液与溶解供试品的水，应是新煮沸过的冷注射用水，其pH值应为5.5~7.0。

2.8 标准缓冲液一般可保存2~3个月，但发现有浑浊、发霉或沉淀等现象时，不能继续使用。

3102 黏度测定法

黏度系指流体对流动的阻抗能力，本法以动力黏度或运动黏度数表示，用于检测注射用白油及疫苗黏度。

流体分牛顿流体和非牛顿流体两类。牛顿流体流动时所需剪应力不随流速的改变而改变，纯液体和低分子物质的溶液属于此类，如生产矿物油佐剂灭活疫苗所使用的注射用白油；非牛顿流体流动时所需剪应力随流速的改变而改变，高聚物的溶液、混悬液、乳剂和表面活性剂的溶液属于此类，如矿物油佐剂灭活疫苗。

液体以1.0cm/s的速度流动时，在每1.0cm^{2}平面上所需剪应力的大小，称为动力黏度（η），以Pa·s为单位。在相同温度下，液体的动力黏度与其密度（kg/m^3）的比值，再乘10$^{-6.0}$，即等于该液体的运动黏度（v），以mm^2/s为单位。

黏度的测定用黏度计。黏度计有多种类型，本法采用毛细管式和旋转式两类黏度计。毛细管黏度计因不能调节线速度，不便测定非牛顿流体的黏度，但对高聚物的稀薄溶液或低黏度液体的黏度测定较方便，如检测注射用白油的运动黏度；旋转式黏度计一般适用于非牛顿流体的黏度测定，如检测矿物油佐剂灭活疫苗黏度。

1 本法测定所需仪器用具

1.1 **恒温水浴** 可选用直径30cm以上、高40cm以上的玻璃缸或有机玻璃缸，附有电动搅拌器与电热装置，除说明书另有规定外，在20℃±0.1℃测定运动黏度或动力黏度。

1.2 **温度计** 分度为0.1℃。

1.3 **秒表** 分度为0.2秒。

1.4 **黏度计**

1.4.1 **平氏黏度计**（见图1） 可用于注射用白油的检测，根据需要分别选用毛细管内径为0.8mm ± 0.05mm、1.0mm ± 0.05mm、1.2mm ± 0.05mm、1.5mm ± 0.1mm或2.0mm ± 0.1mm的平氏黏度计。在规定条件下测定供试品在平氏黏度计中的流出时间（s），与该黏度计用已知黏度的标准液测得的黏度计常数（mm^2/s^2）相乘，即得供试品的运动黏度。

1.4.2 **旋转式黏度计**（见图2） 旋转式黏度计通过一个经校验过的合金弹簧带动一个转子在流体中持续旋转，旋转扭矩传感器测得弹簧的扭变程度即扭矩，它与浸入样品中的转子被黏性拖拉形成的阻力成比例，扭矩因而与液体的黏度也成正比。旋转式黏度计测定黏度范围与转子的大小和形状以及转速有关。对于一个黏度已知的液体，弹簧的扭转角会随着转子转动的速度和转子几何尺寸的增加而增加，所以在测定低黏度液体时，使用大体积的转子和高转速组合，相反，测定高黏度液体时，则用细小转子和低转速组合。液体黏度变化取决于测量条件的选择，旋转式黏度计目前多采用液晶显示，显示信息包括黏度、温度、剪切应力/剪切率、扭矩、转子号/转速等，数字显示输出为cP或mPa·s，1 cP相当于1mPa·s。

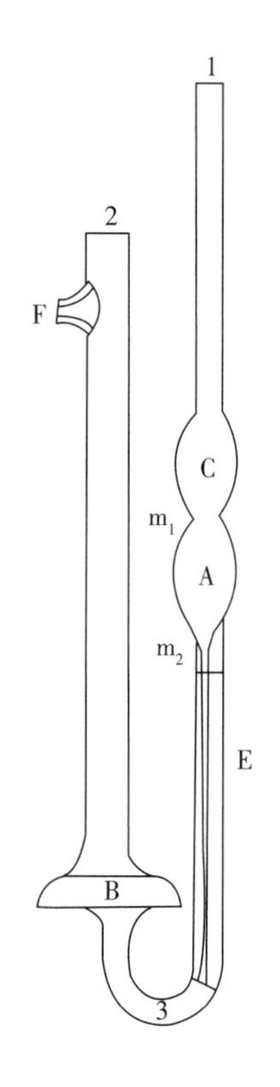

图1 平氏黏度计

1—主管；2—宽管；3—弯管；
A—测定球；B—储器；C—缓冲球；
E—毛细管；F—支管；m_1，m_2—环形测定线

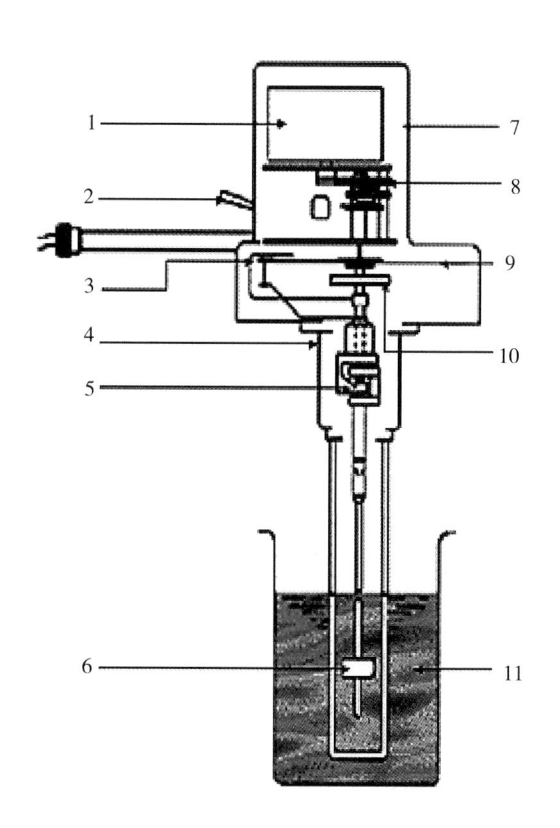

图2 旋转式黏度计

1—电动机；2—离合器；3—指针；4—轴承外壳；
5—轴承；6—转子；7—外壳；8—变速器；
9—拨号器；10—校正弹簧；11—测试样品

2 方法

2.1 **第一法**（用平氏黏度计测定运动黏度或动力黏度） 选择合适的转子，取毛细管内径符合要求的平氏黏度计1支，在支管F上连接一橡皮管，用手指堵住管口2，倒置黏度计，将管口1插入供试品（或供试品溶液，下同）中，自橡皮管的另一端抽气，使供试品充满球C与A并达到测定线

m_2处，提出黏度计并迅速倒转，抹去黏附于管外的供试品，取下橡皮管使连接于管口1上，将黏度计垂直固定于恒温水浴中，并使水浴的液面高于球C的中部，放置15分钟后，自橡皮管的另一端抽气，使供试品充满球A并超过测定线m_1，开置橡皮管口，使供试品在管内自然下落，用秒表准确记录液面自测定线m_1下降至测定线m_2处的流出时间。依法重复测定3次以上，每次测定值与平均值的差值不得超过平均值的±5%。另取一份供试品同样操作，并重复测定3次以上。以先后两次取样测得的总平均值按下式计算，即为供试品的运动黏度或供试品溶液的动力黏度。

$$v = \mathrm{K}t$$

$$\eta = 10^{-6} \cdot \mathrm{K}t \cdot \rho$$

式中　K为用已知黏度的标准液测得的黏度计常数，mm^2/s^2；

t为测得的平均流出时间，s；

ρ为供试溶液在相同温度下的密度，kg/m^3。

2.2　**第二法**（用旋转式黏度计测定动力黏度）　用于测定液体动力黏度旋转式黏度计，通常都是根据在旋转过程中作用于液体介质中的切应力大小来完成测定的，并按下式计算供试品的动力黏度。

$$\eta = \mathrm{K}(T/\omega)$$

式中　K为用已知黏度的标准液测得的旋转式黏度计常数；

T为扭力矩；

ω为角速度。

常用的旋转式黏度计有以下几种：

（1）**单筒转动黏度计**　在单筒类型的黏度计中，将单筒浸入供试品溶液中，并以一定的角速度转动，测量作用在圆筒表面上的扭力矩来计算黏度。

（2）**锥板型黏度计**　在锥板型黏度计中，供试品注入锥体和平板之间，平板不动，锥体转动，测量作用在锥体或平板上的扭力矩或角速度以计算黏度。

（3）**标准转子型旋转黏度计**　按品种项下的规定选择合适的转子浸入供试品溶液中，使转子以一定的角速度旋转，测量作用在锥体的扭力矩再计算黏度。

常用的旋转式黏度计有多种类型，可根据供试品的实际情况和黏度范围适当选用。

按照各检验品种项下所规定选用所需使用的仪器，并按照仪器说明书操作，测定供试品的动力黏度。

3103　真空度测定法

对采用真空密封并用玻璃容器盛装的冻干制品，可以使用高频火花真空测定器进行密封后容器内的真空度测定。测定时，将高频火花真空测定器指向容器内无制品的部位，如果容器内出现白色或粉色或紫色辉光，则判制品为合格。

3104　最低装量检查法

本法适用于剂型为液体的以容积为计量单位的预防、治疗用生物制品的装量检查。除另有规定外，应符合下列规定。

取供试品5个（装量在50ml以上者取3个），使之恢复至室温，开启时注意避免损失。参照最低装量检查使用量具参考表，用经标化的吸管（或注射器）或/和量筒进行装量检查。

对仅需使用吸管或注射器进行装量检查的样品，直接用干燥并预经标化的吸管或注射器（含针头），尽量吸尽，读数。

对仅需使用量筒进行装量检查的样品，直接将检验瓶中所有内容物全部倒入适宜的量筒中，将检验瓶倒置15分钟，尽量倾净，读数。

对需使用量筒和吸管（或注射器）进行装量检查的样品，将检验瓶中的内容物倒入适宜的量筒中，接近量筒的最大容量时，用干燥并经标化的吸管（或注射器）将额外的量加入量筒，直至量筒的最大容量。对剩余的内容物，直接用干燥并经标化的吸管（或注射器）检查。根据量筒和吸管中的总量计算装量。

每个供试品的装量，均应不低于瓶签的标示量。如果有1个容器装量不符合规定，则另取5个（或3个）复查，应全部符合规定。

表　最低装量检查使用量具参考表

标示装量	吸管/量筒
小于等于1ml	1ml或2ml吸管（或注射器）
2ml	5ml吸管（或注射器）
4ml	5ml吸管（或注射器）
5ml	10ml吸管（或注射器）
6ml	10ml吸管（或注射器）
10ml	15ml吸管（或注射器）
20ml	25ml量筒或吸管（或注射器）
40ml	50ml量筒
50ml	100ml量筒
100ml	100ml量筒＋10ml吸管
150ml	200ml量筒＋10ml吸管
200ml	200ml量筒＋10ml吸管
250ml	250ml量筒＋10ml吸管
500ml	500ml量筒＋10ml吸管
1000ml	1000ml量筒＋10ml吸管

化学残留物测定法

3201　苯酚（石炭酸）残留量测定法

1　对照品溶液的制备

取苯酚（精制品，见附注4）适量，精密称定加水制成每1.0ml含0.1mg的溶液，即得。

2　供试品溶液的制备

取供试品1.0ml，置50ml量瓶中，加水稀释至刻度，摇匀，即得。

3 测定法

分别精密量取对照品溶液和供试品溶液各5.0ml，置100ml量瓶中，加水30ml，分别加醋酸钠试液2.0ml，对硝基苯铵、亚硝酸钠混合试液1.0ml，混合，再加碳酸钠试液2.0ml，加水至刻度，充分混匀，放置10分钟后，按紫外-可见分光光度法（《中国兽药典》一部附录）在550nm的波长处测定吸光度，计算即得。

$$苯酚含量\%（g/ml）=0.005\times\frac{供试品溶液的吸收度}{对照品溶液的吸收度}\times 100\%$$

附注：

1 **碳酸钠试液的配制** 取碳酸钠10.5g，加水100ml，使溶解。

2 **对硝基苯胺、亚硝酸钠混合试液的配制**

2.1 取对硝基苯胺1.5g，加盐酸40ml，加水至500ml，加热使溶解。

2.2 取亚硝酸钠10.0g，加水100ml，使溶解。

使用时，取2.1中溶液25ml，加2.2中溶液 0.75ml混合。

3 **醋酸钠试液的配制** 取醋酸钠25.0g，加水溶解成100ml，即得。

4 **苯酚精制品的制备及其含量标定**

4.1 **制备** 取苯酚，直火蒸馏，弃去初馏液，接收181~182℃的馏分。

4.2 **含量标定** 取本品约0.5g，精密称定，置500ml量瓶中，加水适量使溶解并稀释至刻度，摇匀；精密量取25ml，置碘瓶中，精密加溴滴定液（0.1mol/L）25ml，再加盐酸5.0ml，立即密塞，振摇30分钟，静置15分钟后，注意微开瓶塞，加碘化钾试液6.0ml，立即密塞，充分振摇后，加氯仿1.0ml，摇匀，用硫代硫酸钠滴定液（0.1mol/L）滴定，至近终点时，加淀粉指示液，继续滴定至蓝色消失，并将滴定的结果用空白试验校正，即得。每1.0ml溴滴定液（0.1mol/L）相当于1.569mg的苯酚。

3202 汞类防腐剂残留量测定法

1 对照品溶液的制备

取置硫酸干燥器中干燥至恒重的二氯化汞0.1354g，精密称定置100ml量瓶中，加 0.5mol/L 硫酸液使溶解并稀释至刻度，摇匀，即为对照汞贮备液。

临用前精密量取标准汞贮备液5.0ml置100ml量瓶中，用0.5mol/L硫酸液稀释至刻度，摇匀，即为1.0ml相当于50μg汞的对照汞溶液。

2 测定法

2.1 **油乳剂疫苗消化** 用经标定的1.0ml注射器（附15cm长针头）正确量取摇匀的被检品1.0ml，置25ml凯氏烧瓶（瓶口加小漏斗）底，加硫酸3.0ml、硝酸溶液（1→2）0.5ml，小心加热，待泡沸停止，稍冷，加硝酸溶液（1→2）0.5~1.0ml，再加热消化，如此反复加硝酸溶液（1→2）0.5~1.0ml消化，加热达白炽化，继续加热 15分钟后，溶液与上次加热后的颜色无改变为止，置冷（溶液应无色），加水20ml，置冷至室温，即得。

2.2 **其他疫苗消化** 精密量取摇匀的被检品（约相当于汞25~50μg）置25ml凯氏烧瓶（瓶口加小漏斗）中，加硫酸2.0ml、硝酸溶液（1→2）0.5ml，加热沸腾15分钟，如果溶液颜色变深，再加硝酸溶液（1→2）0.5~1.0ml，加热沸腾15分钟，置冷，加水20ml，置冷至室温，即得。

2.3 **滴定** 将上述消化液由凯氏烧瓶转移置125ml分液漏斗中，用水分多次洗涤凯氏烧瓶，使总体积为80ml，加20%盐酸羟胺试液5.0ml，摇匀，用0.001 25%双硫腙滴定液滴定，开始时每次滴加3.0ml左右，以后逐渐减少，至每次0.5ml，最后可减少至0.2ml，每次加入滴定液后，强烈振摇10秒，静置分层，弃去四氯化碳层，继续滴定，直至双硫腙的绿色不变，即为终点。

2.4 **对照品滴定** 精密量取对照品溶液1.0ml（含汞50μg），置125ml分液漏斗中，加硫酸2.0ml、水80ml、20%盐酸羟胺溶液5.0ml，用双硫腙滴定液滴定，操作同2.3。

2.5 **计算**

$$\text{汞类含量\%（g/ml）} = \frac{\text{供试品滴定毫升数}}{\text{对照品滴定毫升数}} \times \frac{0.000\,101}{\text{供试品毫升数}} \times 100\%$$

以上计算公式用于非油乳剂疫苗，油乳剂疫苗应为上述公式结果再除以0.6。

附注：溶液的配制

1 **0.05%双硫腙浓溶液** 取双硫腙50mg，加氯仿100ml使溶解，即得。本品应置棕色瓶内，在冷暗处保存。

2 **0.00125%双硫腙滴定液** 取0.05%双硫腙浓溶液2.5ml，用四氯化碳稀释至100ml，即得。本液应临用前配制。

3 **20%盐酸羟胺试液** 取盐酸羟胺1.0g，加水5.0ml使溶解，即得。

3203 甲醛残留量测定法

1 对照品溶液的制备

取已标定的甲醛溶液适量，配成每1.0ml含甲醛1.0mg的溶液，精密量取5.0ml置50ml量瓶中，加水至刻度，摇匀，即得。如果被测样品为油乳剂疫苗，则精密量取上述稀释溶液5.0ml置50ml量瓶中，加20%吐温-80乙醇溶液10ml，再加水至刻度，摇匀，即得。

2 供试品溶液的制备

2.1 **油乳剂疫苗** 用5.0ml刻度吸管量取被检品5.0ml，置50ml量瓶中，用20%吐温-80 乙醇溶液10ml，分次洗涤吸管，洗液并入50ml量瓶中，摇匀，加水稀释至刻度，强烈振摇，静止分层，下层液如果不澄清，滤过，弃去初滤液，取澄清续滤液，即得。

2.2 **其他疫苗** 用5.0ml刻度吸管量取本品5.0ml，置50ml量瓶中，加水稀释至刻度，摇匀，溶液如果不澄清，滤过，弃去初滤液，取澄清续滤液，即得。

3 测定法

精密吸取对照品溶液和被检品溶液各0.5ml，分别加醋酸—醋酸铵缓冲液10ml，乙酰丙酮试液10ml，置60℃恒温水浴15分钟，冷水冷却5分钟，放置20分钟后，按紫外-可见分光光度法（《中国兽药典》一部附录），在410 nm的波长处测定吸光度，计算即得。

$$\text{甲醛溶液（40\%）含量\%（g/ml）} = 0.0025 \times \frac{\text{供试品溶液的吸收度}}{\text{对照品溶液的吸收度}} \times 100\%$$

附注：

1　**醋酸－醋酸铵缓冲液（pH 6.25）的配制**

醋酸液　取醋酸（AR）12.9ml，加水至100ml。

醋酸铵液　取醋酸铵（AR）173.4g，加水至1000ml，使溶解。

取醋酸液40ml，与醋酸铵液1000ml混合，置冷暗处保存。

2　**乙酰丙酮试液的配制**　乙酰丙酮（AR）7.0ml，加乙醇14ml混合，加水至1000ml。

3　**甲醛溶液含量标定**　取甲醛溶液约1.5ml，精密称定，置锥形瓶中，加水10ml，与溴麝香草酚蓝指示液2滴，滴加氢氧化钠滴定液（1.0mol/L）至溶液呈蓝色，加过氧化氢试液25ml，再精密加入氢氧化钠滴定液（1.0mol/L）25ml，瓶口置一玻璃小漏斗，在水浴上加热15分钟，不时振摇，冷却，用水洗涤漏斗，加溴麝香草酚蓝指示液2滴，用盐酸滴定液（1.0mol/L）滴定至溶液显黄色，并将滴定结果用空白试验校正。每1.0ml的氢氧化钠滴定液（1.0mol/L）相当于30.03mg的甲醛。

3204　剩余水分测定法

采用真空烘干法。测定前，先将洗净干燥的称量瓶置150℃干燥箱烘干2小时，放入有适宜干燥剂的干燥器中冷却后称重。迅速打开真空良好的疫苗瓶，将制品倒入称量瓶内盖好，在天平上称重。每批做4个样品，每个样品的重量为100~300mg，称后立即将称量瓶置于有适宜干燥剂的真空干燥箱中，打开瓶盖，关闭真空干燥箱后，抽真空至2.67kPa（20mmHg）以下，加热至60~70℃，干燥3小时。然后通入经过适宜干燥剂吸水的干燥空气，待真空干燥箱温度稍下降后，打开箱门，迅速盖好称量瓶的盖，取出所有称量瓶，移入含有适宜干燥剂的干燥器中，冷却至室温，称重，放回真空干燥箱继续干燥1小时，两次干燥至恒重，减失的重量即为含水量。

$$剩余水分\% = \frac{样品干燥前重 - 样品干燥后重}{样品干燥前重} \times 100\%$$

微生物检查法

3301　布氏菌菌落结晶紫染色法

将布氏菌划线或10倍系列稀释后，取适宜稀释度，接种胰蛋白脲琼脂平板培养基上，置37℃培养72~96小时，长出菌落后，用稀释的染色液覆盖全部菌落表面，染色15~20秒，弃去染色液后，立即用放大镜或显微镜检查菌落。

光滑型菌落不着色，边缘整齐、圆润，呈黄绿色；粗糙型菌落被染成红、蓝或紫等不同颜色，边缘不整齐，粗糙，有时有裂纹。

附注：结晶紫原液配制

A液　结晶紫2.0g溶于20ml无水乙醇中。

B液 草酸铵0.8g溶于80ml纯化水或蒸馏水中。

将A液和B液混合即为原液。使用前，用纯化水或蒸馏水将原液作40倍稀释。

3302 禽白血病病毒检验法

1 细胞制备

鸡胚成纤维细胞制备，按附录3504进行。

2 样品的处理及接种

2.1 **毒种和疫苗样品的处理** 除另有规定外，每批毒种或病毒性活疫苗均用无血清M-199培养基复原，2~8℃，以10 000~12 000*g*离心10~15分钟，取上清备用。

2.1.1 **含鸡新城疫病毒（低毒力弱毒株）的制品** 取0.8ml（含200羽份）疫苗，加入等体积的鸡新城疫病毒特异性抗血清置37℃左右中和60分钟，全部接种到CEF单层。

2.1.2 **含鸡马立克氏病细胞结合毒的制品** 取1000（或以上）羽份制品，加无菌注射用水，使每4.0ml溶液中含500羽份制品；置2~8℃1小时，冻融3次；按10%体积加10倍浓度的M-199浓缩培养液；2~8℃，5000*g*离心10分钟，取上清液经0.22μm滤器过滤1次，取滤液4.0ml接种CEF单层。如果含有鸡马立克氏病火鸡疱疹病毒时，取滤液与等体积的鸡马立克氏病火鸡疱疹病毒特异性抗血清混匀，置37℃作用60分钟，全部接种于CEF单层。

2.1.3 **含鸡马立克氏病火鸡疱疹病毒的制品** 取1000（或以上）羽份制品，用4.0ml（或适量）不含血清的M-199培养液溶解，使最终为500羽份/2.0ml；2~8℃，10 000*g*离心15分钟；上清液经0.45μm滤器过滤1次，0.22μm滤器过滤2次，取滤液2.0ml与等体积的鸡马立克氏病火鸡疱疹病毒特异性抗血清混匀，置37℃作用60分钟，全部接种于CEF单层。

2.1.4 **含鸡痘病毒的制品** 取1000（或以上）羽份制品，用4.0ml（或适量）不含血清的M-199培养液溶解，使最终为500羽份/2.0ml；2~8℃，12 000*g*离心15分钟；上清液经0.8μm、0.45μm、0.22μm和0.1μm滤器各过滤1次，取滤液2.0ml接种于CEF单层。

2.1.5 **含鸡传染性法氏囊病病毒的制品** 取1000（或以上）羽份制品，用4.0ml（或适量）不含血清的M-199培养液溶解，使最终为500羽份/2.0ml；2~8℃，10 000*g*离心10分钟；取上清液2.0ml与等体积的鸡传染性法氏囊病病毒特异性抗血清混匀，置37℃作用60分钟，全部接种于CEF单层。

2.1.6 **含禽脑脊髓炎病毒的制品** 取稀释的疫苗2.0ml（含500羽份），加入等体积的禽脑脊髓炎病毒特异性抗血清进行中和（禽脑脊髓炎病毒—鸡痘病毒二联苗，则先按含鸡痘病毒的制品进行滤过处理），接种于CEF单层。

2.1.7 **鸡传染性支气管炎病毒和传染性喉气管炎病毒的制品** 不中和，直接取稀释后的制品2.0ml（含500羽份）接种于CEF单层。

2.1.8 **含呼肠孤病毒的制品** 取1000（或以上）羽份制品，用4.0ml（或适量）不含血清的M-199培养液溶解，使最终为500羽份/2.0ml；2~8℃，10 000*g*离心10分钟；取上清液经0.45μm 滤器过滤，取2.0ml滤液与等体积的鸡呼肠孤病毒特异性抗血清混匀，置37℃作用60分钟，全部接种于CEF单层。

2.1.9 **含重组病毒的活疫苗** 按疫苗载体病毒方法进行处理。

2.1.10 **细胞液** 取最后的细胞悬液5.0ml，反复冻融3次；2~8℃，5000g离心10分钟，取上清液用于接种CEF。

2.2 **接种与培养** 处理好的样品接种2个25cm^{2}左右的CEF单层，置37℃吸附45~60分钟，弃去接种液，加入细胞生长液，次日换成维持液。同时设立正常细胞作对照。

3 细胞培养的传代与处理

3.1 待细胞培养5~7日后，按常规方法消化、收获细胞，将其中1/2细胞，置−60℃以下作检验用（P_1），其余细胞分散到2个瓶中。培养5~7日后，按同样方法收获细胞，留样（P_2）。如此继续传第3代，收获（P_3）。所有对照组按相同方法处理。

3.2 **处理** 将P_1、P_2和P_3的细胞培养物（包括样品和所有对照组）冻融3次，5000g离心3分钟，待用。

4 病毒对照

去掉细胞生长液，分别加入RAV_1和RAV_2 0.5ml，置37℃下吸附45~60分钟，直接加入培养液，同样品连传3代，传代时病毒对照应在最后进行。

5 样品检测

所有样品用COFAL试验或ELISA试验进行禽白血病病毒检测。

5.1 COFAL试验（两日试验）

5.1.1 第一日试验

5.1.1.1 在96孔微量板中，按下表所示加入缓冲液0.025ml，对照孔A、B各0.025ml，C、D、E各0.05ml，F加0.1ml。

5.1.1.2 样品的加入与稀释 在A、D、E和H各孔中分别加入0.025ml样品，并用微量吸管从A→B→C和E→F→G进行连续稀释，最后C孔和G孔中弃去0.025ml，D和H孔中混合后弃去0.025ml；其他对照孔中B、G各加病毒对照0.025ml。

5.1.1.3 在D和H排各孔中加入缓冲液0.025ml。

5.1.1.4 在A、B、C和E、F、G排各孔中加入灭活抗血清0.025ml，其他对照孔中A、G各加入0.025ml，混匀包板后，置室温下作用30~45分钟（其间配制补体）。

5.1.1.5 所有孔中均加入适当浓度的补体（全量）0.05ml，对照孔中A、B、C、G各加入0.05ml（全量）补体，D孔加0.05ml（1/2浓度）的补体，E孔加入0.05ml（1/4浓度）的补体，轻摇平板，混匀密封后，置2~8℃过夜。

表1 第一日试验（96孔板）反应术式

		1	2	3	4	5	6	7	8	9	10	11	12
A	1:2	NCP_1	NCP_2	NCP_3	S_1P_1	S_1P_2	S_1P_3	S_2P_1	S_2P_2	S_2P_3	标准比色板孔		其他对照孔
B	1:4	↓	↓	↓	↓	↓	↓	↓	↓	↓			
C	1:8	↓	↓	↓	↓	↓	↓	↓	↓	↓			
D	1:2		——			——			——				
E	1:2	S_3P_1	S_3P_2	S_3P_3	RAV_1 P_1	RAV_1 P_2	RAV_1 P_3	RAV_2 P_1	RAV_2 P_2	RAV_2 P_3			
F	1:4	↓	↓	↓	↓	↓	↓	↓	↓	↓			
G	1:8	↓	↓	↓	↓	↓	↓	↓	↓	↓			
H	1:2		——			——			——				

注：NC，代表正常细胞对照。P_1、P_2、P_3，分别代表第1代、第2代、第3代。S_1、S_2、S_3，分别代表样品1、样品2、样品3。

5.1.2 **第二日试验**

5.1.2.1 配制2.8%绵羊红细胞悬液。

5.1.2.2 致敏红细胞悬液的制备 在2.8%的绵羊红细胞悬液中缓缓加入等量经适当稀释（如1:2000）的溶血素，磁力搅拌混合10分钟后，置37℃水浴30分钟，其间搅动2~3次。

5.1.2.3 制备标准比色板

5.1.2.3.1 将2.8%绵羊红细胞悬液用缓冲液稀释成0.28%绵羊红细胞悬液。

5.1.2.3.2 取2.8%绵羊红细胞悬液1.0ml，加无菌纯化水7.0ml，再加5×缓冲液2.0ml，即为溶解红细胞液。

5.1.2.3.3 按表2术式的顺序加入下列试剂，第12管只加缓冲液1.0ml。

表2 第二日试验反应术式 单位：ml

试管号	1	2	3	4	5	6	7	8	9	10	11	12
溶血率（%）	0	10	20	30	40	50	60	70	80	90	100	—
溶解红细胞液	0	0.1	0.2	0.3	0.4	0.5	0.6	0.7	0.8	0.9	1.0	—
0.28%绵羊红细胞悬液	1.0	0.9	0.8	0.7	0.6	0.5	0.4	0.3	0.2	0.1	0	—
缓冲液	—	—	—	—	—	—	—	—	—	—	—	1.0

5.1.2.3.4 在标准比色板中，从0溶血率开始，在11列的A→H和10列的H→F相应孔内加入上述红细胞悬液0.125ml。

5.1.2.4 其余各孔内加入致敏红细胞悬液0.025ml，并用胶带密封好，置37℃水浴30分钟，再以1500r/min离心5分钟，或置2~8℃3~6小时。

5.1.2.5 **判定** 以50%为反应终点，任何孔溶血率高于50%时判为阴性，低于50%时判为阳性。

5.2 ELISA试验

5.2.1 **加样** 每孔加100μl被检样品，设阳性、阴性对照孔，每个样品加两孔，用封口膜封板后，放置37℃作用1小时。

5.2.2 **洗涤** 弃去样品，每孔加300μl洗涤液，放置1分钟，弃去洗涤液，同法洗涤4~5次。

5.2.3 **加酶标抗体** 每孔100μl，用封口膜封板后，放置37℃作用60分钟。

5.2.4 **洗涤** 同5.2.2。

5.2.5 **加显色液** 每孔加100μl显色液，室温避光作用10分钟。

5.2.6 **加终止液** 每孔加100μl。

5.2.7 **读数** 置酶联读数仪读取各孔OD_{650nm}值。

5.2.8 **结果判断**

5.2.8.1 当阴性对照OD_{650nm}值小于0.2，阳性对照OD_{650nm}值大于0.4时，ELISA试验结果成立。

5.2.8.2 当正常细胞对照OD_{650nm}值小于0.3，病毒对照OD_{650nm}值均高于0.5时，检验结果成立。

5.2.8.3 被检样品OD_{650nm}值大于或等于0.3判为阳性，OD_{650nm}值小于0.3判为阴性。

3303 禽沙门氏菌检验法

将样品划线接种麦康凯琼脂（附录3704）平板或SS琼脂（附录3704）平板2个，置37℃培养

18~24小时（如果无可疑菌落出现，继续培养24~48小时），挑选无色、半透明、边缘整齐、表面光滑并稍突起的菌落，用O多价1沙门氏菌因子血清作玻片凝集试验。如果为阳性，即为沙门氏菌污染，该批制品判不合格。

3304 禽网状内皮组织增生症病毒检验法

1 细胞制备

按附录3504制备鸡胚成纤维细胞（CEF）。

2 样品的处理及接种

2.1 样品的处理同附录3302禽白血病病毒检验法

2.2 接种与培养 处理好的样品接种1个25cm^{2}左右的CEF单层，置37℃吸附60分钟，弃去接种液，用含3%牛血清的M-199培养液洗CEF单层2次，2.0ml/次，每瓶细胞加7.0~8.0ml含3%牛血清的M-199培养液，37℃培养7日。同时设立正常细胞作阴性对照。

3 病毒对照

将鸡网状内皮组织增生症病毒（REV）稀释至10 TCID$_{50}$/ml，取1.0ml接种至CEF作为阳性对照。

4 细胞培养的传代

细胞培养7日后，按常规方法消化、收获细胞，将其中1/10的细胞用2.0ml含3%牛血清的M-199细胞培养液悬浮，接种4孔48孔板，每孔接种0.5ml。剩余细胞置－15℃以下保存备用。接种细胞的48孔板置5%CO_2，37℃培养5日，然后进行荧光染色。

5 荧光染色

5.1 固定 弃去48孔板的细胞培养液，每孔约加0.5ml PBS（pH7.2，下同）轻洗细胞表面1次，尽量弃尽PBS，然后每孔加入0.3ml冷甲醇，置室温固定10~15分钟，弃去甲醇，自然晾干2~5分钟。

5.2 加鸡REV特异性抗体 自然晾干后，用PBS洗细胞面1次，然后每孔加入0.1ml用PBS（pH 7.2~7.4）进行适当稀释的鸡REV特异性抗体，置37℃作用1小时。

5.3 洗涤 弃去鸡REV特异性抗体，先用含0.05%吐温−20的PBS洗3次，每次每孔加入洗液0.5ml，轻微振荡洗涤1分钟。然后用PBS以同样的方法洗2次。

5.4 荧光二抗染色 尽量弃尽洗液，每孔加入0.1ml用PBS进行适当稀释的FITC标记的兔抗鸡IgG，置37℃作用1小时。

5.5 洗涤 方法同5.3。

6 观察

在倒置荧光显微镜下用蓝色激发光（波长490 nm）观察。被感染的CEF细胞呈现绿色荧光，有完整的细胞形态，周围未被感染的细胞不着色，视野发暗。

7 结果判定

7.1 当阳性对照接种的4个孔中全部出现特异性绿色荧光，阴性对照接种孔均未出现特异性绿色荧光时，检验结果成立。

7.2 被检样品接种的4个孔中，只要有1孔出现特异性绿色荧光，即判定该样品中REV阳性。

3305 外源病毒检验法

1 禽源制品及其细胞的检验

除另有规定外，禽源制品及其细胞的检验按照下列方法进行。通常情况下，可采用鸡胚检查法和细胞检查法进行，如果检验无结果或结果可疑时，用鸡检查法进行检验。也可直接用鸡检查法进行检验。

1.1 **样品处理** 取样品至少2瓶，对种毒按所生产疫苗推荐羽份稀释，对活疫苗按瓶签注明羽份稀释后，混合，用相应的特异性抗血清中和后作为检品（除另有规定外），如待检疫苗毒在检验用细胞上不增殖，可不进行中和；对细胞进行检验时，经3次冻融后混合作为检品；用鸡检查法检验时，样品不处理。

1.2 **鸡胚检查法**

1.2.1 选9~11日龄SPF鸡胚20个，分成2组，第1组10枚鸡胚，经尿囊腔内接种0.1~0.2ml（除另有规定外，至少含10羽份），第2组10枚鸡胚，经绒毛尿囊膜接种0.1~0.2ml（除另有规定外，至少含10羽份），置37℃下培养7日。弃去接种后24小时内死亡的鸡胚，但每组鸡胚应至少存活8只，试验方可成立。

1.2.2 **判定** 胎儿应发育正常，绒毛尿囊膜应无病变。取鸡胚液作血凝试验，应为阴性。

1.3 **细胞检查法**

1.3.1 **细胞观察** 取2个已长成良好鸡胚成纤维细胞单层的（培养24小时左右）细胞培养瓶（面积不小于25cm^2），接种处理过的样品0.1~0.2ml（2~20羽份），培养5~7日，观察细胞，应不出现CPE。

1.3.2 **红细胞吸附试验** 取上述培养的细胞，弃去培养液，用PBS洗涤细胞面3次，加入0.1%（v/v）鸡红细胞悬液覆盖细胞面，置2~8℃ 60分钟后，用PBS轻轻洗涤细胞1~2次，在显微镜下检查红细胞吸附情况。应不出现由外源病毒所致的红细胞吸附现象。

1.3.3 **禽白血病病毒检验** 采用COFAL试验或ELISA试验进行，具体方法见附录3302。

1.3.4 **禽网状内皮组织增生症病毒检验** 采用间接免疫荧光试验（IFA）进行，具体方法见附录3304。

1.4 **鸡检查法** 除另有规定外，用适于接种本疫苗日龄的SPF鸡20只，每只同时点眼、滴鼻接种10羽份疫苗，肌肉注射100羽份疫苗，21日后，按上述方法和剂量重复接种1次。第1次接种后42日采血，进行有关病原（见下表）的血清抗体检测。在42日内，不应有疫苗引起的局部或全身症状或死亡。如果有死亡，应进行病理学检查，以证明是否由疫苗所致。进行血清抗体检测时，除本疫苗所产生的特异性抗体外，不应有其他病原的抗体存在。

表 用鸡检查法检验外源病毒时检查的病原及其检验方法

病原	检验方法
鸡传染性支气管炎病毒	HI/ELISA
鸡新城疫病毒	HI
禽腺病毒（有血凝性）	HI
禽A型流感病毒	AGP/HI
鸡传染性喉气管炎病毒	中和抗体/ELISA
禽呼肠孤病毒	AGP/ELISA
鸡传染性法氏囊病病毒	AGP/ELISA
禽网状内皮组织增生症病毒	IFA/ELISA
鸡马立克氏病病毒	AGP
禽白血病病毒	ELISA
禽脑脊髓炎病毒	ELISA
鸡痘病毒	AGP/临床观察

2 非禽源制品及其细胞的检验

除另有规定外，非禽源制品及其细胞的检验按照下列方法进行。

2.1 样品处理

活疫苗 除另有规定外，取至少2瓶样品，按瓶签注明头份稀释、混合，以2000~3000*g*离心10分钟，取上清液，用相应特异性抗血清中和后作为检品。如待检疫苗毒在检验用细胞上不增殖，可不进行中和。

毒种 除另有规定外，取至少2支（瓶）毒种原液（冻干制品恢复至冻干前装量即为原液）按所生产疫苗推荐头份稀释后，混合，2000~3000*g*离心10分钟，取上清液，用相应的特异性抗血清中和后作为检品。如待检病毒在检验用细胞上不增殖，可不进行中和。

细胞 经3次冻融后，2000~3000*g*离心10分钟，取上清液作为检品，无需进行中和。

2.2 细胞的选择与样品的培养

2.2.1 **细胞的选择**（应至少包括下列细胞）

2.2.1.1 猪用活疫苗、毒种和细胞检查用细胞

2.2.1.1.1 致细胞病变检查和红细胞吸附性检查用细胞：Vero细胞、PK-15（或ST）细胞。

2.2.1.1.2 荧光抗体检查用细胞：检查牛病毒性腹泻/黏膜病病毒（BVDV/MDV）用MDBK（或牛睾丸）细胞；检查猪瘟病毒（CSFV）用PK-15（或ST）细胞；检查猪圆环病毒2型（PCV2）用PK-15细胞。

2.2.1.2 牛用活疫苗、毒种和细胞检查用细胞

2.2.1.2.1 致细胞病变检查和红细胞吸附性检查用细胞：Vero细胞、MDBK（或牛睾丸）细胞。

2.2.1.2.2 荧光抗体检查牛病毒性腹泻/黏膜病病毒（BVDV/MDV）用MDBK（或牛睾丸）细胞。

2.2.1.3 绵羊和山羊用活疫苗、毒种和细胞检查用细胞

2.2.1.3.1 致细胞病变检查和红细胞吸附性检查用细胞：Vero细胞、羊睾丸（或羊肾）细胞。

2.2.1.3.2 荧光抗体检查牛病毒性腹泻/黏膜病病毒（BVDV/MDV）用MDBK（或牛睾丸）细胞。

2.2.1.4 犬科、猫科或鼬科动物用活疫苗、毒种和细胞检查用细胞

2.2.1.4.1 致细胞病变检查和红细胞吸附性检查用细胞：Vero细胞、MDCK细胞、CRFK（或F81）细胞。

2.2.1.4.2 荧光抗体检查用细胞：检查牛病毒性腹泻/黏膜病病毒（BVDV/MDV）用MDBK（或牛睾丸）细胞；检查狂犬病病毒（RV）用Vero（或BHK21）细胞；检查犬细小病毒（CPV）用CRFK（或F81）细胞。

2.2.1.5 马用活疫苗、毒种和细胞检查用细胞

2.2.1.5.1 致细胞病变检查和红细胞吸附性检查用细胞：Vero细胞。

2.2.1.5.2 荧光抗体检查用细胞：检查牛病毒性腹泻/黏膜病病毒（BVDV/MDV）用MDBK（或牛睾丸）细胞。

2.2.2 样品的接种与培养

取处理好的样品2.0ml（除另有规定外，至少含10头份。如10头份不能被完全中和，应至少含1头份），接种到已长成良好单层（或同步接种）的所选细胞上，另至少设一瓶正常细胞对照，培养3~5日，继代至少2代。最后一次继代（至少为第3代）的培养物作为外源病毒检验的被检材料。

如样品传代培养期间，任何一代培养细胞出现细胞病变，而正常细胞未出现病变，则判为不符合规定。当被检样品判为不符合规定时，可不再进行其他项目检验。

2.3 检查方法

2.3.1 **致细胞病变检查法** 将最后一次继代（至少为第3代）的培养物培养3~5日，显微镜下观察细胞病变情况，至少观察$6cm^2$的细胞面积。若未观察到明显的细胞病变，再用适宜染色液对细胞单层进行染色。观察细胞单层，检查包涵体、巨细胞或其他由外源病毒引起的CPE的出现情况。当正常对照细胞未出现CPE，而被检样品出现外源病毒所致的CPE，则判为不符合规定。

当致细胞病变检查法检查结果判为不符合规定时，可不再进行其他项目的检验。

2.3.2 **红细胞吸附性外源病毒检测** 将最后一次继代（至少为第3代）的培养物培养3~5日后直接进行检验。用PBS洗涤细胞单层2~3次。加入适量0.2%的豚鼠红细胞和鸡红细胞的等量混合悬液，以覆盖整个单层表面为准。选2个细胞单层，分别在2~8℃和20~25℃放置30分钟，用PBS洗涤，检查红细胞吸附情况。当正常对照细胞不出现红细胞吸附现象，而被检样品出现外源病毒所致的红细胞吸附现象，则判为不符合规定。

当红细胞吸附性检查结果判为不符合规定时，可不再进行其他项目的检验。

2.3.3 **荧光抗体检查法** 将最后一次继代（至少为第3代）的培养物冻融3次，3000*g*离心10分钟，取适量培养物的上清液（一般取培养量的10%）接种已长成良好单层的所选细胞，培养3~5日后用于荧光抗体检查。对每一种特定外源病毒的检测应至少包含3组细胞单层：（1）被检样品细胞培养物；（2）接种适量（一般为100~300 FA-$TCID_{50}$）特定病毒的阳性对照；（3）正常细胞对照。每组细胞单层检查面积应不小于$6.0cm^2$。

细胞单层样品经80%丙酮固定后，用适宜的荧光抗体进行染色，检查每一组单层是否存在特定外源病毒的荧光。当阳性对照出现特异性荧光，正常细胞无荧光，而被检样品出现外源性病毒特异性荧光，则判为不符合规定。如果阳性对照未出现特异性荧光，或者正常细胞出现特异性荧光，则判为无结果，应重检。

当荧光抗体法检查结果判为不符合规定时，可不再进行其他项目的检验。

3306 无菌检验或纯粹检验法

除另有规定外，无菌检验或纯粹检验按照下列方法进行。

1 抽样

应随机抽样并注意代表性。

1.1 制造疫苗用的各种原菌液、毒液和其他配苗组织乳剂、稳定剂及半成品的无菌或纯粹检验，应每瓶（罐）分别抽样进行，抽样量为2~10ml。

1.2 成品的无菌检验或纯粹检验应按每批或每个亚批进行，每批按瓶数的百分之一抽样，但不应少于5瓶，最多不超过10瓶，每瓶分别进行检验。

2 检验用培养基

2.1 无菌检验

2.1.1 培养基及配方

硫乙醇酸盐流体培养基（Fluid Thioglycollate Medium，简称TG）用于厌氧菌的检查，同时也可以用于检查需氧菌。胰酪大豆胨液体培养基（Trypticase Soy Broth，简称TSB；亦称大豆酪蛋白消化物培养基Soybean-Casein Digest Medium）用于真菌和需氧菌的检查。

2.1.1.1 硫乙醇酸盐流体培养基

胰酪蛋白胨	15g
酵母浸出粉	5.0g
无水葡萄糖	5.0g
硫乙醇酸钠	0.5g
（或硫乙醇酸）	（或0.3ml）
L-半胱氨酸盐酸盐（或L-胱氨酸）	0.5g
氯化钠	2.5g
新配制的0.1%刃天青溶液	1.0ml
琼脂	0.75g
纯化水	加至1000ml
（灭菌后pH值为6.9~7.3）	

除葡萄糖和0.1%刃天青溶液外，将上述成分混合，加热溶解，然后加入葡萄糖和0.1%刃天青溶液，摇匀，将加热的培养基放至室温，用1.0mol/L氢氧化钠溶液调整pH值，使灭菌后的培养基pH值为6.9~7.3，分装，116℃灭菌30分钟。若培养基氧化层（粉红色）的高度超过培养基深度的1/3，需用水浴或自由流动的蒸汽加热驱氧，至粉红色消失后，迅速冷却，只限加热1次，并防止污染。

2.1.1.2 胰酪大豆胨液体培养基

葡萄糖（含1个结晶水）	2.5g
胰酪蛋白胨	17g
大豆粉木瓜蛋白酶消化物（大豆胨）	3.0g
磷酸氢二钾（含3个结晶水）	2.5g
氯化钠	5.0g
纯化水	加至1000ml
（灭菌后pH值为7.1~7.5）	

将上述成分混合，微热溶解，将培养基放至室温，调节pH值，使灭菌后的培养基pH值为7.1~7.5，分装，116℃灭菌30分钟。

2.1.2 **培养基的质量控制**

使用的培养基应符合以下检查规定，可与制品的检验平行操作，也可提前进行该检测。

2.1.2.1 **性状**

2.1.2.1.1 硫乙醇酸盐流体培养基：流体，氧化层的高度（上层粉红色）不超过培养基深度的1/3。

2.1.2.1.2 胰酪大豆胨液体培养基：澄清液体。

2.1.2.2 **pH值**

2.1.2.2.1 硫乙醇酸盐流体培养基的pH值为6.9~7.3。

2.1.2.2.2 胰酪大豆胨液体培养基的pH值为7.1~7.5。

2.1.2.3 **无菌检验**

每批培养基随机抽取10支（瓶），5支（瓶）置35~37℃，另5支（瓶）置23~25℃，均培养7日，逐日观察。培养基10/10无菌生长，判该培养基无菌检验符合规定。

2.1.2.4 **微生物促生长试验**

2.1.2.4.1 **质控菌种**

需氧菌（Aerobic bacteria）		
金黄色葡萄球菌（*Staphylococcus aureus*）	CVCC2086	ATCC6538
铜绿假单胞菌（*Pseudomonas aeruginosa*）	CVCC 2000	/
厌氧菌（Anaerobic bacteria）		
生孢梭菌（*Clostridium sporogenes*）	CVCC1180	CMCC（B）64941
真菌（Fungi）		
白假丝酵母（亦称白色念珠菌）（*Candida albicans*）	CVCC3597	ATCC10231
巴西曲霉（黑曲霉）[*Aspergillus brasiliensis*（*Aspergillus niger*）]	CVCC3596	ATCC16404

2.1.2.4.2 **培养基接种**：用0.1%蛋白胨水将金黄色葡萄球菌、铜绿假单胞菌、生孢梭菌、白假丝酵母的新鲜培养物制成每1.0ml含菌数小于50 CFU的菌悬液；用0.1%蛋白胨水将巴西曲霉的新鲜培养物制成每1.0ml含菌数小于50 CFU的孢子悬液。取每管装量为9.0ml的硫乙醇酸盐流体培养基10支，分别接种1.0ml含菌数小于50 CFU/ml金黄色葡萄球菌、铜绿假单胞菌和生孢梭菌，每个菌种接种3支，另1支不接种，作为阴性对照，置35~37℃培养3日；取每管装量为7.0ml的胰酪大豆胨液体培养基7支，分别接种1.0ml含菌数小于50 CFU/ml白假丝酵母、巴西曲霉，每个菌种接种3支，另1支不接种，作为阴性对照，置23~25℃培养5日，逐日观察结果。

2.1.2.4.3 **结果判定**：接种管3/3有菌生长，阴性对照管无菌生长，判该培养基微生物促生长试验符合规定。

2.2 **活菌纯粹检验** 用适于本菌生长的培养基。

3 检验方法及结果判定

3.1 半成品的检验

3.1.1 **细菌原液（种子液）、细菌活疫苗半成品的纯粹检验** 取供试品接种TG小管及适宜于本菌生长的其他培养基斜面各2管，每支0.2ml，1支置35~37℃培养，1支置23~25℃培养，观察3~5日，应纯粹。

3.1.2 **病毒原液和其他配苗组织乳剂、稳定剂及半成品的无菌检验** 取供试品接种TG小管2支，每支0.2ml，1支置35~37℃培养，1支置23~25℃培养，另取0.2ml，接种1支TSB小管，置

23~25℃培养，均培养7日，应无菌生长。

3.1.3 **灭活抗原的无菌检验**

3.1.3.1 **灭活细菌菌液的无菌检验** 细菌灭活后，用适于本菌生长的培养基2支，各接种0.2ml，置35~37℃培养7日，应无菌生长。

3.1.3.2 **灭活病毒液的无菌检验** 病毒液灭活后，接种TG小管2支，每支0.2ml，1支置35~37℃培养，1支置23~25℃培养，另取0.2ml，接种1支TSB小管，置23~25℃培养，均培养7日，应无菌生长。

3.1.3.3 **类毒素的无菌检验** 毒素脱毒过滤后，接种TG小管2支，每支0.2ml，1支置35~37℃培养，1支置23~25℃培养，另取0.2ml，接种1支TSB小管，置23~25℃培养，均培养7日，应无菌生长。

3.2 **成品检验**

3.2.1 **无菌检验**

3.2.1.1 **样品的处理**

3.2.1.1.1 **液体制品样品的处理** 当样品装量大于1.0ml时，不做处理，直接取样进行检验；当样品的装量小于1.0ml时，其内容物全部取出，用于检验。

3.2.1.1.2 **冻干制品样品的处理** 当样品的原装量大于1.0ml时，用适宜的稀释液恢复至原量，取样进行检验；当样品的原装量小于1.0ml时，用适宜的稀释液复溶后，全部取出用于检验。

3.2.1.2 **检验** 样品（原）装量大于1.0ml的，取处理好的样品1.0ml，样品（原）装量小于1.0ml的，取其处理好的样品的全部内容物，接种 50ml TG培养基，置35~37℃培养，3日后吸取培养物，接种TG小管2支，每支0.2ml，1支置35~37℃培养，1支置23~25℃培养，另取0.2ml，接种1支TSB小管，置23~25℃培养，均培养7日，应无菌生长。

如果允许制品中含有一定数量的非病原菌，应进一步做杂菌计数和病原性鉴定。

3.2.2 **纯粹检验**

3.2.2.1 **样品的处理**

3.2.2.1.1 **液体制品样品的处理** 当样品装量大于1.5ml时，不做处理，直接取样进行检验；当样品的装量小于1.5ml时，适宜的稀释液稀释至1.5ml 。

3.2.2.1.2 **冻干制品样品的处理** 当样品的原装量大于1.5ml时，用适宜的稀释液恢复至原量，取样进行检验；当样品的原装量小于1.5ml时，用适宜的稀释液复溶至1.5ml，取样进行检验。

3.2.2.2 **检验** 取处理好的样品，接种TG小管和适于本菌生长的其他培养基各2支，每支0.2ml，1支置35~37℃培养，1支置23~25℃培养，另用1支TSB小管，接种0.2ml，置23~25℃培养，均培养5日，应纯粹。

4 结果的判定

每批抽检的样品必须全部无菌或纯粹生长。如果纯粹检验发现个别瓶有杂菌生长或无菌检验发现个别瓶有菌生长或结果可疑，应抽取加倍数量的样品重检，如果仍有杂菌生长或有菌生长，则作为污染杂菌处理。如果允许制品中含有一定数量非病原菌，应进一步作杂菌计数和病原性鉴定。

3307 杂菌计数和病原性鉴定法

1 杂菌计数及病原性鉴定用培养基

1.1 **杂菌计数** 用含4%血清及0.1%裂解血球全血的马丁琼脂培养基。

1.2 **病原性鉴定** 用TG培养基、马丁汤、厌气肉肝汤或其他适宜培养基。

2 杂菌计数方法及判定

每批有杂菌污染的制品至少抽样3瓶，用普通肉汤或蛋白胨水分别按头（羽）份数作适当稀释，接种含4%血清及0.1%裂解血球全血的马丁琼脂培养基平皿上，每个样品接种平皿4个，每个平皿接种0.1ml（禽苗的接种量不少于10羽份，其他产品的接种量按各自的质量标准），置37℃培养48小时后，再移至25℃放置24小时，数杂菌菌落，然后分别计算杂菌数。如果污染霉菌，亦作为杂菌计算。任何1瓶制品每头（羽）份（或每克组织）的杂菌应不超过规定。超过规定时，判该批制品不合格。

3 病原性鉴定

3.1 检查需氧性细菌时，将所有污染需氧性杂菌的液体培养管的培养物等量混合后，移植1支TG管或马丁汤，置相同条件下培养24小时，取培养物，用蛋白胨水稀释100倍，皮下注射体重18~22g小鼠3只，各0.2ml，观察10日。

3.2 检查厌氧性细菌时，将所有液体杂菌管延长培养时间至96小时，取出置65℃水浴加温30分钟后等量混合，移植TG管或厌气肉肝汤1支，在相同条件下培养24~72小时。如果有细菌生长，将培养物接种体重350~450g豚鼠2只，各肌肉注射1.0ml，观察10日。

3.3 如果发现制品同时污染需氧性及厌氧性细菌，则按上述要求同时注射小鼠及豚鼠。

3.4 **判定** 小鼠、豚鼠应全部健活。如果有死亡或局部化脓、坏死，则证明有病原菌污染，判该批制品不合格。

3308 支原体检验法

1 培养基

1.1 培养基及配方

改良Frey氏液体培养基和改良Frey氏固体培养基用于禽源性支原体检验，支原体液体培养基和支原体固体培养基用于非禽源性支原体检验，无血清支原体培养基用于血清检验。

1.1.1 改良Frey氏液体培养基

氯化钠	5.0g
氯化钾	0.4g
硫酸镁（含7个结晶水）	0.2g
磷酸氢二钠（含12个结晶水）	1.6g
无水磷酸二氢钾	0.2g
葡萄糖（含1个结晶水）	10g
乳蛋白水解物	5.0g
酵母浸出粉	5.0g
（或25%酵母浸出液）	（或100ml）

1%辅酶I	10ml
1% L－半胱氨酸溶液	10ml
2%精氨酸溶液	20ml
猪（或马）血清	100ml
1%酚红溶液	1.0ml
8万单位/ml青霉素	10ml
1%醋酸铊溶液	10ml
注射用水	加至1000ml

将上述成分混合溶解，用1.0mol/L氢氧化钠溶液调节pH值至7.6~7.8，定量分装，置-20℃以下保存。

1.1.2　**改良Frey氏固体培养基**

固体培养基基础成分

氯化钠	5.0g
氯化钾	0.4g
硫酸镁（含7个结晶水）	0.2g
磷酸氢二钠（含12个结晶水）	1.6g
无水磷酸二氢钾	0.2g
葡萄糖（含1个结晶水）	10g
乳蛋白水解物	5.0g
酵母浸出粉	5.0g
（或25%酵母浸出液）	（或100ml）
琼脂	15g
1%醋酸铊溶液	10ml
注射用水	加至1000ml

上述成分混合后加热溶解，用1.0mol/L氢氧化钠溶液调节pH值至7.6~7.8，定量分装，以116℃灭菌20分钟后，置2~8℃保存。使用前将100ml固体培养基加热溶解，当温度降到60℃左右时，添加辅助成分。

注：辅助培养基成分

猪（或马）血清	10ml
2%精氨酸溶液	2.0ml
1%辅酶I 溶液	1.0ml
1% L-半胱氨酸溶液	1.0ml
8万单位/ml青霉素	1.0ml

上述成分混合后，滤过除菌，置－20℃以下保存。

1.1.3　**支原体液体培养基**

PPLO肉汤粉	21g
葡萄糖（含1个结晶水）	5.0g
10%精氨酸溶液	10ml
10倍浓缩MEM培养液	10ml
酵母浸出粉	5.0g
（或25%酵母浸出液）	（或100ml）

8万单位/ml青霉素	10ml
1%醋酸铊溶液	10ml
猪（或马）血清	100ml
1%酚红溶液	1.0ml
注射用水	加至1000ml

将上述成分混合溶解，用1.0mol/L氢氧化钠溶液调节pH值至7.6~7.8，滤过除菌，定量分装，置－20℃以下保存。

1.1.4 **支原体固体培养基**

固体培养基基础成分

PPLO肉汤粉	21g
葡萄糖（含1个结晶水）	5.0g
酵母浸出粉	5.0g
（或25%酵母浸出液）	（或100ml）
琼脂	15g
1%醋酸铊溶液	10ml
注射用水	加至1000ml

上述成分混合后加热溶解，用1.0mol/L氢氧化钠溶液调节pH值至7.6~7.8，定量分装，以116℃灭菌20分钟后，置2~8℃保存。使用前将100ml固体培养基加热溶解，当温度降到60℃左右时，添加辅助成分。

注：辅助培养基成分

血清	10ml
10%精氨酸溶液	1.0ml
10倍浓缩MEM培养液	1.0ml
8万单位/ml青霉素溶液	1.0ml

上述成分混合后，滤过除菌，置－20℃以下保存。

1.1.5 **无血清支原体培养基**

PPLO肉汤粉	21g
葡萄糖（含1个结晶水）	5.0g
10%精氨酸溶液	10ml
10倍浓缩MEM培养液	10ml
酵母浸出粉	5.0g
（或25%酵母浸出液）	（或100ml）
8万单位/ml青霉素	10ml
1%醋酸铊溶液	10ml
1%酚红溶液	1.0ml
注射用水	加至1000ml

将上述成分混合溶解，用1.0mol/L氢氧化钠溶液调节pH值至7.6~7.8，滤过除菌，定量分装，置－20℃以下保存。

1.2 **培养基的质量控制**

1.2.1 **性状**

1.2.1.1 改良Frey氏液体培养基：澄清、无杂质，呈玫瑰红色的液体。

1.2.1.2 改良Frey氏固体培养基：基础成分呈淡黄色，加热溶解后无絮状物或沉淀。

1.2.1.3 支原体液体培养基：澄清、无杂质，呈玫瑰红色的液体。

1.2.1.4 支原体固体培养基：基础成分呈淡黄色，加热溶解后无絮状物或沉淀。

1.2.1.5 无血清支原体培养基：澄清、无杂质，呈玫瑰红色的液体。

1.2.2 pH值

1.2.2.1 改良Frey氏液体培养基的pH值为7.6~7.8。

1.2.2.2 改良Frey氏固体培养基的pH值为7.6~7.8。

1.2.2.3 支原体液体培养基的pH值为7.6~7.8。

1.2.2.4 支原体固体培养基的pH值为7.6~7.8。

1.2.2.5 无血清支原体培养基的pH值为7.6~7.8。

1.2.3 **无菌检验** 按附录3306进行，应无菌生长。

1.2.4 **灵敏度检查和微生物促生长试验**

1.2.4.1 **质控菌种及培养基**

质控菌种	CVCC菌种编号	ATCC菌种编号	培养基
滑液支原体（*Mycoplasma synoviae*）	CVCC2960	/	改良Frey氏液体培养基 改良Frey氏固体培养基
猪鼻支原体（*Mycoplasma hyorhinis*）	CVCC361	ATCC17981	支原体液体培养基 支原体固体培养基 无血清支原体培养基

1.2.4.2 **灵敏度检查**

改良Frey氏液体培养基、支原体液体培养基、无血清支原体培养基采用灵敏度试验进行质量控制试验。将质控菌种恢复原量后接种待检的液体培养基小管2组，每组作10倍系列稀释至10^{-10}，同时设2支未接种的液体培养基小管作为阴性对照，置35~37℃培养5~7日。以液体培养基呈现生长变色的最高稀释度作为其灵敏度，如果2组液体培养基灵敏度均达到10^{-8}及以上，且阴性对照不变色，判定该液体培养基灵敏度试验符合规定，其他情况判为不符合规定。

1.2.4.3 **微生物促生长试验**

改良Frey氏固体培养基和支原体固体培养基采用微生物促生长试验进行质量控制试验。将不大于50 CFU/0.2ml质控菌液培养物接种2个待检的固体培养基平板，同时设2个未接种的固体培养基平板作为阴性对照，均置35~37℃、含5%CO_2培养箱中培养5~7日。如果接种的固体培养基平板上有支原体菌落生长且个数在1~50个之间，且阴性对照没有任何菌落生长，判定该固体培养基微生物促生长试验符合规定，其他情况判为不符合规定。

2 检查法

2.1 **样品处理** 每批制品（毒种）取样5瓶。液体制品混合后备用；冻干制品，则加液体培养基或生理盐水复原成混悬液后混合；检测血清时，用血清直接接种。

2.2 **疫苗与毒种的检测**

2.2.1 **接种与观察** 每个样品需同时用以下两种方法检测。

2.2.1.1 **液体培养基培养** 将样品混合物5.0ml接种装有20ml液体培养基的小瓶，摇匀后，再从小瓶中取0.4ml移植到含有1.8ml培养基的2支小管（1.0cm × 10cm），每支各接种0.2ml，将小瓶与小管置35~37℃培养，分别于接种后5日、10日、15日从小瓶中取0.2ml培养物移植到小管液体培养基内，每日观察培养物有无颜色变黄或变红，如果无变化，则在最后一次移植小管培养、观察14日后停止观察。在观察期内，如果发现小瓶或任何一支小管培养物颜色出现明显变化，在原pH值变化达±0.5时，应立即将小瓶中的培养物移植于小管液体培养基和固体培养基，观察在液体培养基中是否出现恒定的pH值变化，及固体上有无典型的“煎蛋”状支原体菌落。

2.2.1.2 **琼脂固体平板培养** 在每次液体培养物移植小管培养的同时，取培养物0.1~0.2ml接种琼脂平板，置含5%～10%二氧化碳、潮湿的环境、35~37℃下培养。在液体培养基颜色出现变化，在原pH值变化达±0.5时，也同时接种琼脂平板。每3~5日，在低倍显微镜下，观察检查各琼脂平板上有无支原体菌落出现，经14日观察，仍无菌落时，停止观察。

2.2.2 每次检查需同时设阴、阳性对照，在同条件下培养观察。检测禽类疫苗时用滑液支原体作为对照，检测其他疫苗时用猪鼻支原体作为对照。

2.3 **血清的检测** 取被检血清10ml接种90ml的无血清支原体培养基，培养基按2.2.1.2项稀释、移植、培养，观察小管培养基的pH值变化情况和琼脂平板上有无菌落。

3 结果判定

3.1 接种样品的任何一个琼脂平板上出现支原体菌落时，判不符合规定。

3.2 阳性对照中至少有一个平板出现支原体菌落，而阴性对照中无支原体生长，则检验有效。

生物活性/效价测定法

3401 半数保护量（PD_{50}）测定法

将样品按适宜的倍数进行倍比稀释，取至少3个剂量组，按产品推荐的使用途径，每个剂量组接种1组动物，同时设1组动物作为对照。接种一定时间后，连同对照动物，每头（只）攻击一定剂量的强毒，观察一定时间。记录各组动物的发病情况，动物发病即判为不保护。计算各剂量组免疫动物保护的百分率。对照动物的发病率应符合规定。按Reed-Muench法计算PD_{50}。

计算公式为：

$\lg PD_{50}$ = 高于或等于50%保护时的稀释倍数＋距离比例×稀释系数的对数

表 口蹄疫灭活疫苗的试验示例

疫苗接种剂量	观察结果			累计结果		
	发病数	保护数	保护比例	发病数	保护数	保护率（%）
1头份	0	5	5/5	0	9	100
1/3头份	2	3	3/5	2	4	67
1/9头份	4	1	1/5	6	1	14

高于或等于50%保护时（上例中为67%）疫苗接种剂量（1/3头份）的对数值为－0.48。

稀释系数（1/3）的对数为－0.48。

$$距离比例=\frac{高于或等于50\%-50\%}{高于或等于50\%-低于50\%}=\frac{67\%-50\%}{67\%-14\%}=0.32$$

$$\lg PD_{50}=-0.48+0.32\times(-0.48)=-0.63$$

则：$PD_{50}=10^{-0.63}$头份，即疫苗的一个PD_{50}为0.23头份，表示该疫苗接种0.23头份可以使50%的动物获得保护。每头份疫苗合4.3 PD_{50}。

3402 病毒半数致死量、感染量（LD_{50}、ELD_{50}、ID_{50}、EID_{50}、$TCID_{50}$）测定法

将病毒悬液作10倍系列稀释，取适宜稀释度，定量接种实验动物、胚或细胞。由最高稀释度开始接种，每个稀释度接种4~6只（枚、管、瓶、孔），观察记录实验动物、胚或细胞的死亡数或病变情况，计算各稀释度死亡或出现病变的实验动物（胚、细胞）的百分率。按Reed-Muench法计算半数致死（感染）量（LD_{50}、ELD_{50}、ID_{50}、EID_{50}、$TCID_{50}$）。

计算公式为：

$$\lg TCID_{50}=高于或等于50\%的病毒稀释度的对数+距离比例\times稀释系数的对数$$

表 试验示例（以$TCID_{50}$为例，接种量为0.1ml）

病毒稀释度	观察结果			累计结果		
	CPE数	无CPE数	CPE（%）	CPE数	无CPE数	CPE（%）
10^{-4}	6	0	100	13	0	100
10^{-5}	5	1	83	7	1	88
10^{-6}	2	4	33	2	5	29
10^{-7}	0	6	0	0	11	0

高于或等于50%感染时（上例中为88%），病毒稀释度（10^{-5}）的对数值为-5。

稀释系数（1/10）的对数为-1。

$$距离比例=\frac{高于或等于50\%-50\%}{高于或等于50\%-低于50\%}=\frac{88\%-50\%}{88\%-29\%}=0.64$$

$$\lg TCID_{50}=-5+0.64\times(-1)=-5.64$$

则：$TCID_{50}=10^{-5.64}/0.1ml$。表示该病毒悬液作$10^{-5.64}$稀释后，每孔（瓶）细胞接种0.1ml，可以使50%的细胞产生细胞病变（CPE）。

3403 红细胞凝集试验法

1 50孔板或试管法

按下表用PBS（0.1mol/L，pH 7.0~7.2，下同）将被检样品稀释成不同的倍数，加入1%鸡红细胞悬液，置室温20~40分钟或置2~8℃ 40~60分钟，当对照孔中的红细胞呈显著纽扣状时判定结果，

以使红细胞完全凝集的最高稀释度作为判定终点。

表 红细胞凝集试验术式 单位：ml

孔或管号	1	2	3	4	5	6	7	8…	对照
样品稀释倍数	10	20	40	80	160	320	640	1280	
PBS	0.9	0.5	0.5	0.5	0.5	0.5	0.5	05	0.5
	}↘	}↘	}↘	}↘	}↘	}↘	}↘	}↘弃0.5	
样品（病毒原液）	0.1	0.5	0.5	0.5	0.5	0.5	0.5	0.5	—
1%鸡红细胞悬液	0.5	0.5	0.5	0.5	0.5	0.5	0.5	0.5	0.5

2 96孔微量板法

2.1 在微量板上，从第1孔至12孔或所需之倍数孔，用移液器每孔加入PBS 0.025ml，用移液器吸取被检样品0.025ml，从第1孔起，依次作2倍系列稀释，至最后1个孔，弃去移液器内0.025ml液体（稀释倍数依次为2、4、8、16、32、…、4096）。

2.2 每孔加入1%鸡红细胞悬液0.025ml，并设不加样品的红细胞对照孔，立即在微量板振摇器上摇匀，置室温20~40分钟或置2~8℃ 40~60分钟，当对照孔中的红细胞呈显著纽扣状时判定结果。

2.3 以使红细胞完全凝集的最高稀释度作为判定终点。

3404 红细胞凝集抑制试验法

1 血凝素工作液配制

1.1 **血凝素凝集价测定** 50孔板或试管法按表1，96孔微量板法按表2术式进行。用PBS（0.1mol/L，pH 7.0~7.2，下同）将血凝素稀释成不同倍数，加入与抑制试验中血清量等量的PBS，再加入1%鸡红细胞悬液。将50孔板或试管前后左右摇匀，将96孔微量板在振摇器上摇匀，置室温20~40分钟或置2~8℃ 40~60分钟，当对照孔中的红细胞呈显著纽扣状时判定结果。以使红细胞完全凝集的最高稀释度作为判定终点。

1.2 **血凝素工作液配制及检验**

1.2.1 **4 HAU血凝素的配制** 如果血凝素凝集价测定结果为1：1024（举例），4个血凝单位（即4 HAU）=1024/4=256（即1：256）。取PBS 9.0ml，加血凝素1.0ml，即成1：10稀释，将1：10稀释液1.0ml加入到24.6ml PBS中，使最终浓度为1：256。

1.2.2 **检验** 检查4 HAU的血凝价是否准确，应将配制的1：256稀释液分别以1.0ml的量加入PBS 1.0ml、2.0ml、3.0ml、4.0ml、5.0ml和6.0ml中，使最终稀释度为1：2、1：3、1：4、1：5、1：6和1：7。然后，从每一稀释度中取0.25ml，加入PBS 0.25ml，再加入1%鸡红细胞悬液0.25ml，混匀。

如果用微量板，方式相同。即从每一稀释度中取0.025ml，加入PBS 0.025ml，再加入1%鸡红细胞悬液0.025ml，混匀。

将血凝板置室温20~40分钟或置2~8℃ 40~60分钟，如果配制的抗原液为4 HAU，则1：4稀释度将给出凝集终点；如果4 HAU高于4个单位，可能1：5或1：6为终点；如果较低，可能1：2或1：3为终点。应根据检验结果将血凝素稀释度做适当调整，使工作液确为4 HAU。

表1 血凝素凝集价测定（50孔板或试管法）术式 单位：ml

孔或管号	1	2	3	4	5	6	7	8…	对照
血凝素稀释倍数	5	10	20	40	80	160	320	640	
PBS	0.4	0.25	0.25	0.25	0.25	0.25	0.25	0.25	0.25
	┆↘	┆↘	┆↘	┆↘	┆↘	┆↘	┆↘	┆↘弃0.25	
血凝素	0.1	0.25	0.25	0.25	0.25	0.25	0.25	0.25	
PBS	0.25	0.25	0.25	0.25	0.25	0.25	0.25	0.25	0.25
1%鸡红细胞悬液	0.25	0.25	0.25	0.25	0.25	0.25	0.25	0.25	0.25

表2 血凝素凝集价测定（96孔微量板法）术式 单位：ml

孔号	1	2	3	4	5	6	7	8…	对照
稀释倍数	2	4	8	16	32	64	128	256	
PBS	0.025	0.025	0.025	0.025	0.025	0.025	0.025	0.025	0.025
	┆↘	┆↘	┆↘	┆↘	┆↘	┆↘	┆↘	┆↘弃0.025	
血凝素	0.025	0.025	0.025	0.025	0.025	0.025	0.025	0.025	
PBS	0.025	0.025	0.025	0.025	0.025	0.025	0.025	0.025	0.025
1%鸡红细胞悬液	0.025	0.025	0.025	0.025	0.025	0.025	0.025	0.025	0.025

2 血凝抑制试验（HI）

2.1 **50孔板法或试管法** 按表3 用PBS将本血清做2倍系列稀释，加入含4 HAU的血凝素液，并设PBS和血凝素对照，充分振摇后，置室温下至少20分钟或在2~8℃下至少60分钟，再加入1%鸡红细胞悬液，置室温20~40分钟或置2~8℃ 40~60分钟，当对照孔中的红细胞呈显著纽扣状时判定结果。以使红细胞凝集被完全抑制的血清最高稀释度作为判定终点。

2.2 **96孔微量板法** 与50孔板法方式相同，各成分量及加样顺序见表4。

表3 血凝抑制试验（50孔板或试管法）术式 单位：ml

孔或管号	1	2	3	4	5	6	7…	病毒对照	红细胞对照
稀释倍数	5	10	20	40	80	160	320		
PBS	0.4	0.25	0.25	0.25	0.25	0.25	0.25	0.25	0.5
	┆↘	┆↘	┆↘	┆↘	┆↘	┆↘	┆↘弃0.25		
本血清	0.1	0.25	0.25	0.25	0.25	0.25	0.25		
4HAU抗原	0.25	0.25	0.25	0.25	0.25	0.25	0.25	0.25	
1%鸡红细胞悬液	0.25	0.25	0.25	0.25	0.25	0.25	0.25	0.25	0.25

表4 微量血凝抑制试验（96孔板或试管法）术式 单位：ml

孔号	1	2	3	4	5	6	7…	病毒对照	红细胞对照
稀释倍数	2	4	8	16	32	64	128		
PBS	0.025	0.025	0.025	0.025	0.025	0.025	0.025	0.025	0.05
	┆↘	┆↘	┆↘	┆↘	┆↘	┆↘	┆↘弃0.025		
本血清	0.025	0.025	0.025	0.025	0.025	0.025	0.025		
4HAU抗原	0.025	0.025	0.025	0.025	0.025	0.025	0.025	0.025	
1%鸡红细胞悬液	0.025	0.025	0.025	0.025	0.025	0.025	0.025	0.025	0.025

附注：1%鸡红细胞悬液的标定

对首次配制的鸡红细胞悬液应进行标定。取配好的红细胞悬液（附录3702）60ml，自然沉淀后，弃掉上部PBS 50ml，混匀后装入刻度离心管内，以10 000r/min离心5分钟，红细胞压积应为6.0%。

3405 活菌计数法

取菌液或疫苗用适宜的稀释液进行稀释（如果为冻干苗，则先加原装量2~10倍量稀释液作放大稀释），接种适宜本菌生长的琼脂培养基，在一定条件下培养，所得细菌菌落数乘以稀释倍数，即为其活菌数。按下列方法测定。

1 表面培养测定法

每个样品取1.0ml，用各制品适宜的稀释液作10倍系列稀释，每个稀释度换1支吸管。具体方法是：先取一系列试管，每一管中加入9.0ml稀释液，然后准确吸取菌液1.0ml，放入盛有稀释液的第1支试管中（不接触液面），将菌液混合均匀，另取1支吸管吸取1.0ml放入第2管中，依次稀释至最后一管。根据对样品含菌数的估计，选择适宜稀释度，吸取最终稀释度的菌液接种适宜的琼脂培养基平板3个，每个板0.1ml，使菌液散开，置37℃晾干后，翻转平板，培养24~48小时（亦可适当延长）。

2 混合培养测定法

稀释方法同上，取最终稀释度的菌液接种平板3个，每个1.0ml，然后将溶化并冷至45℃的适宜琼脂培养基倾注入平板中，轻轻摇动平板，使稀释的菌液与培养基混合均匀，待琼脂凝固后，翻转平板，置37℃培养24~48小时（亦可适当延长）。

3 菌落计算

肉眼观察菌落，并在平板底面点数，算出3个平板的平均菌落数，乘以稀释倍数（表面培养法应再乘以10），即为每1.0ml原液所含的总菌数。最终稀释度一般选择每个平板菌落数为40~200 CFU的稀释度。如果有片状菌落生长，或同一稀释度平板间菌落数相差50%以上时，应重检。

3406 中和试验法

1 固定病毒稀释血清法

将病毒稀释成每单位剂量含200或100 LD_{50}（EID_{50}、$TCID_{50}$），与等量的2倍系列稀释的被检血清混合，置37℃下作用60分钟（除另有规定外）。每一稀释度接种3~6只（枚、管、瓶、孔）实验动物、胚或细胞。接种后，记录每组实验动物、胚或细胞的存活数和死亡数或感染数或有无CPE的细胞瓶或孔数，按Reed-Muench法计算其半数保护量（PD_{50}），然后计算该血清的中和价。该法用于测定血清的中和效价。

计算公式为：

$\lg PD_{50}$ ＝高于或等于50%保护率的血清稀释度的对数＋距离比×稀释系数的对数

表1 中和试验结果示例

血清稀释度	死亡比例（CPE）	死亡数（CPE）	存活数（无CPE）	累计结果			
				死亡数(CPE) ↓	存活数(无CPE) ↑	死亡比例	保护率（%）
1∶4（$10^{-0.6}$）	0/4	0	4	0	9	0/9	100
1∶16（$10^{-1.2}$）	1/4	1	3	1	5	1/6	83
1∶64（$10^{-1.8}$）	2/4	2	2	3	2	3/5	40
1∶256（$10^{-2.4}$）	4/4	4	0	7	0	7/7	0
1∶1024（$10^{-3.0}$）	4/4	4	0	11	0	11/11	0

高于或等于50%保护时（上例中为83%）血清稀释度（$10^{-1.2}$）的对数值为–1.2。

稀释系数（1/4）的对数为－0.60。

$$距离比例 = \frac{高于或等于50\%-50\%}{高于或等于50\%-低于50\%} = \frac{83\%-50\%}{83\%-40\%} = 0.77$$

$$\lg PD_{50} = -1.2+0.77\times(-0.60) = -1.66。$$

则：该血清的中和效价为$10^{-1.66}$（1∶45.9），表明该血清在1∶45.9稀释时可保护50%的实验动物、胚或细胞免于死亡或感染或不出现CPE。

2 固定血清稀释病毒法

将病毒原液作10倍系列稀释，分装到2列无菌试管中，第1列加等量阴性血清（对照组），第2列加被检血清（试验组），混合后置37℃下作用60分钟（除另有规定外），然后每组分别接种3~6只（枚、管、瓶、孔）实验动物、胚或细胞，记录每组实验动物、胚或细胞死亡数或感染数或出现CPE数，按Reed-Muench法分别计算2组的LD_{50}（EID_{50}、$TCID_{50}$），最后计算中和指数。

表2 中和试验结果示例

病毒稀释度	10^{-1}	10^{-2}	10^{-3}	10^{-4}	10^{-5}	10^{-6}	10^{-7}	LD_{50}	中和指数
对照组				4/4	3/4	1/4	0/4	$10^{-5.5}$	$10^{3.3}$=1995
试验组	4/4	2/4	1/4	0/4	0/4	0/4	0/4	$10^{-2.2}$	

$$中和指数=\frac{试验组LD_{50}}{对照组LD_{50}} = \frac{10^{-2.2}}{10^{-5.5}} = 10^{3.3} = 1995$$

特定生物原材料/动物

3501 生产、检验用动物标准

1 用于兽用生物制品菌（毒、虫）种的制备与检定、制品生产与检验的实验动物中，兔、豚鼠、仓鼠、犬应符合国家普通级动物标准，大、小鼠应符合国家清洁级动物标准。

2 用于禽类制品菌（毒、虫）种的制备与检定、病毒活疫苗生产与检验、灭活疫苗检验的鸡和鸡胚应符合国家无特定病原体（SPF）级动物标准。

3 所有制品生产与检验用动物，除符合以上各项规定外，还应无本制品的特异性病原和抗体，并符合该制品规程和质量标准规定的有关动物标准的要求。

4 除另有规定外，病毒毒种的制备、制品的生产用猪、羊、牛、马的标准和推荐方法见下表。检验用动物的标准和检测方法应符合制品标准规定。

猪、羊、牛、马微生物检测项目与方法

检测项目	动物种类				检测方法
	猪	羊	牛	马	
猪瘟病毒	Δ				FAT ELISA VNT RT-PCR
猪细小病毒	Δ				VNT HA HI PCR
猪繁殖与呼吸综合征病毒	Δ				ELISA RT-PCR FAT
伪狂犬病病毒	Δ				FAT SN ELISA
口蹄疫病毒	Δ	Δ	Δ		RIHA SN ELISA RT-PCR
猪链球菌2型	Δ				SPA TA PCR
山羊/绵羊痘病毒		Δ			临床检查 SN
小反刍兽疫病毒		Δ			SN ELISA RT-PCR
蓝舌病病毒		Δ	Δ		AGP AGID ELISA RT-PCR SN
布氏菌		Δ	Δ		SPA TA CF
梨形虫			Δ	Δ	镜检
伊氏锥虫				Δ	镜检
牛病毒性腹泻-黏膜病病毒			Δ		FAT SN ELISA
牛疱疹病毒1型			Δ		SN ELISA
牛型结核分枝杆菌			Δ		变态反应结核菌素试验
牛白血病病毒			Δ		AGP
马传染性贫血病毒				Δ	AGP
马鼻疽伯氏菌				Δ	马来因试验 CF
皮肤真菌		Δ	Δ		真菌培养鉴定
体外寄生虫	Δ	Δ	Δ	Δ	逆毛刷虫 肉眼检查 镜检

注：Δ＝检测 AGP＝琼脂扩散试验 CF＝补体结合试验 ELISA＝酶联免疫吸附试验 FAT＝免疫荧光试验 HA=血凝试验 HI＝血凝抑制试验 PCR=聚合酶链反应 RIHA＝反向间接血凝试验 SN＝血清中和试验 SPA＝血清平板凝集试验 TA＝试管凝集试验 RT-PCR＝反转录聚合酶链反应 VNT＝病毒中和试验

5 各等级的啮齿类动物和SPF鸡的质量检测，按照相应实验动物的国家标准进行。

6 饲喂实验动物的配合饲料应符合相应实验动物饲料国家标准。

7 实验动物生产和动物试验的环境设施应符合国家实验动物环境和设施标准。

8 引入生产和检验实验动物时，应进行必要的隔离观察，检疫合格后，才能用于生产和检验。治疗后的动物不得用于生产和检验。

3502 生产用细胞标准

1 禽源原代细胞

生产用禽源原代细胞应来自健康家禽（鸡为SPF级）的正常组织。每批细胞均应按下列各项要求进行检验，任何一项不合格者，不得用于生产，已用于生产者，产品应予以销毁。

1.1 **无菌检验** 按附录3306进行检验，应无菌生长。

1.2 **支原体检验** 按附录3308进行检验，应无支原体生长。

1.3 **外源病毒检验** 每批细胞至少取75cm^{2}的单层，按附录3305进行检验，应无外源病毒污染。

2 非禽源原代细胞

生产用非禽源原代细胞应来自健康动物的正常组织。每批细胞应进行下列各项检验，任何一项不合格者，不得用于生产，已用于生产的，产品应予销毁。

2.1 **无菌检验** 按附录3306进行检验，应无菌生长。

2.2 **支原体检验** 按附录3308进行检验，应无支原体生长。

2.3 **外源病毒检验** 每批细胞至少取75cm^{2}的单层，按附录3305进行检验，应无外源病毒污染。

3 细胞系

生产用细胞系一般由人或动物肿瘤组织或发生突变的正常细胞传代转化而来；或者是通过选择或克隆培养，从原代培养物或细胞系中获得的具有特殊遗传、生化性质或特异标记的细胞群。

3.1 **一般要求**

3.1.1 应保存细胞系的完整记录，如果细胞来源、传代史、培养基等。

3.1.2 按规定制造的各代细胞至少各冻结保留3瓶，以便随时进行检验。

3.1.3 应对每批细胞的可见特征进行监测，如镜检特征、生长速度、产酸等。

3.2 按下列各项要求进行检验，任何一项不合格的细胞系不能用于生产，已用于生产的，产品应予销毁。

3.2.1 **无菌检验** 按附录3306进行检验，应无菌生长。

3.2.2 **支原体检验** 按附录3308进行检验，应无支原体生长。

3.2.3 **外源病毒检验** 每批细胞至少取75cm^{2}的单层，按附录3305进行检验检验，应无外源病毒污染。

3.2.4 **胞核学检验** 从基础细胞库细胞和生产中所用最高代次的细胞，各取50个处于有丝分裂中的细胞进行检查。在基础细胞库中存在的染色体标志，在最高代次细胞中也应找到。这些细胞的染色体模式数不得比基础细胞库高15%。核型必须相同。如果模式数超过所述标准，最高代次细胞中未发现染色体标志或发现核型不同，则该细胞系不得用于生物制品生产。

3.2.5 **致瘤性检验** 对基础细胞库细胞和生产中所用最高代次的细胞进行检验。下列方法，任择其一。

3.2.5.1 用无胸腺小鼠至少10只，各皮下或肌肉注射10^7个被检细胞；同时用Hela或Hep-2细胞或其他适宜细胞系作为阳性对照细胞，每只小鼠各注射10^6个细胞；用二倍体细胞株或其他适宜细胞作为阴性对照细胞。

3.2.5.2 用3~5日龄乳鼠或体重为8.0~10g小鼠6只，用抗胸腺血清处理后，各皮下接种10^7个被检细胞，并按3.2.5.1设立对照。

对3.2.5.1或3.2.5.2中的动物观察14日，检查有无结节或肿瘤形成。如果有结节或可疑病灶，应继续观察至少1~2周，然后解剖，进行病理组织学检查，应无肿瘤形成。对未发生结节的动物，取其中半数，观察21日，对另外半数动物观察12周，对接种部位进行解剖和病理学检查，观察各淋巴结和各器官中有无结节形成，如果有怀疑，应进行病理组织学检查，不应有转移瘤形成。

阳性对照组观察21日，应出现明显的肿瘤。阴性对照组观察21日，应为阴性。

3503 生物制品生产和检验用牛血清质量标准

用于生物制品生产和检验的新生牛血清为从出生14小时内未进食初乳的新生小牛采血，分离血清，经滤过除菌制成；胎牛血清为经心脏采集230~240日龄的胎牛全血，分离血清，经滤过除菌制成。主要用于细胞培养。

【性状】 澄清稍黏稠的液体，无溶血或异物。

【无菌检验】 按附录3306进行检验，应无菌生长。

【支原体检验】 按附录3308进行检验，应无支原体生长。

【外源病毒检验】 取被检血清样品10ml，3000r/min离心10分钟，取上清液，按附录3305进行检验，应无外源病毒污染。

【特异性抗体测定】 根据血清的用途确定测定的抗体种类，采用血清学方法进行检验，应符合规定。

【细菌内毒素测定】 按《中国兽药典》一部附录进行检验，每毫升血清的内毒素含量应低于10 EU。

【细胞增殖试验】 取生长良好的Sp2/0小鼠骨髓瘤细胞，弃营养液，用无血清MEM配成每毫升30万~50万细胞悬液，计数细胞后，用无血清MEM在96孔细胞板上作1：200、1：400、1：800、1：1600稀释，每稀释度加8孔，每孔0.1ml，每孔再分别补加0.1ml含20%参考血清或20%被检血清MEM营养液，置5%CO_2培养箱37℃培养至48小时，倒置显微镜下计数，取每孔克隆数均在30~50之间的稀释度的8个孔，求和计为总克隆数。计算被检血清和参考血清的绝对克隆形成率和相对克隆形成率。

$$\text{绝对克隆形成率}=\frac{\text{该稀释度形成的细胞克隆总数}}{\text{该稀释度接种Sp2/0悬液细胞总数}}\times 100\%$$

$$\text{相对克隆形成率}=\frac{\text{胎牛血清（或新生牛血清）的绝对克隆形成率}}{\text{参考血清的绝对克隆形成率}}\times 100\%$$

判定标准：参考血清的绝对克隆形成率应不低于20%；
胎牛血清的相对克隆形成率应不低于80%；
新生牛血清相对克隆形成率应不低于50%。

3504 细胞单层制备法

1 鸡胚成纤维细胞（CEF）单层的制备

选择9~10日龄发育良好的SPF鸡胚，先用碘酒棉消毒蛋壳气室部位，再用酒精棉脱碘，无菌取出鸡胚，去除头、四肢和内脏，放入灭菌的玻璃器皿内，用汉氏液洗涤胚体，用灭菌的剪刀剪成米粒大小的组织块，再用汉氏液洗2~3次，然后加0.25%胰酶溶液（每个鸡胚约加4.0ml），置38℃水浴中消化20~30分钟，吸出胰酶溶液，用汉氏液洗2~3次，再加入适量的营养液（用含5%~10%犊牛血清乳汉液，加适宜的抗生素适量）吹打，用多层纱布（或80~100目尼龙网）滤过，制成每1.0ml中含活细胞约100万~150万个的细胞悬液，分装于培养瓶中，进行培养。形成单层后备用。

2 鸡胚皮肤细胞单层的制备

方法（1） 选择12~13日龄发育良好的SPF鸡胚，先用碘酒棉消毒蛋壳气室部位，再用酒精棉脱碘，无菌取出鸡胚，放入灭菌的玻璃器皿内，用汉氏液洗涤胚体，再用灭菌的眼科镊子将皮肤轻轻地扒下，并将其放入灭菌的广口离心瓶中，用剪刀在广口离心瓶中剪碎，用汉氏液洗2次后，用0.25%胰酶溶液（每个鸡胚约加4.0ml）置38℃水浴中消化20~25分钟，然后吸出胰酶溶液，加入适量的营养液吹打，用多层纱布（或80~100目尼龙网）滤过，制成每1.0ml中含活细胞数约100万个的细胞悬液，分装于培养瓶中（1000ml克氏瓶中加入细胞悬液120ml），置30℃温箱中培养。形成单层后即可进行病毒接种（一般在培养后24小时内应用）。

方法（2） 选择12~13日龄发育良好的SPF鸡胚，先用碘酒棉消毒蛋壳气室部位，再用酒精棉脱碘，无菌取出鸡胚，置灭菌的烧杯中，用汉氏液洗涤胚体，再用灭菌的镊子将胚夹入另一个放有磁棒的灭菌三角瓶中，加37℃的0.25%胰酶溶液（每个鸡胚8.0~10ml），置在磁力搅拌器上以低速搅拌消化约20~25分钟，取出，加入适量含血清的汉氏液中止消化。将胰酶及消化下来的细胞（即鸡胚皮肤细胞）液倒出，底部液用一层纱布（或30目尼龙网）滤过。以1000r/min离心10分钟，吸去上清液，加入适量培养液，吹打分散细胞，用多层纱布（或80~100目尼龙网）滤过。根据细胞数加入所需的营养液，制成每1.0ml中含活细胞约100万个的细胞悬液，分装于培养瓶中（1000ml克氏瓶加入细胞悬液120ml），置30℃温箱中培养。形成单层后即可进行病毒接种（一般在培养后24小时内应用）。

3 鸡胚肝细胞单层的制备

取14~16日龄发育良好的SPF鸡胚，先用碘酒棉再用酒精棉消毒蛋壳气室部位。无菌取出胎儿肝脏放置在含有PBS（pH 7.2~7.4，0.01mol/L）的灭菌玻璃器皿内，并用PBS润洗肝脏组织2~3次，然后用无菌剪刀将肝脏剪至2.0mm^{3}的碎块，放置于含有EDTA–胰蛋白酶溶液（含胰酶0.05%，10ml/胚）的灭菌玻璃器皿内，加无菌的磁力搅拌棒后置37℃水浴磁力搅拌5分钟，静止1分钟后，弃去上清液。

肝组织中再加入EDTA–胰蛋白酶溶液，置37℃搅拌5分钟后，静止1分钟后，将上清液倒入或用无菌吸管吸至冰浴的无菌玻璃器皿中，加约20%的胎牛血清或新生牛血清。可根据肝组织消化情况，重复用EDTA–胰蛋白酶溶液消化2~3次。

收集的上清液用多层纱布过滤后，2~8℃条件下，以2000r/min离心10分钟，弃上清，细胞沉淀用培养基（M-199，10%胎牛血清或新生牛血清，适量双抗，7.5%碳酸氢钠调pH值至7.0）恢复至适宜浓度后进行细胞计数。

根据细胞计数结果，用培养基将细胞悬液的浓度调整至1.0×10^6~1.4×10^6个/ml，加入到细胞培养瓶或细胞板中置37℃培养。

4 仓鼠或乳兔肾细胞单层的制备

选择10~20日龄仓鼠或乳兔，放血致死后，无菌采取肾脏，将其皮质部组织剪成1~2mm小块，用汉氏液洗2~3次后，按组织重量的5倍加入0.25%胰酶汉氏液（pH 7.4~7.6），置37℃水浴消化

30~40分钟，除去胰酶溶液后，用细胞生长液制成每1.0ml中含60万~80万个细胞的悬液。将细胞置37℃培养，2~4日后形成单层。

特 定 辅 料

3601 丁基橡胶瓶塞质量标准

1 物理性质

1.1 **硬度** 邵氏A硬度应不超过规定值的 ± 5度。

1.2 **针刺落屑** 瓶塞针刺落屑不超过5粒。

1.3 **穿刺力** 穿刺瓶塞所需的力应不超过10N。

1.4 **瓶塞与容器密合性** 瓶塞与所配套的瓶子应密合。

1.5 **自密封性** 瓶塞经3次穿刺，应符合自密封性试验，亚甲蓝溶液不应渗入瓶内。

2 化学性能

应符合下表的规定。

项 目	指 标
挥发性硫化物（以Na_2S/20 cm^2橡胶表面计），μg	不超过50
紫外吸光度（220 ~ 360 nm）	不超过0.2
还原物质（20ml浸取液消耗0.01mol/L的1/5$KMnO_4$的量），ml	不超过7.0
电导率，mS/m	不超过4.0
混浊度，级	不超过3.0
pH变化值	不超过1.0
重金属（以Pb^{2+}计），mg/L	不超过1.0
铵（以NH_4^+计），mg/L	不超过2.0
锌（以Zn^{2+}计），mg/L	不超过3.0
不挥发物（每100ml浸取液），mg	不超过4.0

3 生物性能

3.1 **致热原** 按下列方法检测，应无致热原。

3.1.1 **样品的预处理** 取本品，放入一无菌具塞器皿内，按表面积每3.0cm^2加入0.9%氯化钠注射液1.0ml，振摇数分钟，使本品完全浸没为止，已灭菌的本品置37℃ 2小时，未灭菌的本品置60℃ 2小时。

3.1.2 **试验用兔** 体重1.7~2.5kg的健康兔。测温前至少3日应用同一饲料喂养。在此期间内，体重应不减轻，精神、食欲、排泄等不得有异常。

3.1.2.1 应在试验前1~3日内预检体温挑选一次，挑选条件与检查供试品相同，但不注射供试品。测温探头插入肛门内深度约6.0cm，间隔1小时测温1次，连测5次。4小时内各兔体温均在38.0~39.8℃，且最高、最低温差不超过0.5℃者，方可供试验用。

3.1.2.2 凡供试品判为符合规定的致热原试验用兔，休息48小时后可重复使用。

3.1.3 **试验前准备**

3.1.3.1 试验用的注射器、针头及一切与供试品接触的器皿，洗净后应经250℃至少30分钟或180℃至少2小时干烤灭致热原。

3.1.3.2 测温探头的精确度应为±0.1℃。

3.1.3.3 热原检查前1~2日，供试验用兔尽可能处于同一温度环境中。实验室温度保持在15~25℃。试验全过程室温变化不得大于3℃，并应保持安静，避免强阳光照射和噪声干扰。空气中氨含量应低于20μl/L。

3.1.4 **试验**

3.1.4.1 供试品或稀释供试品的无致热原注射液，在注射前应预热至38℃。供试品的注射剂量为每1.0kg体重不得少于0.5ml和不得大于10ml。

3.1.4.2 每批供试品初试用3只兔，复试用5只兔。

3.1.4.3 试验前兔应禁食2小时以上再开始测量正常体温，共测两次，间隔30~60分钟，两次温差不得大于0.2℃，以此两次体温的平均值为该兔的正常体温，同组兔间正常体温之差不得大于1.0℃。兔固定30~60分钟后开始检测体温。

3.1.4.4 测兔正常体温后15分钟内，按规定剂量自耳静脉缓缓注入预热至38℃的供试品，每隔30分钟测量体温1次，连测6次。

3.1.4.5 如果第6次较第5次升温超过0.2℃并超过正常体温时，应连续测量，直至与前一次相比升温不超过0.2℃。

3.1.5 **结果判定** 供试品注射后最高升温与各兔的正常体温之差，为该兔的应答。出现负值以0计算。

3.1.5.1 **初试结果判定**

3.1.5.1.1 符合下列情况者，判为合格：3只兔升温均低于0.6℃，并且3只兔升温总和不超过1.4℃。

3.1.5.1.2 有下列情况之一者，复试一次：3只兔中1只体温升高0.6℃或0.6℃以上；3只兔升温总和超过1.4℃。

3.1.5.1.3 有下列情况之一者，判为不合格：3只兔中2只体温升高0.6℃或0.6℃以上；3只兔升温总和为1.8℃或超过1.8℃。

3.1.5.2 **复试结果判定**

3.1.5.2.1 符合下列情况者，判为合格：初、复试8只兔中，2只或2只以下升温0.6℃或0.6℃以上，并且升温总和不超过3.5℃。

3.1.5.2.2 有下列情况之一者，判为不合格：初、复试8只兔中，3只或3只以上升温0.6℃或0.6℃以上；初、复试8只兔升温总和超过3.5℃。

3.2 **急性毒性** 将本品放入一无菌具塞器皿内，按表面积每3.0cm^{2}加入0.9%氯化钠注射液1.0ml，振摇数分钟，使本品完全浸没为止，置60℃ 8小时。取体重17~23g小鼠5只，将供试液经尾静脉接种，小鼠每1.0g体重注射剂量为50μl，观察3日，应全部健活。

3.3 **溶血作用** 取本品15g，切成0.5cm×2.0cm条状或块状。

供试品组3支试管，每管加入本品5.0g及0.9%氯化钠注射液10ml；阴性对照组3支试管，每管加入0.9%氯化钠注射液10ml；阳性对照组3支试管，每管加入注射用水10ml。全部试管放入恒温水浴中37℃保温30分钟后，每支试管加入0.2ml稀释兔血（由健康兔心脏采血20ml，加2%草酸钾1.0ml，制备成新鲜抗凝兔血。取新鲜抗凝兔血8.0ml，加0.9%氯化钠注射液10ml稀释），轻轻混匀，置

37℃水浴继续保温60分钟。倒出管内液体，以2500r/min离心5分钟。吸取上清液，移入比色皿内，按紫外－可见分光光度法（《中国兽药典》一部附录）在545 nm波长处测定吸光度。供试组和对照组吸光度均取3支试管的平均值。阴性对照管的吸光度应不超过0.03；阳性对照管的吸光度应为0.8 ± 0.3。

溶血率（%）按下式计算：

溶血率=（A—B）/（C—B）×100%

式中 A —— 供试品组吸光度；

B —— 阴性对照组吸光度；

C —— 阳性对照组吸光度。

溶血率应小于5.0%。

4 外观

应符合下列规定。

4.1 表面不应有污点、杂质。

4.2 表面不应有气泡、裂纹。

4.3 表面不应有缺胶、粗糙。

4.4 表面不应有胶丝、胶屑、海绵状、毛边。

4.5 不应有除边造成的残缺或锯齿现象。

4.6 不应有模具造成的明显痕迹。

4.7 表面的色泽应均匀。

3602 管制玻璃瓶质量标准

1 理化性能

1.1 **耐水性** 应符合HC1、HC2、HC3任何一级耐水性规定。

1.2 **内应力** 瓶身内应力应小于40 nm/mm玻璃厚度。

2 外观质量

2.1 **外形** 应平整光洁。

2.2 **结石和透明结点**

2.2.1 直径0.5~1.0mm的结石，不超过1个。

2.2.2 直径不大于0.5mm的结石，不超过2个。

2.2.3 0.5~1.0mm的透明结点，不超过2个。

2.2.4 小于0.5mm密集透明结点，不允许有。

2.3 **气泡线**

2.3.1 宽度大于0.2mm的气泡线，不允许有。

2.3.2 宽度0.1~0.2mm的气泡线，不超过4条。

2.3.3 宽度小于0.1mm的密集气泡线，不允许有。

2.4　**瓶底瓶口气泡**

2.4.1　直径大于0.5mm的气泡，不允许有。

2.4.2　直径不大于0.5mm的气泡，不超过2个。

2.4.3　直径不大于0.1mm的密集气泡，不允许有。

2.5　**裂纹**　任何部位不允许有裂纹（表面点状碰伤、坑、疤，不导致泄漏的不计在内）。

3603　氢氧化铝胶质量标准

用于制造兽用生物制品的氢氧化铝胶（简称铝胶），应符合以下标准。

1　性状

为淡灰白色、无臭、细腻的胶体，薄层半透明，静置能析出少量水分，不得含有异物，不应有霉菌生长或变质。

2　胶态

将灭菌后的氢氧化铝胶，用注射用水稀释成0.4%（按Al_2O_3计），取25ml装入直径17mm的平底量筒或有刻度的平底玻璃管中，置室温下24小时，其沉淀物应不少于4.0ml。

3　吸附力测定

精密称取灭菌后的铝胶2.0g，置1000ml磨口具塞三角瓶中，加0.077%的刚果红溶液40ml，强烈振摇5分钟，用定性滤纸滤过置50ml的纳氏比色管中。滤液应透明无色。如果有颜色，其颜色与1500倍稀释的标准管比较，不得更深。刚果红溶液应密封避光保存，使用期不得超过1个月。标准管应临用前现制。用直径为12.5cm的定性滤纸，过滤前不得用水浸湿，初滤液也不得弃去。

4　pH值测定

取灭菌后的氢氧化铝胶，用新煮沸冷却后的注射用水稀释5倍，按附录3101方法进行，pH值应为6.0~7.2。

5　氯化物含量测定

按氯化物检查法（《中国兽药典》一部附录）进行，应不超过0.3%。

6　硫酸盐含量测定

按硫酸盐检查法（《中国兽药典》一部附录）进行，应不超过0.4%。

7　含氨量测定

按铵盐检查法（《中国兽药典》一部附录）进行，应不超过万分之一。

8　重金属含量测定

按重金属检查法（《中国兽药典》一部附录）进行，应不超过百万分之五。

9 砷盐含量测定

按砷盐检查法（《中国兽药典》一部附录）进行，应不超过千万分之八。

10 氧化铝含量测定

按氢氧化铝含量测定项下的方法（《中国兽药典》一部附录）进行，按氧化铝含量计，应不超过 3.9%。

3604 兽用液体疫苗塑料瓶质量标准

本标准适用于以高密度聚乙烯（HDPE）或聚丙烯（PP）为主要原料，采用注吹成型工艺生产的兽用液体疫苗塑料瓶。

【外观】 取本品20个，在自然光线明亮处，正视目测。应具有均匀一致的色泽，不得有明显色差。瓶的表面应光洁、平整，不得有变形和明显的擦痕。不得有砂眼、油污、气泡。瓶口应平整、光滑。

【鉴别】 取本品5个，按下列方法进行检验。

（1）红外光谱 取本品适量，敷于微热的溴化钾晶片上，按红外分光光度法（《中国兽药典》一部附录）测定，本品的红外光吸收图谱应与对照的图谱基本一致。

（2）密度 取本品2.0g，加水100ml，回流2小时，放冷，80℃干燥2小时后，精密称定（Wa）。再置适宜的溶剂（密度为d）中，精密称定（Ws）。 按下式计算：

$$密度=\frac{Wa}{Wa-Ws}\times d$$

注：HDPE的密度应为0.935~0.965g/cm^3；PP的密度应为0.90~0.915g/cm^3。

【密封性】 取本品20个，分别在瓶内装入适量玻璃珠，旋紧瓶盖（带有螺旋盖的试瓶用测力扳手将瓶与盖旋紧，扭力见表1）或经封盖装置封盖后置于带抽气装置的容器中，用水浸没，抽真空至真空度为27kPa，维持2分钟，瓶内不得有进水或冒泡现象。

表1 疫苗瓶与盖的扭力

盖直径（mm）	扭力（N·cm）
15 ~ 20	25 ~ 110
21 ~ 30	25 ~ 145
31 ~ 40	25 ~ 180

【抗跌性】 取本品10个，加水至标示容量，从规定高度（表2）自然跌落至水平刚性光滑表面，不得破裂。

表2 跌落高度

规格（ml）	跌落高度（m）
<120	1.2
≥120	1.0

【水蒸气渗透】 取本品10个，在瓶中加水至标示容量，盖紧瓶盖，加铝盖后，精密称重。在相对湿度65% ± 5%和温度20℃ ± 2℃条件下，放置14日，取出后，再精密称重。按下式计算，重量损失不得超过0.2%。

$$水蒸气渗透量（\%）=\frac{W_1-W_2}{W_1-W_0}\times 100\%$$

式中：W_1——试验前液体瓶及水溶液的重量，g；

W_0——空液体瓶的重量，g；

W_2——试验后液体瓶及水溶液的重量，g。

【溶出物试验】 取本品5个，按下列方法进行检验。

（1）溶出物试液的制备：分别取本品平整部分内表面积600cm^2（分割成长5.0cm，宽0.3cm的小片）3份置具塞锥形瓶中，加水适量，振摇洗涤小片，弃去水，重复操作1次。在30℃~40℃干燥后，分别用水（70℃±2℃）、65%乙醇（70℃±2℃）和正己烷（58℃±2℃）各200ml浸泡，24小时后，取出放冷至室温。用同批试验用溶剂补充至原体积作为浸出液，以同批水、65%乙醇、正己烷为空白液，进行下列试验。

（2）溶液澄清度：取水浸液20ml置纳氏比色管中，按澄清度检查法（《中国兽药典》一部附录）测定，溶液应澄清；如显浑浊，与2号浊度标准液比较，不得更浓。

（3）重金属：精密量取水浸液20ml，加醋酸盐缓冲液（pH 3.5）2.0ml，依法（《中国兽药典》一部附录）检查含重金属量，应不得超过百万分之一。

（4）pH值：取水浸液与水空白液各20ml，分别加入氯化钾溶液（1→1000）1.0ml，按pH值测定法（附录3101）测定，二者之差不得超过1。

（5）紫外吸光度：除另有规定外，取水浸液适量，以水空白液为对照，按紫外-可见分光光度法（《中国兽药典》一部附录）测定，220~360 nm波长间的最大吸光度不得超过0.1。

（6）易氧化物：精密量取水浸液20ml，精密加入高锰酸钾滴定液（0.002mol/L）20ml与稀硫酸1.0ml，煮沸3分钟，迅速冷却，加入碘化钾0.1g，在暗处放置5分钟，用硫代硫酸钠滴定液（0.01mol/L）滴定，滴定至近终点时，加入淀粉指示液0.25ml，继续滴定至无色，另取水空白液同法操作，二者消耗滴定液之差不得超过1.5ml。

（7）不挥发物：分别精密量取水、65%乙醇、正己烷浸出液与空白液各50ml置于已恒重的蒸发皿中，水浴蒸干，105℃干燥2小时，冷却后，精密称定，水浸液残渣与其空白液残渣之差不得超过12.0mg；65%乙醇浸液残渣与其空白液残渣之差不得超过50.0mg；正己烷浸液残渣与其空白液残渣之差不得超过75.0mg。

【炽灼残渣试验】 取本品5个，称取2.0g，依法（《中国兽药典》一部附录）检查，遗留残渣不得超过0.1%。（含遮光剂的瓶炽灼残渣不得超过3.0%）。

【脱色试验】 着色瓶分别取5个试瓶表面积50cm^2（以内表面计），剪成2.0cm×0.3cm小片，分置3个具塞锥形瓶中，分别加入4%醋酸溶液（60℃±2℃，2小时），65%乙醇溶液（25℃±2℃，2小时），正己烷（25℃±2℃，2小时）各50ml浸泡，以同批4%醋酸溶液、65%乙醇溶液、正己烷为空白液，浸泡液颜色不得深于空白液。白色瓶不作此项检验。

【微生物限度】 取本品10个，每瓶加入1/2标示容量的氯化钠注射液，将盖盖紧，振摇1分钟，取提取液进行薄膜过滤，按微生物限度检查法（《中国兽药典》一部附录）测定。细菌数每瓶不得超过100个，霉菌、酵母菌数每瓶不得超过100个，大肠杆菌每瓶不得检出。

【异常毒性试验】 取本品10个，将试瓶用水清洗干净，干燥后，取1000cm^2（以内表面积计），剪碎，其中500cm^{2}加入氯化钠注射液50ml；另500cm^{2}加入兽用白油50ml。110℃湿热灭菌30分钟后取出，冷却备用。氯化钠注射液浸液静脉注射；兽用白油浸液肌肉注射。依法（《中国兽药典》一部附录）测定，应符合规定。

3605 注射用白油（轻质矿物油）质量标准

本品系自石油中制得的多种液状烃的混合物。

1 性状

无色透明、无臭、无味的油状液体，在日光下不显荧光。

1.1 **相对密度** 本品的相对密度（《中国兽药典》一部附录）为0.818~0.880。

1.2 **黏度** 在40℃时，本品的运动黏度（附录3102，毛细管内径为1.0mm）应为4~13mm^2/s。

2 酸度

取本品5.0ml，加中性乙醇5.0ml，煮沸，溶液遇湿润的石蕊试纸应显中性反应。

3 稠环芳烃

取供试品25.0ml，置125ml分液漏斗中，加正己烷25ml，混匀（注意：正己烷预先用五分之一体积的二甲亚砜洗涤两次，使用无润滑油无水的塞子，或者使用配备高聚物塞子的分液漏斗）；加二甲亚砜5.0ml，强力振摇1分钟，静置分层；下层分至另一分液漏斗中，再加正己烷2.0ml，强力振摇使均匀，静止分层，取下层作为供试品溶液，按照紫外—可见分光光度法（《中国兽药典》一部附录），在260 nm~350 nm波长范围内测定供试品溶液的吸光度。以5.0ml二甲亚砜与25ml正己烷置分液漏斗中强力振摇1分钟，静置分层后的下层作为空白溶液。其最大吸光度不得超过0.10。

4 固形石蜡

取本品在105℃干燥2小时，置干燥器中冷却后，装满于内径约25mm的具塞试管中，密塞，在0℃冰水中冷却4小时，溶液应清亮；如果发生混浊，与同体积的对照溶液[取盐酸滴定液（0.01mol/L）0.15ml，加稀硝酸6.0ml与硝酸银试剂1.0ml，加水至50ml]比较，不得更浓。

5 易碳化物

取本品5.0ml，置长约160mm、内径25mm的具塞试管中，加硫酸（含H_2SO_4 94.5%~95.5%）5.0ml，置沸水浴中，30秒后迅速取出，加塞，用手指按紧，上下强力振摇3 次，振幅应在12cm以上，但时间不得超过3秒，振摇后置回水浴中，每隔30秒再取出，如果上法振摇，自试管浸入水浴中起，经过10分钟后取出，静置分层，石蜡层不得显色；酸层如果显色，与对照溶液（取比色用重铬酸钾溶液1.5ml，比色用氯化钴溶液1.3ml，比色用硫酸铜溶液0.5ml与水1.7ml，加本品5.0ml制成）比较，颜色不得更深。

6 重金属

含重金属应不超过百万分之十（附注1）。

7 铅

含铅应不超过百万分之一（附注2）。

8 砷

含砷应不超过百万分之一（附注3）。

附注：

1 重金属含量测定法

取本品1.0g，置瓷坩埚中，缓缓炽灼至完全炭化，置冷；加硫酸0.5~1.0ml使其湿润，低温加热至硫酸蒸气除尽后，在500~600℃炽灼使完全灰化，置冷，加硝酸0.5ml，蒸干，至氧化氮蒸气除尽后，置冷，加盐酸2.0ml，置水浴上蒸干后加水15ml，滴加氨试液至对酚酞指示液显中性，再加醋酸盐缓冲液（pH 3.0）2.0ml，微热溶解后，移到纳氏比色管甲中，加水稀释成25ml，另取配制供试品溶液的试剂，置瓷皿中蒸干后，加醋酸盐缓冲液（pH 3.0）2.0ml与水15ml，微热溶解后，移置纳氏比色管乙中，加标准铅溶液1.0ml，再用水稀释成25ml，在甲乙两管中分别加硫代乙酰胺试液各2.0ml，摇匀，静置2分钟，同置白色背景上。自上而下透视，甲管中显出的颜色与乙管比较，不得更深。

标准铅溶液的制备 称取硝酸铅0.1598g，置1000ml容量瓶中，加硝酸5.0ml与水50ml溶解后，用水稀释至刻度，摇匀，作为贮备液。

临用前精密量取贮备液10ml，置100ml量瓶中，加水稀释至刻度，摇匀，即得（每1.0ml相当于10μg的Pb）。

2 铅含量测定法

取本品5.0g置瓷坩埚中，加入适量硫酸湿润供试品，缓缓炽灼至完全炭化，加2.0ml硝酸和5滴硫酸，缓缓加热至白色烟雾挥尽，在550℃炽灼使完全炭化，置冷，加1.0ml硝酸溶液（1→2），加热使灰分溶解，并移置50ml量瓶中（必要时滤过），并用少量水洗涤坩埚，洗液并入量瓶中，加水至刻度，摇匀。每10ml供试液相当于供试品1.0g。

测定 精密量取供试液50ml和标准铅溶液5.0ml，分别置125ml分液漏斗中，各加1%硝酸20ml，各加50%柠檬酸氢二铵溶液1.0ml、20%盐酸羟胺溶液1.0ml和酚红指示液2滴，滴加氢氧化铵溶液（1→2）使成红色，再各加10%氰化钾溶液2.0ml，摇匀，加双硫腙溶液，强烈振摇1分钟，静置使分层，氯仿层经脱脂棉滤过，目视或按紫外-可见分光光度法（《中国兽药典》一部附录），在510 nm的波长处以氯仿为空白测定吸光度，供试液的颜色或吸光度不得超过标准溶液的颜色或吸光度。

标准铅溶液的制备 取硝酸铅0.1598g，置1000ml容量瓶中，加硝酸5.0ml与水50ml溶解后，用水稀释至刻度，摇匀，作为贮备液。

临用前精密量取贮备液10ml，置100ml量瓶中，加水稀释至刻度，摇匀，即得（每1.0ml相当于10μg的Pb）。

20%盐酸羟胺溶液制备 取盐酸羟胺20g，加水40ml使溶解，加酚红指示液2滴，滴加氢氧化铵溶液（1→2）使溶液由黄色变为红色后再加2滴（pH 8.5~9.0），用双硫腙氯仿溶液提取数次，每次10~20ml，直至氯仿层无绿色，再用氯仿洗涤2次，每次5.0ml，弃去氯仿层，水层加盐酸溶液（1→2）使呈酸性，加水至100ml，即得。

50%柠檬酸氢二铵制备 取柠檬酸氢二铵100g，加水100ml使溶解，加酚红指示液2滴，滴加氢氧化铵溶液（1→2）使溶液由黄色变为红色后再加2滴（pH 8.5~9.0），用双硫腙氯仿溶液提取数次，每次10~20ml，直至氯仿层无绿色，再用氯仿洗涤2次，每次5.0ml，弃去氯仿层，水层加盐酸溶液，加水至200ml，即得。

双硫腙溶液制备 取0.05%氯仿溶液作为贮备液（冰箱中保存），必要时按下述方法纯化。

取已研细的双硫腙0.5g，加氯仿50ml使溶解（必要时滤过），置250ml分液漏斗中，用氢氧化铵溶液（1→100）提取3次，每次100ml，将提取液用棉花滤过，滤液并入500ml分液漏斗中，加盐酸溶液（1→2）使呈酸性，将沉淀出的双硫腙用222ml、200ml、100ml氯仿提取3次，合并氯仿层即为双硫腙贮备液。

取双硫腙贮备液1.0ml，加氯仿9.0ml，混匀，按紫外-可见分光光度法（《中国兽药典》一部附录），在510 nm的波长处以氯仿为空白测定吸光度（A），用公式（1）算出配制100ml双硫腙溶液（70%透光率）所需双硫腙贮备液的体积（V）。

$$V=\frac{10(2-\lg 70)}{A}=\frac{1.55}{A}\ (\mathrm{ml}) \qquad (1)$$

用前取通过公式（1）计算出的双硫腙贮备液的毫升数，置100ml量瓶中，加氯仿至刻度，摇匀，即得。

3　砷含量测定法

取本品5.0g，置瓷坩埚中，加15%硝酸镁溶液10ml，其上覆盖氧化镁粉末1.0g，混匀，浸泡4小时，置水浴上蒸干，缓缓炽灼至完全炭化，在550℃炽灼使完全灰化，冷却，加适量水湿润灰分，加酚酞指示液1滴，缓缓加入盐酸溶液（1→2）至酚酞红色褪去，定量转移到50ml量瓶中（必要时滤过），并用少量水洗涤坩埚3次，洗液并入量瓶中，加水至刻度，摇匀。每10ml供试品溶液相当于供试品1.0g。

仪器装置　如图1。A为100~150ml 19号标准磨口锥形瓶。B为导气管，管口为19号标准口，与锥形瓶A密合时不应漏气，管尖直径0.5~1.0mm，与吸收管C接合部为14号标准口，插入后，管尖距管C底为1.0~2.0mm。C为吸收管，管口为14号标准口，5.0ml刻度，高度不低于8.0cm。吸收管的质料应一致。

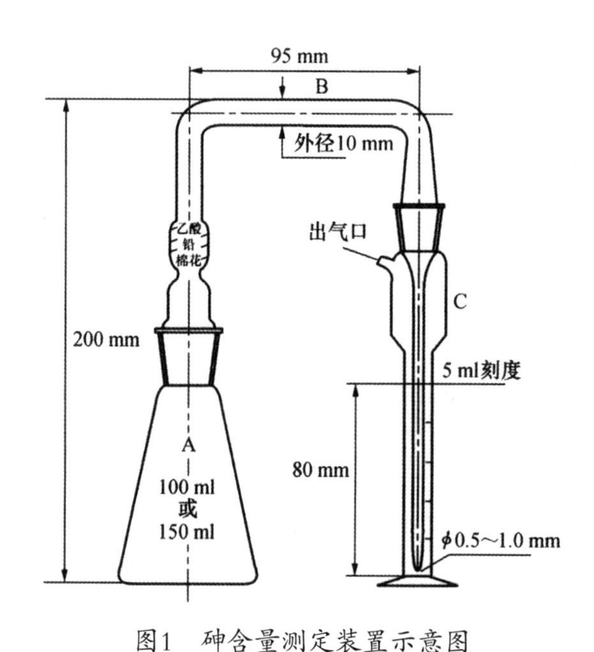

图1　砷含量测定装置示意图

测定　精密吸取50ml和标准砷溶液5.0ml，分别置A瓶中，加硫酸至5.0ml，加水至50ml，加15%碘化钾溶液3.0ml，混匀，静置5分钟。加40%氯化亚锡溶液1.0ml，混匀，静置15分钟，加入无砷锌粒5.0g，立即塞上装有醋酸铅棉花的导气管B，并使导气管B的尖端插入盛有5.0ml吸收液的吸收管C中，室温置1小时，取下吸收管C，用三氯甲烷将吸收液体积补充至5.0ml。目视或按紫外—可见分光光度法（《中国兽药典》一部附录），在515 nm的波长处测定吸光度，供试液的颜色或吸光度不得超过标准溶液的颜色或吸光度。

标准砷溶液的制备 称取0.1320g于硫酸干燥器中干燥至恒重的三氧化二砷（As_2O_3），置1000ml量瓶中，加氢氧化钠溶液（1→5）5.0ml溶解后，加1.0mol/L硫酸溶液25ml，用新煮沸的冷水稀释至刻度，摇匀，作为贮备液。

临用前精密量取10ml置1000ml量瓶中，加10mol/L硫酸溶液10ml，用新煮沸的冷水稀释至刻度，摇匀，即得（每10ml相当于1.0μg的As）。

试剂、试液、培养基

3701 标准溶血比色液配制法

1 1.5%溶血液的配制

取洗涤过的沉淀红细胞0.15ml，加入注射用水8.85ml，使红细胞完全溶解，再加入 8.5%氯化钠溶液1.0ml。

2 1.5%红细胞悬液的配制

将试验用的3%红细胞悬液用生理盐水稀释1倍。

3 标准溶血比色液配制法

成 分	溶血比（%）										
	0	10	20	30	40	50	60	70	80	90	100
生理盐水	0.75	0.75	0.75	0.75	0.75	0.75	0.75	0.75	0.75	0.75	0.75
1.5%溶血素	—	0.05	0.10	0.15	0.20	0.25	0.30	0.35	0.40	0.45	0.50
1.5%红细胞悬液	0.50	0.45	0.40	0.35	0.30	0.25	0.20	0.15	0.10	0.05	—

3702 红细胞悬液制备法

1 1%鸡红细胞悬液的配制

采取2~4只2~6月龄SPF鸡的血液，与等量阿氏液混合，然后用PBS（0.1mol/L，pH 7.0~7.2，下同）洗涤3~4次，每次以1 500r/min离心5~10分钟，将沉积的红细胞用PBS配制成1%悬液。

2 豚鼠红细胞悬液的配制

采取豚鼠血液，与阿氏液等量混合，用乳依液或乳汉液PBS反复洗涤3次，每次以1500r/min离心10分钟，最后将沉积的红细胞配成0.5%红细胞悬液。

3 绵羊红细胞悬液的配制

采取公绵羊血液，脱纤后，用PBS洗涤3次，每次以2000r/min离心10分钟，最后取沉积的红细胞，配成2.5%或2.8%红细胞悬液。

3703 缓冲溶液配制法

1 0.15mol/L磷酸缓冲液的配制

甲液 0.15mol/L磷酸氢二钠溶液

磷酸氢二钠	21.3g
纯化水	加至1000ml

乙液 0.15mol/L磷酸二氢钾溶液

磷酸二氢钾	20.42g
纯化水	加至1000ml

如果用含结晶水的磷酸盐，则称量时要按带水的克分子量乘以0.15称量。

表1 各种pH值缓冲液的配制比例表（100ml缓冲液）

pH值	甲液（ml）	乙液（ml）	pH值	甲液（ml）	乙液（ml）
5.2	1.8	98.2	7.0	61.1	38.9
5.4	3.6	96.4	7.2	72.0	28.0
5.6	5.2	94.8	7.6	87.0	13.0
5.8	8.4	91.6	8.2	97.0	3.0
6.4	27.0	73.0			

配毕，测pH值，以121℃灭菌30分钟，备用。

2 0.15mol/L磷酸缓冲盐水的配制（以pH 7.6为例，参照表1）

甲液	87.0ml
乙液	13.0ml
氯化钠	0.85g

其他pH值溶液的配制参照此法，配毕，测pH值。以121℃灭菌30分钟，备用。

3 1/15mol/L磷酸缓冲液的配制

甲液 1/15mol/L磷酸二氢钾溶液

磷酸二氢钾	9.074g
纯化水	加至1000ml

乙液 1/15mol/L磷酸氢二钠溶液

磷酸氢二钠 9.465g
纯化水 加至1000ml

如果用含结晶水的磷酸盐，则称量时要按带水的克分子量除以15称量。

表2 各种pH值磷酸缓冲液的配制比例表（100ml缓冲液）

pH值	甲液（ml）	乙液（ml）	pH值	甲液（ml）	乙液（ml）
6.2	82.0	18.0	7.4	19.0	81.0
6.4	73.0	27.0	7.6	13.2	86.8
6.6	63.0	37.0	7.8	8.5	91.5
6.8	51.0	49.0	8.0	5.6	94.4
7.0	37.0	63.0	8.2	3.2	96.8
7.2	27.0	73.0	8.4	2.0	98.0

配毕，测pH值，以121℃灭菌30分钟，备用。

4 1/15mol/L磷酸缓冲盐水的配制（以pH 8.0为例，参照表2）

甲液 5.6ml
乙液 94.4ml
氯化钠 0.85g

其他pH值磷酸缓冲盐水的配制依照此法，配毕，以121℃灭菌30分钟，备用。

5 0.2mol/L磷酸缓冲液的配制

甲液 0.2mol/L磷酸氢二钠溶液
磷酸氢二钠 28.4g
纯化水 加至1000ml

乙液 0.2mol/L磷酸二氢钠溶液
磷酸二氢钠 24.0g
纯化水 加至1000ml

如果用含结晶水的磷酸盐，则称量时要按带水的克分子量乘以0.2称量。

表3 各种pH值磷酸缓冲液的配制比例表（100ml缓冲液）

pH值	甲液（ml）	乙液（ml）	pH值	甲液（ml）	乙液（ml）
5.8	8.0	92.0	7.0	61.0	39.0
6.0	12.3	87.7	7.2	72.0	28.0
6.2	18.5	81.5	7.4	81.0	19.0
6.4	26.5	73.5	7.6	87.0	13.0
6.6	37.5	62.5	7.8	91.5	8.5
6.8	49.0	51.0	8.0	94.7	5.3

配毕，测pH值，以121℃灭菌30分钟，备用。

6 0.2mol/L磷酸缓冲盐水的配制（以pH 7.2为例，参照表3）

甲液 72.0ml
乙液 28.0ml
氯化钠 0.85g

其他pH值磷酸缓冲盐水的配制参照此法，配毕，测pH值。以121℃灭菌30分钟，备用。

注：如果需要其他摩尔浓度的磷酸缓冲液和磷酸缓冲盐水，可根据上述6种配制方法作不同倍数稀释即可。

7 0.2mol/L醋酸缓冲液的配制

甲液 0.2mol/L醋酸钠溶液

醋酸钠（含3个结晶水）	27.22g
纯化水	加至1000ml

乙液 0.2mol/L冰醋酸溶液

冰醋酸	11.46ml
纯化水	加至1000ml

表4 各种pH值醋酸缓冲液的配制比例表（10ml缓冲液）

pH值	甲液（ml）	乙液（ml）	pH值	甲液（ml）	乙液（ml）
3.6	0.75	9.25	4.8	5.9	4.1
3.8	1.20	8.80	5.0	7.0	3.0
4.0	1.80	8.20	5.2	7.9	2.1
4.2	2.65	7.35	5.4	8.6	1.4
4.4	3.70	6.30	5.6	9.6	0.4
4.6	4.90	5.10	5.8	9.4	0.6

配毕，测pH值，以121℃灭菌30分钟，备用。

8 硼酸缓冲液

甲液 0.05mol/L硼砂溶液

硼砂（含10个结晶水）	19.07g
纯化水	加至1000ml

乙液 0.2mol/L硼酸溶液

硼酸	12.07g
纯化水	加至1000ml

表5 各种pH值硼酸缓冲液的配制比例表（10ml缓冲液）

pH值	甲液（ml）	乙液（ml）	pH值	甲液（ml）	乙液（ml）
7.4	1.0	9.0	8.2	3.5	6.5
7.6	1.5	8.5	8.4	4.5	5.5
7.8	2.0	8.0	8.7	6.0	4.0
8.0	3.0	7.0	9.0	8.0	2.0

配毕，测pH值，以121℃灭菌30分钟，备用。

9 0.1mol/L碳酸盐缓冲液（pH 9.5）

称取无水碳酸钠3.18g（如果用含10个结晶水的碳酸钠，则称取8.58g），碳酸氢钠5.88g，加纯化水至1000ml。

10 0.02mol/L碳酸盐缓冲液（pH 9.5）

取0.1mol/L碳酸盐缓冲液（pH 9.5）10.0ml，加纯化水至50.0ml。

11 0.05mol/L Tris盐酸缓冲液

甲液 0.2mol/L Tris（三羟甲基氨基甲烷）溶液

三羟甲基氨基甲烷	24.23g
纯化水	加至1000ml

乙液 0.1mol/L盐酸溶液

盐酸	8.33ml
纯化水	加至1000ml

缓冲液配制 如果配制0.05mol/L Tris盐酸缓冲液（pH 8.05，23℃）

甲液	25.0ml
乙液	27.5ml
纯化水	加至100ml

其他pH值的Tris盐酸缓冲液配制参照此法，各种比例如表6所示。配毕，测pH值，以121℃灭菌30分钟，备用。

表6 不同温度、各种pH值的Tris盐酸缓冲液的配制比例（100ml缓冲液）

pH值		甲液（ml）	乙液（ml）	pH值		甲液（ml）	乙液（ml）
23℃	37℃			23℃	37℃		
9.10	8.95	25.0	5.0	8.05	7.90	25.0	27.5
8.92	8.78	25.0	7.5	7.96	7.82	25.0	30.0
8.74	8.60	25.0	10.0	7.87	7.73	25.0	32.5
8.62	8.48	25.0	12.5	7.77	7.63	25.0	35.0
8.50	8.37	25.0	15.0	7.66	7.52	25.0	37.5
8.40	8.27	25.0	17.5	7.54	7.40	25.0	40.0
8.32	8.18	25.0	20.0	7.36	7.22	25.0	42.5
8.23	8.10	25.0	22.5	7.20	7.05	25.0	45.0
8.14	8.00	25.0	25.0				

12 明胶缓冲液及明胶缓冲盐水

12.1 明胶缓冲液

明胶	2.0g
磷酸氢二钠（含12个结晶水）	9.25g
磷酸二氢钠（含2个结晶水）	8.34g
纯化水	加至1000ml

12.2 明胶缓冲盐水

明胶	2.0g
磷酸氢二钠（含12个结晶水）	2.4g
磷酸二氢钠（含2个结晶水）	0.7g
氯化钠	6.8g
纯化水	加至1000ml

将明胶蒸汽溶化后，混合、煮开、滤过，以116℃灭菌30分钟，备用。

13 磷酸盐缓冲液

13.1 **磷酸盐缓冲液**（pH 6.0）

磷酸氢二钾	2.0g
磷酸二氢钾	8.0g
纯化水	加至1000ml

滤过，以116℃灭菌30分钟，即得。

13.2 **磷酸盐缓冲液**（pH 7.8）

磷酸氢二钾	5.59g
磷酸二氢钾	0.41g
纯化水	加至1000ml

滤过，以116℃灭菌30分钟，即得。

13.3 **磷酸盐缓冲液**（pH 10.5）

磷酸氢二钾	35.0g
10mol/L氢氧化钾溶液	2.0ml
纯化水	加至1000ml

滤过，以116℃灭菌30分钟，即得。

3704 检验用培养基配制法

1 普通肉汤

有新鲜培养基和干粉培养基两个配方，可任选其一。该培养基用于细菌类疫苗的检验。

配方一：

蛋白胨	10g
氯化钠	5.0g
牛肉汤[附注1]	加至1000ml

将上述成分混合，微热溶解后放至室温，调整pH值至7.4~7.6，滤清，分装，116℃灭菌30分钟，灭菌后培养基的pH值应为7.2~7.4。

配方二：

蛋白胨	10g
牛肉浸粉	5.0g
酵母浸出粉	5.0g
氯化钠	5.0g
纯化水	加至1000ml

将上述成分混合，微热溶解，将加热的培养基放至室温，调整pH值至7.4~7.6，分装，116℃灭菌30分钟，灭菌后培养基pH值为7.2~7.4。

2 普通琼脂（营养琼脂）

蛋白胨	10g
氯化钠	5.0g
琼脂	12g
牛肉汤[附注1]	加至1000ml

将上述成分混合，然后加热溶解。待琼脂完全溶化后，以氢氧化钠溶液调整pH值至7.4~7.6。以卵白澄清法（注1）或凝固沉淀法（注2）除去沉淀。该培养基用于细菌类疫苗的检验。

注1：卵白澄清法

（1）取鸡蛋白2个，加等量纯化水，充分搅拌，加至1000ml 50℃左右的培养基中，搅匀。

（2）置流通蒸汽锅内，加热1小时，使蛋白充分凝固。

（3）取出，在蒸汽加温下以脱脂棉或滤纸滤过。

注2：凝固沉淀法

（1）将调整pH值后的琼脂培养基放入流通蒸汽锅中，通入少量蒸汽，经1小时左右后，使其逐渐冷却自行凝固。

（2）待完全冷却后，将琼脂倾出，切去底层沉淀。

（3）将上层透明部分，加热溶化后分装。

3 马丁肉汤

氯化钠	2.5g
猪胃消化液[附注2]	500ml
牛肉汤[附注1]	500ml

将上述成分混合，调节pH值至7.6~7.8，煮沸20分钟后，加入纯化水恢复至原体积，滤清，滤液应为澄清淡黄色，分装，116℃灭菌30~40分钟，灭菌后培养基的pH值应为7.2~7.6。该培养基用于细菌类疫苗的检验。

4 马丁琼脂

氯化钠	2.5g
琼脂	13g
猪胃消化液[附注2]	500ml
牛肉汤[附注1]	500ml

除琼脂外，将上述成分混合，调节pH值至7.6~7.8，加入琼脂，加热溶解，以卵白澄清法（注）除去沉淀，分装，116℃灭菌30~40分钟，灭菌后培养基的pH值应为7.2~7.6。该培养基适用于细菌类疫苗的检验。

注：卵白澄清法

（1）取鸡蛋白2个，加等量纯化水，充分搅拌，加至1000ml 50℃左右的培养基中，搅匀。

（2）置流通蒸汽锅内，加热1小时，使蛋白充分凝固。

（3）取出，在蒸汽加温下以脱脂棉或滤纸滤过。

5 缓冲肉汤

蛋白胨	20g

氯化钠	2.0g
磷酸氢二钠	1.0g
碳酸氢钠	2.0g
牛肉汤[附注1]	1000ml
葡萄糖（含1个结晶水）	2.0g

除葡萄糖、磷酸氢二钠和碳酸氢钠外，将上述成分混合，加热至80~90℃，调节pH值至7.2左右，徐徐加入磷酸氢二钠和碳酸氢钠，煮沸90分钟，静置1小时，滤清，分装，116℃灭菌30分钟，灭菌后培养基pH值为7.6~8.0。同时，将葡萄糖配成50%溶液，116℃灭菌15~30分钟，在使用前加入。该培养基用于链球菌病疫苗安全检验等项目的检验。

6 含1%醋酸铊普通肉汤

蛋白胨	10g
氯化钠	5.0g
醋酸铊	10.0g
牛肉汤[附注1]	加至1000ml

除醋酸铊外，将上述成分混合，微热溶解，将加热的培养基放至室温，调节pH值至7.4~7.6，滤清，加入醋酸铊，分装，116℃灭菌30分钟，灭菌后培养基pH值为7.2~7.4。该培养基用于沙门氏菌马流产活疫苗鉴别检验等项目的检验。

7 4%甘油琼脂

蛋白胨	10g
氯化钠	5.0g
甘油	40g
琼脂	11 ~ 13g
牛肉汤[附注1]	加至1000ml

除琼脂外，将上述成分混合，调节pH值至6.8~7.0，加入琼脂，加热溶解，分装，116℃灭菌30分钟，灭菌后培养基pH值为6.6~6.8。该培养基用于鼻疽毒素效价测定等项目的检验。

8 明胶培养基

明胶	230g
蛋白胨	10g
氯化钠	5.0g
牛肉汤[附注1]	加至1000ml

取明胶加入牛肉汤中，蒸汽加温溶解，待明胶完全溶解后，加入蛋白胨和氯化钠，调节pH值至7.8~8.0。用卵白澄清法（同前）滤过，分装，116℃灭菌30分钟，灭菌后培养基pH值为7.6~7.8，置2~8℃保存。该培养基用于猪丹毒活疫苗鉴别检验等项目的检验。

9 厌气肉肝汤

牛肉	250g
肝（牛、羊、猪）	250g
蛋白胨	10g

氯化钠	5g
葡萄糖（含1个结晶水）	2g
纯化水	加至1000ml

取牛肉除去脂肪及筋膜，绞碎，与肝混合，加入纯化水充分搅拌，冷浸20~24小时。煮沸50分钟，用滤布粗滤，取出肝块待用。在滤液中加入蛋白胨和氯化钠加热溶解，调节pH值至8.0~8.2，加热煮沸20分钟。静置、滤清，加入葡萄糖，搅拌溶解。将煮过的肝块洗净，切成小方块。用纯化水充分冲洗后，称量，重量约为分装肉肝汤量的1/10。将滤液分装于含有肝块的适宜容器中（试管类容器，加入适量液体石蜡；非试管类容器，不需加入液体石蜡），116℃灭菌30分钟，灭菌后培养基pH值为7.0~7.2。该培养基用于肉毒梭菌（C型）中毒症灭活疫苗无菌检验等项目的检验。

10　胰蛋白际琼脂

胰蛋白际	20g
氯化钠	5.0g
葡萄糖（含1个结晶水）	1.0g
琼脂	11 ~ 13g
纯化水	加至1000ml

除葡萄糖外，将上述成分混合，加热溶解后加入葡萄糖，调节pH值至6.8~7.0。分装，116℃灭菌30~40分钟，灭菌后培养基pH值为6.6~6.8。该培养基用于布氏菌病疫苗变异检验、活菌计数及布氏菌菌落结晶紫染色法等项目的检验。

11　SS琼脂

牛肉浸粉	5.0g
蛋白际	5.0g
蛋白胨	10g
胆盐	2.5g
乳糖	10g
硫代硫酸钠	8.5g
柠檬酸钠	8.5g
柠檬酸铁	1.0g
1%中性红溶液	2.5ml
0.01%煌绿溶液	3.3ml
琼脂	12g
纯化水	加至1000ml

除乳糖、1%中性红溶液、0.01%煌绿溶液和琼脂外，将上述成分混合，微热溶解，调节pH值至7.1~7.3。加入琼脂，加热溶解后，再加入其他成分，混匀，分装，116℃灭菌20~30分钟，灭菌后培养基pH值为6.9~7.1。该培养基用于禽沙门氏菌检验法等项目的检验。

12　麦康凯琼脂

蛋白胨	20g
乳糖	10g
氯化钠	5.0g

胆盐	5.0g
1%中性红溶液	7.5ml
琼脂	11 ~ 13g
纯化水	加至1000ml

除乳糖、1%中性红溶液和琼脂外，将上述成分混合，微热溶解，调节pH至7.2~7.6，加入琼脂，加热溶解，再加入其余成分，混匀，分装，116℃灭菌20~30分钟，灭菌后培养基pH值为7.0~7.4。该培养基用于禽沙门氏菌检验法等项目的检验。

13 蛋白胨水

蛋白胨	1.0g或10g
氯化钠	5.0g
纯化水	加至1000ml

将上述成分混合，加热溶解，放至室温，调节pH值至pH7.0~7.4，分装，116℃灭菌30~40分钟，灭菌后培养基pH值为6.8~7.2。1%蛋白胨水（含蛋白胨10g）用于细菌类疫苗活菌计数等项目的检验，0.1%蛋白胨水（含蛋白胨1.0g）用于检验稀释液。

附注1：牛肉汤

肉	500g
纯化水	加至1000ml

将牛肉切除脂肪、筋腱，绞碎，放入适宜容器中，加入纯化水，搅匀，置2~8℃浸泡18~20小时。加热搅拌，至煮沸，并维持煮沸60分钟，用滤布粗滤，分装，116℃灭菌30分钟，冷却后置2~8℃保存备用。

附注2：猪胃消化液

胃	300g
盐酸	10 ~ 11ml
纯化水	加至1000ml

将猪胃冲洗干净（清洗时注意保护胃膜），切除脂肪，绞碎，放入适宜容器中，加入65℃左右纯化水混匀，用盐酸消化，调节pH值至1.7~2.0，使消化液维持在52~54℃，消化18~24小时。前12小时搅拌6~10次，静置消化。以胃组织溶解，液体澄清为消化完全，如消化不完全，可适当延长消化时间。除去脂肪和浮物，吸取中间清液，煮沸10~15分钟，静置沉淀，冷却至80~90℃，调节pH值至4.0~5.0，静置1~2小时，滤清，分装，116℃灭菌30分钟，冷却后置2~8℃保存备用。

3705 氢氧化铝胶生理盐水稀释液的配制和检验法

1 配制

1.1 配制用的氢氧化铝胶应符合“氢氧化铝胶质量标准”（附录3603）。

1.2 应使用新鲜注射用水配制，其pH值应为6.8~7.2。

1.3 **配方**

氢氧化铝胶	200g

0.85%生理盐水	800ml

1.4 **分装** 将配制好的稀释液充分搅匀，在洁净室内搅拌，滤过，定量分装。并立即加上干净的翻口胶塞。

1.5 **灭菌** 在高压柜内进行。由室温升至100℃60分钟；由100℃升至126℃60分钟；126℃维持90分钟。

1.6 **贴签** 将灭菌后的氢氧化铝胶瓶压盖贴上标签，注明品名、批号、制造日期等。

2 检验

2.1 **性状** 乳白色混悬液。静置后，上层为澄清液体，下层为淡灰色沉淀。

2.2 **无菌检验** 按附录3306进行检验，应无菌生长。

2.3 **pH值** 按附录3101进行测定，应为6.6~7.4。

3 贮藏和有效期

2~8℃或通风良好、阴凉不冻结的室内保存，有效期为24个月。冻结后不得使用。

3706 细胞培养用营养液及溶液的配制法

配制细胞培养液和各种溶液时，应使用分析纯级化学药品和注射用水。

1 平衡盐溶液

1.1 **汉氏液**（Hank's液）

10倍浓缩液 每1000ml中含

甲液	氯化钠	80g
	氯化钾	4.0g
	氯化钙	1.4g
	硫酸镁（含7个结晶水）	2.0g
乙液	磷酸氢二钠（含12个结晶水）	1.52g
	磷酸二氢钾	0.6g
	葡萄糖	10g
	1%酚红溶液	16ml

将甲液与乙液中的各种试剂按顺序分别溶于注射用水450ml中，然后将乙液缓缓加入甲液中，边加边搅拌。补注射用水至1000ml，用滤纸滤过后，加入氯仿2.0ml，置2~8℃保存。使用时，用注射用水稀释10倍，经116℃灭菌15分钟。使用前，以7.5%碳酸氢钠溶液调pH值至7.2~7.4。

1.2 **依氏液**（Earle's液）

10倍浓缩液 每1000ml中含

氯化钠	68.5g
氯化钾	4.0g
氯化钙	2.0g
硫酸镁（含7个结晶水）	2.0g

磷酸二氢钠（含1个结晶水）	1.4g
葡萄糖	10g
1%酚红溶液	20ml

其中，氯化钙应单独用注射用水100ml溶解，其他试剂按顺序溶解后，加入氯化钙溶液，然后补足注射用水至1000ml。用滤纸滤过后，加入氯仿2.0ml，置2~8℃保存。使用时，用注射用水稀释10倍，经116℃灭菌15分钟。使用前，以7.5%碳酸氢钠溶液调pH值至7.2~7.4。

1.3 0.01mol/L磷酸盐缓冲盐水

1.3.1 配制0.2mol/L的磷酸氢二钠溶液和0.2mol/L的磷酸二氢钠溶液（附录3703）。

1.3.2 按所需pH值，查表（附录3703），按比例混合二液，即为0.2mol/L磷酸盐缓冲液（PBS）母液。

1.3.3 将上述母液用注射用水稀释20倍，并按0.85%加入氯化钠，即得。

2 7.5%碳酸氢钠溶液

碳酸氢钠	7.5g
注射用水	加至100ml

用微孔或赛氏滤器滤过除菌，分装于小瓶中，冻结保存。

3 指示剂

3.1 1%酚红溶液

3.1.1 1.0mol/L氢氧化钠液的制备 取澄清的氢氧化钠饱和溶液56ml，加新煮沸过的冷注射用水至1000ml，即得。

3.1.2 称取酚红10g，加入1.0mol/L氢氧化钠溶液20ml，搅拌至溶解，并静置片刻，将已溶解的酚红溶液倒入1000ml刻度容器内。

3.1.3 向未溶解的酚红中再加入1.0mol/L氢氧化钠溶液20ml，重复上述操作。如果未完全溶解，可再加少量1.0mol/L氢氧化钠溶液，但总量不得超过60ml。

3.1.4 补足注射用水至1000ml，分装小瓶，经116℃灭菌15分钟后，置2~8℃保存。

3.2 0.1%中性红溶液

氯化钠	0.85g
中性红	0.1g
注射用水	加至100ml

溶解后，经116℃灭菌15分钟，置2~8℃保存。

4 细胞分散液

4.1 0.25%胰蛋白酶溶液

氯化钠	8.0g
氯化钾	0.2g
枸橼酸钠（含5个结晶水）	1.12g
磷酸二氢钠（含2个结晶水）	0.056g
碳酸氢钠	1.0g
葡萄糖	1.0g

胰蛋白酶（1∶250）	2.5g
注射用水	加至1000ml

置2~8℃过夜，待胰酶充分溶解后，用0.2μm的微孔滤膜或G6型玻璃滤器滤过除菌。分装于小瓶中，置−20℃以下保存。

4.2 **EDTA-胰蛋白酶分散液**

10倍浓缩液　每1000ml含

氯化钠	80g
氯化钾	4.0g
葡萄糖	10g
碳酸氢钠	5.8g
胰蛋白酶（1∶250）	5.0g
乙二胺四醋酸二钠（EDTA）	2.0g
1%酚红溶液	2.0ml
青霉素溶液（10万单位/ml）	10ml
链霉素溶液（10万μg/ml）	10ml

将前6种成分依次溶解于注射用水900ml中，再加入后3种溶液。补足注射用水至1000ml，用0.2μm微孔滤膜或G6型玻璃滤器滤过除菌。分装于小瓶中，置−20℃以下保存。

使用时，用注射用水稀释10倍，分装于小瓶中，置−20℃以下冻存。

分散细胞前，先将细胞分散液经37℃预热，用7.5%碳酸氢钠溶液调pH值至7.6~8.0。

5 营养液

5.1 **0.5%乳汉液**

水解乳蛋白	5.0g
汉氏液（Hank's液）	加至1000ml

完全溶解后分装，经116℃灭菌15分钟，置2~8℃保存。用时，以7.5%碳酸氢钠溶液调pH值至7.2~7.4。

5.2 **0.5%乳依液**

水解乳蛋白	5.0g
依氏液（Earle's液）	加至1000ml

完全溶解后分装，经116℃灭菌15分钟，置2~8℃保存。用时，用7.5%碳酸氢钠溶液调pH值至7.2~7.4。

5.3 **依氏最低要素培养基（E-MEM）和M-199培养基**

按商品说明现配现用。

5.4 **3%谷氨酰胺溶液**

L-谷氨酰胺	3.0g
注射用水	加至100ml

溶解后，经滤器滤过除菌，分装于小瓶中，置−20℃以下保存。使用时，每100ml细胞营养液中加3%谷氨酰胺溶液1.0ml。

5.5 **5%胰蛋白胨磷酸盐肉汤**

5.5.1 **先配制磷酸盐缓冲盐水（PBS）**

氯化钠	8.0g
氯化钾	0.2g
磷酸二氢钾	0.12g
磷酸氢二钠	0.91g

按顺序溶于注射用水1000ml中。

5.5.2 称取牛肉浸膏20.0g，加PBS液 500ml。

5.5.3 称取胰蛋白胨50.0g，加PBS液 400ml。

5.5.4 将5.5.2和5.5.3两种溶液混合，补足PBS至1000ml

5.5.5 用普通滤纸滤过，用1.0mol/L氢氧化钠溶液调pH值至7.2~7.4，分装于小瓶中，经116℃灭菌15分钟。置2~8℃保存。

索　　引

中 文 索 引

（按汉语拼音顺序排列）

R

S

T

W

X

Y

Z

英 文 索 引

（按字母表顺序排列）

A

B

I

L

M

N